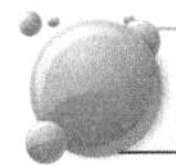

湖南省职业教育"十二五"省级重点建设项目

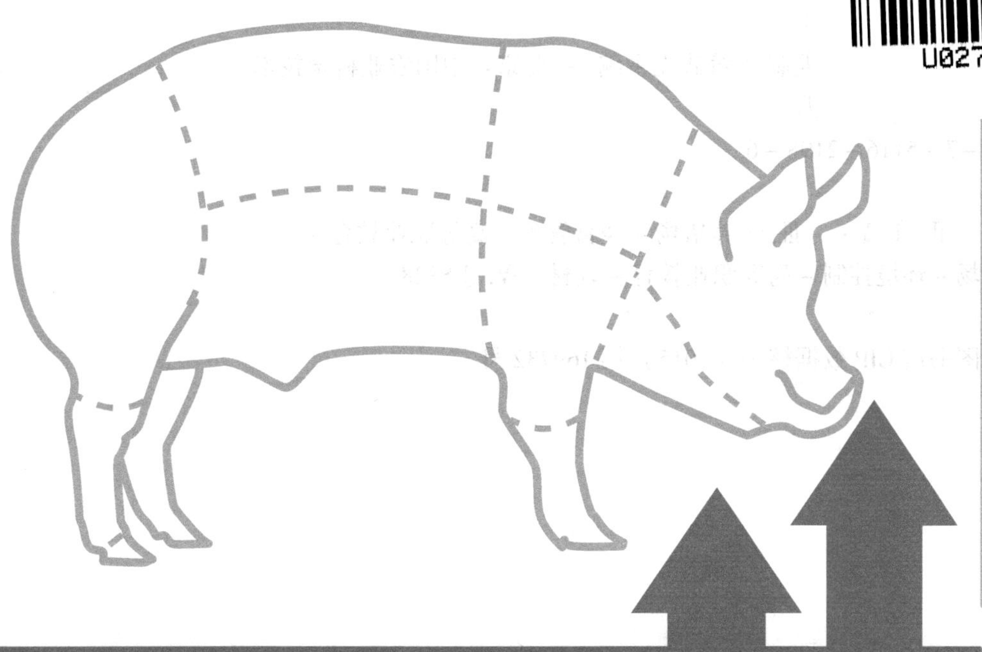

智能化猪场建设与环境控制

黄武光 主编

中国农业科学技术出版社

图书在版编目（CIP）数据

智能化猪场建设与环境控制 / 黄武光主编 .—北京：中国农业科学技术出版社，2015.9（2024.1重印）

ISBN 978－7－5116－2198－6

Ⅰ.①智… Ⅱ.①黄… Ⅲ.①养猪场－经营管理－高等职业教育－教材②养猪场－环境控制－高等职业教育－教材 Ⅳ.①S828

中国版本图书馆 CIP 数据核字（2015）第 169732 号

责任编辑 徐 毅
责任校对 马广洋

出 版 者 中国农业科学技术出版社
北京市中关村南大街 12 号 邮编：100081
电 话 （010）82106631（编辑室） （010）82109702（发行部）
（010）82109709（读者服务部）
传 真 （010）82106631
网 址 http：//www. castp. cn
经 销 者 各地新华书店
印 刷 者 北京建宏印刷有限公司
开 本 787 mm×1 092 mm 1/16
印 张 12.75
字 数 300 千字
版 次 2015 年 9 月第 1 版 2024 年 1 月第 3 次印刷
定 价 30.00 元

《智能化猪场建设与环境控制》

编 委 会

主　编　黄武光（永州职业技术学院）

副主编　高继伟（北京京鹏环宇畜牧科技股份有限公司）

　　　　　高　仙（永州职业技术学院）

参　编（以姓氏笔画为序）

　　　　　王　猛（陕西杨陵本香集团）

　　　　　王　雷（北京京鹏环宇畜牧科技股份有限公司）

　　　　　邓湘华（江苏牧羊集团畜牧工程有限公司）

　　　　　邹邓军（青岛鑫联畜牧设备有限公司）

　　　　　李勇辉（上海睿保乐贸易有限公司）

　　　　　孟　中（青岛大牧人机械股份有限公司）

　　　　　苏正权（深圳市润农科技有限公司）

　　　　　林海波（长沙智农畜牧科技有限公司）

　　　　　梁琼增（湖南粤湘农牧设备有限公司）

　　　　　黄杰河（永州职业技术学院）

　　　　　黄建华（永州职业技术学院）

　　　　　彭竞成（斯高德青岛机械有限公司）

　　　　　魏建魁（唐人神集团）

审　核　于桂阳（永州职业技术学院）

　　　　　李自力（华中农业大学）

　　　　　刘平云（湖南省农林工业勘察设计总院）

内容简介

本教材基于“对接产业、协同创新、提升质量，推动职业教育深度融入生猪产业链”的职业教育理念，与国内知名企业及其专家深度合作，对智能化猪场建设有关的理论、技术、经验按“环境控制理论、生猪生产工艺、猪场建筑、养猪设备、猪场设计与报建”几个大的方面进行了系统的总结与梳理，对接企业生产前沿，通过大量细节化的图表介绍了当前智能化猪场建设中使用的新材料、新工艺、新设备、新技术。对于有些正在发展与完善中的技术也在相关章节的“知识拓展”中进行了介绍。

本教材可供高职高专畜牧兽医相关专业教学使用，也可作为畜牧工程、农业机械、建筑工程等相关专业的参考资料及养殖场管理人员的科普性读物。

序

集约化、自动化、智能化是现代养殖业发展的重要标志，也是养殖业实现生产高效、疫病控制、环境优化的基础。随着我国整体科学技术水平的不断提高，先进的设施、设备将会在我国养殖业中得到更广泛地应用。因此，现代农业教育亦应与时俱进，在教材编写和课堂教学中及时反映现代养殖技术成果，提升从业人员的工作实际能力，促进养殖业健康发展。

养猪业在我国养殖业中占有重要地位，集约化生产程度比较高，接受新技术的意识强，最前沿的设施设备、养殖技术、管理理念等在养猪业都已得到及时应用。国内一些养猪先进地区已开展了智能化猪场建设，通过提升设施设备现代化水平，提高了猪场生产、疫病防控水平和粪污治理能力。智能化生猪养殖场是行业进步的一个重要表现，其建设涉及的行业与专业较多，新技术、新设备、新工艺较多，但目前还未见到相关系统的专业著作。该书做了有益的尝试，集中了专家的大智慧，弥补了这一缺憾。该书的一大亮点是编委会中既有养殖专家，也有设备制造专家，既有教育专家，也有企业家，专业优势互补，实现了跨行业的大联合，融合了企业专家的智慧和丰富实践经验，内容理论结合实际，技术先进。编写专家均来自本行业内具备引领地位的知名企业，如北京京鹏、青岛大牧人、江苏牧羊集团等，能够提炼行业发展的最新进展，将企业的标准与经验进行系统的总结，科学、详细地介绍了智能化猪场建设的理论知识和实践数据，提供了大量的生产一线资料和图片，对以后国家的标准化建设也有较重要的意义。

全书内容反映了行业发展前沿，具有很强的可操作性，可以作为畜牧兽医相关专业的教材，也可作为畜牧工程、农业机械、建筑工程等相关专业的参考资料及养殖场管理人员的科普性质的读物，值得推广使用！

齐德生

2015 年 7 月 15 日

前　　言

现代生猪养殖产业正在经历“精细化、设施化、智能化”的变革，特别在猪场建设、环境控制、智能化饲养等方面，较之传统的养猪业已经有了翻天覆地的变化，技术更新日新月异，新技术、新标准、新设备、新工艺、新成果不断出现。

目前，生猪养殖产业可以说出现了两个大的分化：一是回归自然的半放牧式的，主要是为了生产功能性或特殊风味猪肉的养殖方式；二是规模化圈养式的，主要为了大量生产平民化的猪肉的养殖方式，后者占主导地位。近年来，环境自动控制，生产信息化管理的智能化猪场不断被立项建造。很多在岗的人员无这方面的技术储备，各院校刚毕业的学生在校时也没有对这方面的知识进行系统的了解与学习，造成在猪场改造、设计、建设、管理方面的诸多困惑，许多养猪企业的管理者也常常抱怨找不到熟悉猪场建设和设备方面的专业人才。智能化猪场的建设一般由企业的中高层管理者推动，基层的管理者具体实施，由于他们对智能化猪场建设缺乏全面系统的了解，常常出现错误决策，并因此造成不必要的经济损失，有时还因为设计上的失误，造成后续栏舍不好用，甚至不能用。

基于以上背景，我们联合了北京京鹏、青岛大牧人、江苏牧羊集团等企业对智能化猪场建设有关的知识、技术和经验进行了分类整理，分成“环境对生猪的影响”、“现代生猪生产工艺”、“智能化猪舍建筑与设备”、“智能化猪场的设计与报建”4个大的方面进行系统的介绍。《智能化猪场建设与环境控制》涵盖了“家畜环境卫生学”、“家畜饲养学”、“建筑学”、“材料学”、“机械制造”、“机电一体化”、“信息控制技术”等多学科的内容，既可作为畜牧兽医专业学生的必修课程规划教材，也可作为畜牧兽医、建筑工程、畜牧机械设计等专业相关技术人员的参考书。

本书涵盖的学科包含了许多的专业名词与基础知识，我们尽最大努力地用浅显的语言描述了必须了解的部分专业名词与专业知识，其他相关知识请善用互联网进行查询。另外，我们也会结集出版《畜牧兽医相关生产标准》丛书，敬请关注！

作　者

2015年5月

目　录

第一章　环境因素与生猪生产

知识目标

(1) 了解猪舍各环境因素及其对生猪生产的影响。

(2) 掌握猪舍各环境指标的测量方法。

(3) 了解 GB/T 17824.3—2008 对猪舍内环境控制的要求。

(4) 了解猪场选址的具体要求。

技能目标

(1) 能测量温度、湿度、空气新鲜度等环境指标。

(2) 能初步认识环控设备。

生产标准或法规引用

标准名称	参考单元
GB/T 17824.3—2008《规模猪场环境参数及环境管理》	4
GB/T 17824.1—2008《规模猪场建设》	4
GB 18596—2001《畜禽养殖业污染物排放标准》	3.1、3.2
GB 8978—1996《污水综合排放标准》	表2
GB 3838—2002《地表水环境质量标准》	表1
NY 5027—2008《无公害食品　畜禽饮用水水质》	3
国务院令第643号《畜禽规模养殖污染防治条例》	第三十七条

第一节　猪场大环境对猪生产的影响

猪场大环境包括地理环境、气象环境和社会环境等，是猪场建设时必须考虑的因素。

一、中国的地理区划

中国的地理区划分两种：一种是地理区划与行政区划结合，划分为华东、华北、华中、华南、西南、西北、东北和港澳台8个大区；另一种基本只考虑地理气候环境，分北方地区、南方地区、西北地区和青藏地区4个大区（图1-1）。地理气象环境与后者关系密切，社会环境与前者更密切。中国的四大地理区划的划界方式及气候特点如下。

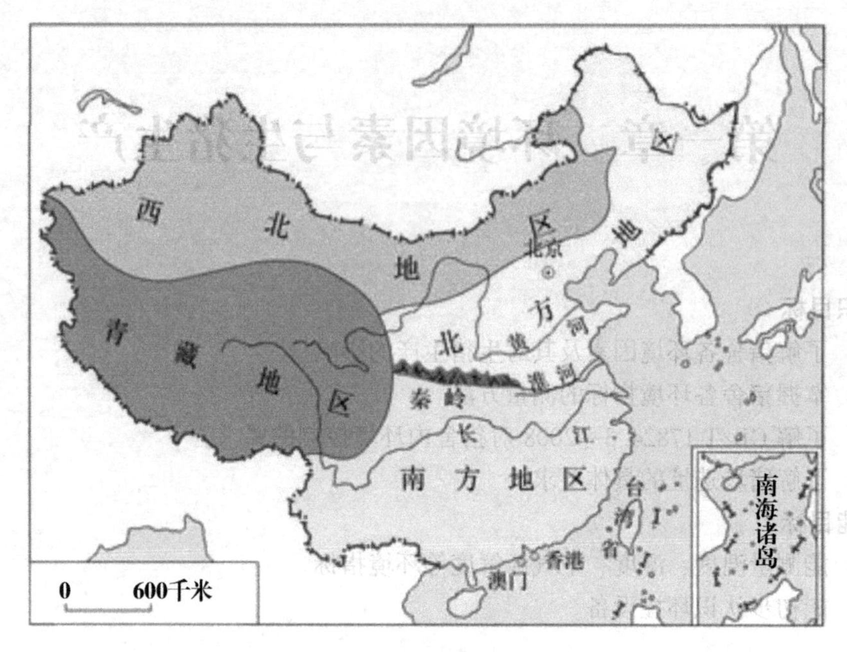

图 1-1 中国地理区划

北方地区：大体位于大兴安岭、乌鞘岭以东、秦岭—淮河以北，东临渤海、黄海，包括东北3省、黄河中下游各省的全部或大部分以及甘肃省东南部和江苏、安徽的北部，是我国季风气候区的北部地区，1月0℃等温线和800mm等降水量线以北，寒冷、干燥、少雨，但水资源较丰富且土地肥沃，为重要的饲料原料产地。

南方地区：位于秦岭—淮河以南，青藏高原以东，东南部临东海、南海，包括长江中下游、南部沿海和西南各省（市、自治区），是我国季风气候区的南部地区，1月0℃等温线和800mm等降水量线以南。高温高湿，雨量充沛。

西北地区：大体位于大兴安岭以西，长城和昆仑山—阿尔金山以北，包括内蒙古自治区、新疆维吾尔自治区、宁夏回族自治区和甘肃西北部非季风气候区，深居内陆，400mm等降水量线以西。干旱少雨，缺水。

青藏地区：位于横断山以西，喜马拉雅山以北，昆仑山和阿尔金山以南，包括西藏、青海和四川的西部，是一个独特的地理单元。海拔高，气候寒冷。

二、地理环境对猪生产的影响

地理环境是指一定社会所处的地理位置以及与此相联系的各种自然条件的总和，包括气候、土地、河流、湖泊、山脉、矿藏以及动植物资源等。场址的地理环境条件主要是由地势、空气、土壤、水质等方面的因素构成。

（一）气候和地势的影响

1. 气候类型

即地区的自然条件，包括当地的最热月平均气温、最冷月平均气温、年降水量和降水量的季节分配等指标，根据这些特征的不同而把各地的气候分为若干种类型。其中，中国的气候类型有5种：热带季风气候、亚热带季风气候、温带季风气候、温带大陆性气候、高原高山气候，其分布，见表1－1。

表1－1　我国气候类型特点及分布区域

气候类型	气候特点	分布区域
热带季风气候	最冷月的平均温高于15℃，最热月平均温高于22℃。	雷州半岛、海南岛、南海诸岛、台湾南部
亚热带季风气候	最冷月平均温在0～15℃，最热月平均温高于22℃	秦岭淮河线以南，热带季风气候区以北，横断山脉3 000m等高线以东直到台湾
温带季风气候	最冷月的平均温低于0℃，最热月平均温高于22℃	我国北方地区秦岭淮河线以北，贺兰山、阴山、大兴安岭以东以南
高原高山气候	高寒缺氧	青藏高原和天山山地
温带大陆性气候	降水一般低于400mm	广大内陆地区

华中地处华北、华东、西北、西南与华南之间，是黄河以南，南岭以北，巫山、雪峰山以东的广大地区，包括河南省、湖北省和湖南省，华中地区土地面积56万多km^2，约占全国土地总面积的5.9%。华中地区地形以平原、丘陵、盆地为主。

华中地区的生猪养场建设具有一定的代表性。华中地区属于温带季风气候和亚热带季风气候，气候以淮河为分界线，淮河以北为温带季风气候，以南为亚热带季风气候。四季分明、大部分地区冬冷、夏热，春季温度多变，夏秋干燥多旱，最冷一般在－10℃以内，最热达40℃以上，寒冷与炎热的时间几乎相等，这就要求在规划畜牧场时要同时考虑夏季降温和冬季供暖，计算好设施的温度控制能力；该地区雨量较充沛且主要集中于夏季，现代养殖场要求进行雨污分离，应考虑给栏舍配置专门的雨沟，并对整个场地的排水管路进行详细规划；该地区冬季北部常有大雪（主要集中在河南省境内），要充分考虑屋顶的承压能力和大雪时的应急预案；本地区人口密度也较大，需要在规划时充分考虑养殖业对人生活的影响和人类活动对养殖业的影响。

2. 地形

是指场地形状、大小和地物等情况。养殖场场址的地形应开阔整齐，并有足够的面积。场地面积应根据猪场规模、饲养管理方式、集约化程度和饲料供应情况等因素来确定。尽量采取密集型布置方式以便节约用地，争取不占或少占农田。

3. 地势

是指场地的高低起伏状况。牧场地势应高燥、平坦、稍有坡度。牧场场地应高出当地历史洪水线以上，地下水位在2m以下。牧场有一定的坡度有利于排水，但不宜过大，一般要求不超过10%。我国冬季盛行北风或西北风，夏季盛行南风或东南风，因此，在坡地建场宜选择坐北朝南的向阳坡。

（二）土壤环境的影响

按土壤的物理性质将土壤分成黏土类、沙土类和壤土类三大类。壤土介于沙土和黏土之间，透气性和透水性良好，又不像黏土那样易泥泞，容水量相对较小，因而膨胀性较小。因此，壤土有利于家畜健康、防疫卫生和饲养管理，是最适宜作畜牧场场地和畜舍的地基的。

（三）水环境的影响

通常说的水资源主要是指陆地上的淡水资源，包括江、河、湖泊、池塘等地表水和地下水。水源主要是指可为特定地区提供人畜饮用和生产用水的水体。畜牧场多使用地下水或经过处理的地表水。

1. 地下水的类型及特点

地下水主要是指通过河床、湖床渗入地下的地面水，以及土壤岩层中水蒸气凝结而形成的凝结水。根据地下水在地层中的位置、流动情况及深度，可分为浅层地下水、深层地下水及泉水（流出或涌出地面的下行或上行泉，多为深层地下水）。地下水有如下特点。

（1）比较清洁，透明，细菌含量少。

（2）由于地下水表面有一层土层覆盖，污染的机会较少，便于卫生防护。

（3）由于通过土层时溶解了大量的矿物盐类，往往使水质变硬或铁等元素含量过高。

（4）溶解氧较地面水少，自净能力差，一旦受到污染，消除极为困难。

2. 水源水质的卫生要求

对畜禽饮用水源水质的要求是经适当处理后水质能达到饮用水水质卫生标准，主要有感官性状、有毒物含量、大肠菌群等指标，可参看表 1－2。

表 1－2　畜禽饮用水水质安全指标

项目		标准值	
		畜	禽
感官性状及一般化学指标	色	≤30°	
	浑浊度	≤20°	
	臭和异味	不得有异臭、异味	
	总硬度（以（$CaCO_3$ 计）（mg/L）	≤1 500	
	pH 值	5.5～9.0	6.5～8.5
	溶解性总固体（mg/L）	≤4 000	≤2 000
	硫酸盐（以 SO_4^{2-} 计）（mg/L）	≤500	≤250
细菌学指标	总大肠菌群（MPN/100mL）	成年畜 100，幼畜和禽 10	
毒理学指标	氟化物（以 F^- 计）（mg/L）	≤2.0	≤2.0
	氰化物（mg/L）	≤0.20	≤0.05
	砷（mg/L）	≤0.20	≤0.20
	汞（mg/L）	≤0.01	≤0.001
	铅（mg/L）	≤0.10	≤0.10
	铬（六价）（mg/L）	≤0.10	≤0.05
	镉（mg/L）	≤0.05	≤0.01
	硝酸盐（以 N 计）（mg/L）	≤10.0	≤3.0

（注：摘自 NY 5027—2008）

三、气象因素对生猪的影响

（一）海拔高度与气压

海拔高度是指以平均海平面为参考系的地面的高度。以米（m）为单位，把纬度45°海平面上，气温0℃时1.073 25×10^5Pa的压力称为1个标准大气压，相当于每平方厘米表面承受压力1 033.2g。随着海拔高度的增加，空气密度减小。所以气压随海拔高度的增加而减小，如果海拔高度以算术级数增加，则气压就以几何级数减少。海拔高度对温度也有影响，随着海拔的增加，气温下降，在对流层中，一般是海拔每升高100m，气温下降0.65℃。所谓氧分压，是指空气中氧气本身所产生的压力，氧分压越大，空气中氧含量则越多。

1. 海拔高度和气压对家畜的影响

海拔高度对动物的影响主要通过气压、氧分压和热环境的变化来实现的。其对家畜的影响主要表现在。

（1）健康。随着海拔高度的增加，因空气压力下降，空气中氧含量减少而诱发动物产生一系列疾病，称为"高山病"。如出现全身软弱无力，运动机能发生障碍，并失去对周围环境的定向能力，表现为嗜眠、多睡，鼻腔或呼吸道黏膜破裂出血，食欲减退，消化不良等症状。当海拔高度大于3 000m时，高山病的症状就开始表现，海拔高度在5 000m左右时，就更为明显。

（2）生理机能。将动物从低海拔处引入到高海拔处，动物的采食量和饮水量下降，直肠温度、脉搏和呼吸频率增加，红细胞容量和血液黏稠度增加；血液红细胞数、白细胞数和血红蛋白含量增加。

（3）繁殖力。将四川的荣昌猪，内江猪运往高寒的阿坝藏族自治州（海拔3 000m以上）饲养，出现了种猪不育和仔猪不能存活等现象。但荣昌猪和内江猪与当地藏猪杂交后，产仔和仔猪存活率大为提高（王正杓，1962）。

（4）生产力。将低海拔地区家畜引入至高海拔地区，生产力有所下降。

2. 动物对高海拔环境的适应

家畜长期在低气压高海拔地区生活时，生理机能将逐渐发生变化，而不发生高山病。其适应性机制如下。

（1）提高肺通气量，以增加微血管血液和组织细胞含氧量。

（2）减少血液贮存量，以增加血液循环量；同时，造血器官受到缺氧的刺激，使红细胞和血红蛋白的合成加速，血液中的红细胞数和血红蛋白均提高，全身血液的总容量也增加。

（3）心脏活动加强，降低组织的氧化过程，提高氧的利用率，以减少氧的需要量在海拔3 000m以上的山区或高原地区，进行季节性放牧或引进外来家畜时，要注意防止发生高山病。猪对低气压环境比较敏感，适应能力较差。幼龄家畜对缺氧的耐受力较老龄家畜强。

（二）光照

光以电磁波或粒子的形式放射或输送的能量叫辐射能，计量单位为焦（J）。光在单位面积上的辐射能量，称为光照强度，光照强度的国际单位是勒克斯，英文缩写为lx。

1. 光源

（1）自然光源。自然光源即太阳光，波长范围为4～300 000nm，其光谱组成按人类的视觉可分为三大部分：红外线，波长760～300 000nm；可见光，波长400～760nm；紫外线，波长4～400nm。

（2）人工光源。照明有白炽灯、荧光灯、LED灯，新型的LED灯转换效率更高，使用寿命更长，将取代白炽灯和荧光灯成为新的人工照明光源；作热源有红外线灯；紫外线灯主要用于消毒。

2. 红外线的生物学效应

红外线照射到动物体表面，其能量在被照射部位的皮肤及皮下组织中转变为热，引起血管扩张、温度升高，增强血液循环，促进组织中的物理化学过程，使物质代谢加速，细胞增生，并有消炎、镇痛和降低血压及降低神经兴奋性等作用。但过强的红外线辐射会引起动物的不良反应，如日射病、眼睛疾病等。

3. 紫外线的生物学效应

紫外线对动物体的作用，与波长有关。紫外线按波长大小分为3段。

A段：波长320～400nm，生物学作用较弱，主要作用是促进皮肤色素沉着。

B段：波长275～320nm，生物学作用很强，机体对紫外线照射的种种反应主要由此段紫外线所引起，最显著是红斑作用和抗佝偻病作用。

C段：波长在275nm以下，生物学作用非常强烈，对细胞和细菌有杀伤力。在太阳辐射中，此段紫外线被大气吸收，不能到达地面。

（1）杀菌作用。波长253.7nm的紫外线杀菌作用最强。在生产中常用紫外线对舍内空气或饮水进行消毒。但紫外线穿透力较弱，只能杀灭空气和物体表面的细菌和病毒，不能杀灭尘粒中的细菌和病毒。

（2）抗佝偻病作用。使动物皮肤中的7-羟晚氢胆固醇转变为维生素D3。

（3）色素沉着作用。紫外线能增强酪氨酸氧化酶的活性，酪氨酸氧化酶可促进黑色素的形成，使黑色素沉着于皮肤。皮肤黑色素丰富的个体能够吸收更多的紫外线，使动物免受过强紫外线的伤害。相反，浅色皮肤的个体易受紫外线伤害，甚至可引起皮肤癌。

（4）红斑作用。动物组织内的组氨酸在紫外线作用下，转变成组织胺。组织胺可使血管扩张，毛细血管渗透性增大，因而使皮肤发生潮红现象，称为红斑作用。这是皮肤在紫外线照射后产生的特异反应。红斑作用最强的紫外线波长是297nm。现在规定，用功率为1W，产生波长297nm紫外线的灯，照射动物皮肤，引起红斑的紫外线照射剂量为一个红斑剂量。一般用红斑剂量来表示动物每天所需的紫外线照射剂量。

（5）促进机体的免疫反应。紫外线的照射可刺激了血液凝集，从而提高了血液的杀菌性，能增强机体的免疫力和对传染病的抵抗力。

（6）提高畜禽生产力。用波长为280～340nm的紫外线每天照射2～3h，可提高家畜生产力。

（7）光敏性皮炎。光敏性皮炎是指动物采食某种饲料后，饲料中光敏性物质吸收了光子而处于激发态，使动物皮肤出现炎症性反应。常见的光敏性饲料物质有荞麦、苜蓿、野胡萝卜以及金丝桃属和黎属植物。光敏性皮炎多发于白色皮肤的动物，特别是在动物无毛和少毛的部位。

（8）光照性眼炎。紫外线对眼睛照射过度时，可引起光照性眼炎，其症状为角膜损伤、眼红、眼痛、灼热感、流泪和畏光等。一般波长为295～360nm的紫外线最易引起光照性眼炎。

4. 可见光的生物学效应

可见光作用于动物既可引起光热效应，也可引起光化学效应。可见光的生物学效应，与光的波长、光照强度以及光周期有关。

（1）光波长（光色）对家畜的影响。

① 行为影响：医学上认为红光有充血作用，蓝光和绿光起镇静作用，黄色光和黄绿色光对机体最舒适。

② 繁殖影响：红光也可延长小母猪性成熟时间，研究表明，在光照强度相同，光照时间为16h/d的情况下，分别用冷白光（波长为350～720nm）、红光（波长为570～720nm）和紫光（波长为300～500nm）照射小母猪，初情期分别为172d、192d和179d。

（2）光照强度对家畜的影响。

① 生长发育：大量试验表明，母猪舍内的光照强度以60～100lx为宜，光照强度过小会使仔猪生长减慢，成活率降低；育肥猪则宜采用40lx光饲养，弱光能使肥猪保持安静，减少活动，提高饲料利用率，但光照强度小于5lx，猪免疫力和抵抗力降低。过强的光照会引起肥猪兴奋，减少休息时间，增加甲状腺素的分泌，提高代谢率，从而影响增重和饲料利用率。

② 繁殖：适当提高光照强度有利于动物的繁殖活动。研究表明，光照强度对小母猪性成熟具有重要影响，当光照强度从10lx增加到45lx，小母猪初情期提前30～40d。当光照强度从10lx增加到100lx，公猪射精量和精子密度显著增加。低光照强度不利于母畜子宫发育，研究发现：在较黑暗环境中培育的猪子宫要比光亮环境中培育猪子宫质量少18%～26%，睾丸质量少21%。当光照强度从10lx增加到60～100lx时，母猪繁殖力提高4.5%～8.5%，初生窝重增加0.7～1.6kg，仔猪成活率增加7%～12.1%，仔猪发病率下降9.3%，平均断奶个体重增加14.8%，平均日增重增加5.6%。

③ 行为：光照强度也影响家畜的行为和生长发育。猪在照度为0.5lx时，站立和活动时间较短，睡眠和活动时间较长，随着光照强度增加，猪活动时间增加，休息时间缩短。

（3）光照时间对家畜的影响。

① 繁殖性能：猪由于人类的长期驯化，其繁殖的季节性消失，能常年发情配种繁殖。持续光照，会使母猪发情期延长；用长光照处理母猪，所产仔猪成活率提高9.7%，21d窝重增加14%。

② 产奶量：延长光照能刺激了动物的采食活动并促进了腺垂体分泌生长激素，催乳素、促甲状腺素和促肾上腺皮质激素等，因而可增加动物的产奶量。据报道，将猪的

光照从每日8h延长到16h，产奶量增加24.5%。

③ 生长肥育和饲料利用率：一般认为，延长光照具有促进生长的作用。

四、社会环境对生猪的影响

社会环境是指畜牧场与周围社会的关系，如与居民区的关系，交通运输、电力供应和声音环境等，直接对生猪生产有影响的主要是噪声。

噪声

1. 噪声的测试

常用声压级来表示声音的强弱。测定噪声的仪器有声级计，频谱分析仪等。声级计可以直接测定声压级，显示为噪声的分贝值（dB）；频谱分析仪能分别测定各音频带的声压级，便于对环境噪声进行较深入的分析。在现场测量中，传声器的位置应离声源有较远，并避免墙面、地面等反射波的影响，测定高度以相当于观察对象耳部的位置为宜。

2. 畜牧场内噪声的来源

（1）外界传入的噪声。外界传入的噪声如飞机、火车、汽车运行以及雷鸣等产生的噪声。

（2）畜牧场内机械运转产生的噪声。畜牧场内的噪声如铡草机、饲料粉碎机、风机、真空泵、除粪机、喂料机工作时的轰鸣声以及饲养管理工具的碰撞声。

（3）家畜自身产生的噪声。动物运动以及鸣叫产生的噪声。在相对安静时，动物产生的最低噪声为48.5～63.9dB，饲喂、开动风机时，各方面的噪声汇集在一起，可达70～94.8dB。

3. 噪声对生猪的危害

优美动听的音乐可兴奋动物的神经，刺激食欲，提高代谢机能。突如其来的噪声如放鞭炮、爆破等会引起猪“惊群”，出现应激反应，怀孕母猪可能流产，育肥猪可能生长受影响。人工饲养的野猪听到自然界突然出现的风声也会惊群。

第二节　猪舍小气候对猪生产的影响

猪舍内温度、湿度、气流和光照等气象要素的综合状况常称为猪舍小气候，即猪舍的内部环境状况。家畜所处的环境是不断变化着的，在环境发生变化时，动物也产生相应的反应，以适应现有环境。当环境变化处于家畜的适宜范围之内时，家畜可以通过自身的一般调节而保持适应，因而能够正常生长发育、繁殖，保持其原有的生理机能和生产性能。如果环境因子的变化超出了适宜范围，机体就必须动员体内防御能力，以克服环境变化所带来的不良影响，尽量使机体仍能保持体内的平衡，此时，对动物的生产性能或健康会有不良的影响。

智能化猪场建设的核心任务就是给予各阶段的生猪最舒适的环境，使猪的生产性能最大化。同时通过对猪舍小气候的控制，克服大环境不同的影响，使各地域的猪舍小气候基本保持一致，为遗传育种等科研活动提供更稳定的实验环境，提高试验数据通用性与可比性。

一、猪舍热环境对猪的影响

猪自身调节温度的能力特别差。汗腺极少不利于夏季散热，毛发也极少不利于冬季御寒。Verstegen（1982）估测，环境温度每低于临界温度1℃，生长猪（25～60kg）每天需要额外增加25g饲料，而对于育肥猪（60～100kg），则每天需要额外增加39g饲料。不同年龄阶段和生长性能的猪所要求最适当的环境温度差异较大，尤以哺乳仔猪和繁殖种猪敏感性最高，各阶段猪的舒适温度和临界温度，可参看表1－3。

表1－3 猪舍内空气温度和相对湿度

猪舍类别	空气温度（℃）			相对湿度（%）		
	舒适范围	高临界	低临界	舒适范围	高临界	低临界
种公猪舍	15～20	25	13	60～70	85	50
空怀妊娠母猪舍	15～20	27	13	6 ～70	85	50
哺乳母猪舍	18～22	27	16	60～70	80	50
哺乳仔猪保温箱	28～32	35	27	60～70	80	50
保育猪舍	20～25	28	16	60～70	80	50
生长育肥猪舍	15～23	27	13	65～75	85	50

注：①表中哺乳仔猪保温箱的温度是仔猪1周龄以内的临界范围，2～4周龄时的下限温度可降至26～24℃。表中，其他数值均指猪床上0.7m处的温度和湿度

②表中的高、低临界值指生产临界范围，过高或过低都会影响猪的生产性能和健康状况。生长育肥猪舍的温度，在月份平均气温高于28℃时，允许将上限提高1～3℃，月份平均气温低于－5℃时，允许将下限降低1～5℃

③在密闭式有采暖设备的猪舍，其适宜的相对湿度比上述数值要低5%～8%

（注：摘自GB/T 17824.3—2008）

（一）温度对哺乳仔猪生长的影响

刚产下的仔猪，由于组织器官及机能发育尚未完善，皮薄毛疏，对寒冷抵抗力差，很易受凉感冒，引起肺炎及腹泻，甚至直接冻死，因此保温非常重要。但随着日龄增大，则需要温度有所降低，通常最适当的温度为，1～3日龄为30～32℃，4～7日龄为28～30℃，8～14日龄为25～27℃，15～30日龄为22～24℃。断奶后的仔猪，饲养在保育舍内要求室温保持在21～23℃。

在寒冷环境条件下新生仔猪对初乳的摄入量要减少27%，从初乳中吸收母源抗体相应减少，对传染性胃肠炎的敏感性增强。

温度波动对仔猪影响也较大，每日温度变动超过2℃时，可能引起仔猪腹泻和生长性能下降。同时，季节的温度变化对仔猪生产性能也会产生影响，据报道，春季断奶仔猪日采食量较秋季大，日增重也较秋季重，说明气温由寒冷转为温暖的季节里，仔猪的生长速度快，由炎热转为寒冷季节里仔猪的生长速度相对慢。

（二）温度对育肥猪生长的影响

育肥猪最适宜生长的温度为18～21℃，一般认为超过32℃以上便产生热应激，生

长发育将会受到不同程度的影响。据报道，当环境温度高于最适温度5～10℃时，猪的采食量则要降低6%～21%。由此可见，高温显著降低生长育肥猪日采食量，其影响随着猪体重的增加而增大。

（三）温度对种猪繁殖的影响

种猪的繁殖性能除受到遗传和营养等的因素制约外，还与环境因素关系非常紧密，其中，以高温所引起的热应激对种猪繁殖性能的影响最大，主要表现在以下4个方面：①推迟发情，甚至不发情。因为热应激导致母猪内分泌失调。②受胎率下降，死胎率增多。这是由于高温引起母猪卵巢功能减退，公猪生精机能障碍，精子质量差所造成的结果。③产仔数减少，流产增多。可能因为热应激导致了一些胚胎发育异常或死亡。④母猪泌乳量减少。由于高温使母猪采食量下降，摄取能量和营养物质的不足，致使泌乳量降低和品质不良，进一步引起仔猪成活率降低。

（四）饮水温度过低对猪的危害

原则上来讲猪只应该饮用温度与其体温接近的水，这时水对胃肠刺激最小。冬天外界环境温度较低，将导致饮用水温度较低，多数情况下都会低于猪的最适环境温度，与其体温相差更大。如果猪只饮用这种温度过低的水，将产生较大的危害，而且很容易被忽视。

首先，饮水温度过低对断奶仔猪伤害较大。仔猪的体温在40℃左右，断奶前从与其体温接近的母乳中获取水分，几乎不需要饮水。仔猪一旦断奶就必须饮水，如果饮水温度较低，将带来一系列的问题：①冷应激，免疫力下降，猪容易生病；②冷水刺激胃场，引起腹泻，严重者可导致死亡；③冷水口感差，小猪不爱饮，导致饮水量不足，从而影响采食量，进而影响生长速度。

其次，饮水温度过低对哺乳母猪伤害也较大。每头哺乳母猪每天需要饮20L以上的水，假设饮水温度为8℃，饮入后会提升到38℃，则需要消耗的热量为20×30＝600kcal，按1g脂肪约产生9kcal热量计算，约需要燃烧67g脂肪。按母猪日采食5kg DE为3 300kcal/kg DE吸收率为70%计算，每日需要多消耗5%的饲料。如果饮水温度较低，机体耗能增加，母乳的数量和质量（乳脂含量）就可能降低，将可能导致仔猪腹泻或生长不良；更重要的是冷水口感差，哺乳母猪饮水会不足，从而导致采食量不足，母猪将动用体脂转化为乳脂，引起急剧消瘦，影响断奶后发情与配种。

总的来讲，饮水温度过低对各阶段的猪都是不利的。饮用这种水，机体将消耗自体能源来加热饮水，这样会增加饲料的消耗，从能量转换的角度来看也是不合算的。

据冯霞等试验，在仔猪刚断奶时饮用（39±2）℃的水（近体温组）可极显著降低腹泻率，提高其生产性能，但随着日龄增加，饮用（24±2）℃的水（适温组）采食量更好。澳大利亚学者对生长肥育猪的研究发现，在炎热的猪舍，当水温为11℃时，日饮水量为10.5L；当水温为30℃时。饮水量仅为0.6L。而在凉爽的猪舍，当水温为11℃时，猪的日饮水量为3.3L；当将水加热到30℃时，饮水量达到4.0L（NRC，1998），这说明外界环境温度高时猪喜饮冷水，反之喜饮热水。

多数学者认为，冬季猪的饮水温度应与其最适宜的环境温度相似或略高，日龄越小，要求的饮水温度越高。寒冷季节猪饮水的适宜温度大致为：生长育肥猪和妊娠猪

16～20℃，保育猪 20～25℃，哺乳母猪 25～28℃，断乳仔猪 35～38℃。

二、湿度对猪的影响

空气湿度是表示空气中水汽含量的物理量。通常用绝对湿度、饱和湿度、相对湿度和露点表示。空气中水汽的实际含量可用每立方米空气中含水汽的克数表示，称为绝对湿度。在一定的温度下空气中可容纳水汽的最大值，称为最大湿度，这时空气中含水汽已达饱和，因此，又称为“饱和湿度”。为了更简明而直观地表示空气的潮湿程度，引入相对湿度的概念，即绝对湿度占同温度下饱和湿度的百分比。当空气水汽含量和气压一定时，使水汽达到饱和时的温度称为露点。

猪舍空气中的水汽，主要来自猪的体表和呼吸道蒸发的水汽（占 70%～75%），暴露水面（粪尿沟或地面积水）和潮湿表面（潮湿的垫草、猪床、堆积的粪污等）蒸发的水汽（占 10%～25%），还有通过通风换气带入的舍外空气中的水汽（占 10%～15%）。

湿度对猪的影响主要是通过影响猪机体的体热调节，进而影响其生产力水平和健康状况。相对湿度处于 50%～80% 的空气环境是猪最合适的湿度环境，其中，相对湿度在 60%～70% 时，猪体感觉最为适宜。如果相对湿度高于 85%，我们通常称为高湿环境，若低于 40% 称为低湿环境。无论高湿还是低湿环境，对动物的健康都会产生不良的影响。

（一）湿度对猪体热调节的影响

主要表现在以下几个方面。

（1）对猪体散热的影响。在舒适温度下，湿度对猪的散热影响不大，对猪的生产力和健康影响也不大。在高温下，猪体的蒸发散热量取决于温度和潮湿程度。猪如果处于高温高湿的环境中，那么猪体的散热相当困难，如此就加剧了猪的热应激。在低温高湿的环境里猪的可感温度大幅度提高，这就更加剧了猪的冷感，进而加剧了猪的冷应激。

（2）对猪体产热的影响。当猪长期处于高温高湿的环境中时，基础代谢降低以减少产热进而维持热平衡。如果在低温高湿环境中，猪通常提高代谢率用以增加产热进而维持热平衡，但饲料报酬将会下降。

（二）湿度对猪生产性能的影响

主要表现在以下两个方面。

（1）对生长性能的影响。在舒适温度下，相对湿度从 45% 升到 95% 时，30～100kg 体重猪的增重和饲料消耗均不会受到影响。但是当处于高温时，湿度的变化，有可能致使平均日增重下降 6%～8%。

（2）对繁殖性能的影响。高温高湿对仔猪的断奶、猪的交配或母猪的产仔数量等均有不良影响。

（三）湿度对动物健康的影响

1. 高湿环境

高湿环境为病原微生物和寄生虫的繁殖、感染和传播创造了条件，使家畜传染病和寄生虫病的发病率升高，并利于其流行。高湿有利于疥螨的生长与繁殖，因此，高湿对疥癣蔓延起着重要作用；高湿有利于秃毛癣菌丝的发育，从而导致它在畜群中发生和蔓延；高湿还有利于空气中猪布氏杆菌、鼻疽放线杆菌、大肠杆菌、溶血性链球菌和无囊膜病毒的存活。高温高湿尤其利于真菌的繁殖，造成饲料、垫草的霉烂，极易造成霉玉米，使赤霉病及曲霉菌病大量发生。在梅雨季节，畜舍内高温高湿往往引起幼畜的肺炎、白痢和球虫病暴发或流行。

低温高湿，易引起家畜患各种呼吸道疾病，如感冒、支气管炎、肺炎等以及肌肉、关节的风湿性疾病和神经痛等。但在温度适宜或偏高的环境中，高湿有助于空气中灰尘下降，使空气较为干净，对防止和控制呼吸道疾病有利。

2. 低湿环境

空气过分干燥，特别是再加以高温，能使皮肤和外露黏膜发生干裂，从而减弱皮肤和外露黏膜对微生物的防卫能力，易引起呼吸道疾病。低湿有利于白色葡萄球菌、金黄色葡萄球菌以及具有脂蛋白囊膜病毒的存活。

（四）畜舍的防潮措施

在多雨潮湿地区，要保持舍内空气干燥是困难的，只有在建筑和管理等各方面采取综合措施，才能使空气的湿度状况有所改善。防止畜舍空气湿度过大的基本措施如下。

（1）畜牧场场址应选择在高燥、排水良好的地区。

（2）为防止土壤中水分沿墙上升，在墙身和墙脚交界处设防潮层。

（3）坚持定期检查和维护供水系统，确保供水系统不漏水，并尽量减少管理用水。

（4）及时清除粪尿和污水，有条件的最好训练猪定点排粪尿或在舍外排粪排尿。

（5）加强畜舍外围护结构的隔热保暖设计，冬季应注意畜舍保温，防止气温降至露点温度以下。

（6）保持正常的通风换气，并及时排除潮湿空气。

三、气流对家畜的影响

流动的空气称为气流，空气流动就产生了风。两地的气压相差愈大，则风速也愈大。在同样的压差下，风速与两地的距离有关，距离愈近，风速愈大，距离愈远，风速愈小。

我国大陆处于亚洲东南季风区域，夏季大陆气温高，空气密度小，气压低，海洋气温低，空气密度大，气压高，故盛行东南风。东南风为大陆带来了潮湿的空气和充沛的降水；冬季大陆温度低，空气密度大，气压高，海洋温度高，空气密度小，气压低，故多形成西北风或东北风。北风所形成的气候干燥，多沙尘。

（一）气流状态的描述

气流的状态通常用风向和风速来表示。风向就是风吹来的方向，气象上规定以圆周方位来表示风向，常以 8 个或 16 个方位表示。风向是经常发生变化的，一段时间内的风向常用风向频率来表示。风向频率是指在一定时间内某风向出现的次数占该时间刮风总次数的百分比。在实际应用中，常用一种特殊的图式表示风向的分配情况，即将诸风向的频率按比例绘在8个或16个方位上，这种图被称为“风向玫瑰图”。风向玫瑰图可以表明一定地区一定时间内的主风方向，在选择牧场场址、建筑物配置和畜舍设计上都有重要的参考价值。风速是单位时间内风的行程，单位符号是m/s。气象上也常用蒲氏风级表来表示。

（二）畜舍内气流的形成

舍内空气的流动可以由畜舍内外的空气通过门、窗、通气口和一切缝隙进行自然交换而引发，也可由通风设备运转引发。在畜舍内，家畜的散热使温暖而潮湿的空气上升，使畜舍上部气压大于舍外，下部气压小于舍外，则畜舍上部热空气由上部开口流出，舍外较冷的空气则由下部开口进入，形成舍内外空气对流。舍外有风和采用风机强制通风时，舍内空气流动的速度和方向取决于舍外风速、风向和风机流量及进风口位置；外界气流速度越大，畜舍内气流速度也越大。畜舍内围栏的材料和结构、栏舍的摆放位置等对畜舍气流的速度和方向有重要影响，例如，用砖、混凝土筑成的猪栏，易导致栏内气流呆滞。

（三）气流对畜体热调节的影响

1. 气流对非蒸发散热的影响

在适宜温度条件下，气流可促进非蒸发散热（主要是对流散热）。在适宜温度和低温条件下，若温度保持不变，随着气流速度的增大，则非蒸发散热量增大，其中，对流散热增加的速度要大于辐射散热增加的速度。当气流速度保持不变时，随着温度升高，气流促进非蒸发散热的作用下降。当气流温度等于皮肤温度时，则对流散热的作用消失；如果气温高于皮温，则机体从对流中获得热量。在低温潮湿的条件下，随着气流速度的增加，动物的非蒸发散热量显著增加，这使家畜感到更冷。在低温潮湿条件下，增加气流速度，有可能冻伤或冻死动物。

2. 气流对蒸发散热的影响

在适温和低温时，如果机体产热量不变，风速增大，则皮肤蒸发散热量反而减少，其原因是在适温和低温时，增大风速会增加对流散热，降低皮肤温度和水汽压，使皮肤的蒸发减少。如果在低温时因风速增大而增加产热量，则蒸发散热量也随之增大。风速增大，达到最大蒸发量的气温亦随之提高。

3. 气流对产热量的影响

在适温时，增大风速对产热量没有影响；在高温时（低于皮温），增大风速有助于延缓产热量增加；在低温时，增大风速则显著增加产热量。

（四）气流对家畜健康的影响

在适温时，风速大小对动物的健康影响不明显；在低温潮湿环境中，增加气流速度，会引起关节炎、冻伤、感冒和肺炎等疾病发生。在低温潮湿环境中，增加气流，会导致仔猪死亡率增加。

（五）气流对家畜生产力的影响

1. 生长和肥育

在低温环境中，增加气流，动物生长发育和肥育速度下降。在高温环境中，增加气流速度，可提高动物生长和肥育速度。炎热天气气流也有利于蒸发散热。

2. 产奶量

在适宜温度条件下，风速对母猪产奶量无显著影响。但在高温环境中，增大风速，可提高母猪产奶量。

（六）畜牧生产中的气流控制

1. 高温条件下畜舍气流的控制

高温环境中，增大气流，有利于动物生产和健康。因此，在夏季高温季节，一般都增大畜舍的通风量。畜舍通风的组织，可利用门窗关闭或打开，调节自然通风，也可通过调节畜舍通风管，增大通风面积，还可安装风机，进行机械通风。气流最好不要直吹畜体。

2. 低温条件下畜舍气流的控制

低温环境中，在保障排出畜舍内空气有害气体和多余水分前提下，应尽可能减少通风量，关闭门窗，减小风机运转速度。在控制气流时，一方面要注意风速大小适宜，满足生产需求；另一方面气流分布要均匀，不留死角，以免局部地区空气污浊。此外，要避免贼风对家畜的危害。所谓贼风，就是一股冷而速度大的气流。贼风的危害在于使生活在温暖环境中的动物局部受冷，引起动物关节炎、肌肉炎、神经炎、冻伤、感冒以及肺炎等。防止贼风的办法是，堵住屋顶、天棚、门窗和墙的缝隙。设置漏缝地板也易产生贼风，应尽量缩小畜舍内设置漏缝地板的面积。

猪舍内各阶段的通风量和风速控制，可参看表 1－4。

表 1－4　猪舍通风量与风速

猪舍类别	通风量（m^3/h. kg）			风速/（m/s）	
	冬季	春秋季	夏季	冬季	夏季
种公猪舍	0.35	0.55	0.70	0.30	1.00
空怀妊娠母猪舍	0.30	0.45	0.60	0.30	1.00
哺乳猪舍	0.30	0.45	0.60	0.15	0.40
保育猪舍	0.30	0.45	0.60	0.20	0.60
生长育肥猪舍	0.35	0.50	0.65	0.30	1.00

注：①通风量是指每千克活猪每小时需要的空气量

②风速是指猪只所在位置的夏季适宜值和冬季最大值

③在月份平均温度≥28℃的炎热季节，应采取降温措施

（注：摘自 GB-T 17824.3—2008）

四、主要气象因素对家畜的影响

（一）高温、高湿、无风（湿热的空气环境）

在畜舍较密闭和通风不良的夏季以及运输家畜的车厢和船舱内出现高温、高湿和无风的小气候特点时，机体散热受阻，易出现热射病，也适于寄生虫的繁殖。

（二）低温、高湿、有风（湿冷的风）

雨后的放牧地以及畜舍保温不良、通风不合理时，易出现低温、高湿、大风，这时机体散热显著增加，机体感到过冷，常引发感冒或风湿性疾患，并由于被迫提高产热使饲料消耗增大。

（三）低温、高湿、无风（湿冷的空气环境）

这种小气候常发生于畜舍保温或通风不良时。此时，空气呆滞而潮湿污浊，机体处于湿冷的环境，散失热量大，热代谢失调，常引起感冒或幼畜的非细菌性腹泻。

（四）低温、低湿、有风（干冷的风）

在这种环境下，机体主要受风的影响较大。干冷的风吹向畜体皮肤毛层的缓冲空气层，使皮温显著降低，其后果与湿冷的空气环境所引起的状况相似。特别对老、弱、病、幼等抵抗力较差的家畜，由于低温的强烈刺激，破坏了机体的热平衡，使体况更加恶化，甚至引起疾病和死亡。

（五）高温、低湿、有风（干热的风）

这种气候主要发生在内陆的夏季。家畜机体的水分蒸发量加大，促进体内热的散发，也减慢了体内热的产生，当气温接近体温时，机体散热完全由水分蒸发来进行。

五、畜舍中有害气体及其对家畜的影响

畜舍内有害气体主要有氨、硫化氢、二氧化碳。一般不会有一氧化碳，除非在舍内燃煤取暖且通风不良。

（一）氨（NH_3）

1. 性质

氨是无色、带有刺激性臭味的气体，相对分子质量为 17.03，相对密度为 0.596（与相同容积干洁空气质量之比，下同）；氨极易溶于水，0℃时，1L 水可以溶解 907g NH_3。在标准状态下，每升氨的质量为 0.771g，每毫克 NH_3 的容积为 1.316ml。

2. 来源

在畜舍内，氨主要由含氮有机物（如粪、尿、饲料、垫草等）分解产生。根据畜舍内空气采样测定，氨含量少者为 4.56 ~26.6mg/m^3，而多者可达 114 ~380mg/m^3。其含量的多少，取决于家畜的密度、畜舍地面的结构、舍内通风换气情况和舍内管理水平等。氨的密度较小，在温暖的畜舍内一般上部空气氨浓度校高，同时，由于氨产生在地面和家畜的周围，因此，在空气潮湿的畜舍内地面空气氨含量较高。畜舍内氨的浓度与畜舍的潮湿程度、封闭状况和通风性能有关，封闭程度高又通风不良时，由于水汽不易逸散，NH_3 的浓度升高。

3. 对家畜的危害

在畜舍中，氨常被溶解或吸附在潮湿的地面、墙壁和家畜的呼吸道黏膜上。氨能刺激呼吸道黏膜，引起黏膜充血、喉间水肿。氨被动物吸入呼吸系统后，可引起上呼吸道黏膜充血、支气管炎，严重者引起肺水肿、肺出血等；氨由肺泡进入血液后，可与血红蛋白结合成碱性高铁血红素，降低血液的输氧能力，导致组织缺氧；低浓度的氨可刺激

三叉神经末梢，引起呼吸中枢的反射性兴奋；吸入肺部的氨，可通过肺泡上皮组织，引起碱性化学性灼伤，使组织溶解、坏死；进入呼吸系统的氨还能引起中枢神经系统麻痹，中毒性肝病，心肌损伤等症。家畜长期处于含低浓度氨的空气中，对结核病和其他传染病的抵抗力显著减弱。在氨的毒害下，炭疽杆菌、大肠杆菌、肺炎球菌的感染过程显著加快。

在畜牧业生产中，氨中毒易被人发现，而慢性中毒往往不易觉察，造成的损失可能更大。在寒冷地区，冬季为了保暖，常紧闭门、窗（尤其在夜间），由于通风换气不良，舍内的氨易大量滞留，饲养人员在舍内工作，高浓度的氨刺激眼结膜，产生灼伤和流泪，并引起咳嗽，严重者可导致眼结膜炎、支气管炎和肺炎等，故畜舍内的氨对人的危害也很大，应引起重视。

（二）硫化氢（H_2S）

1. 性质

硫化氢是一种无色、易挥发的恶臭气体，易溶于水，在0℃时，1体积的水可溶解4.65体积的硫化氢。相对分子质量为34.09，相对密度为1.19。在标准状态下，1L的硫化氢质量为1.526g，每毫克硫化氢的容积为0.649 7ml。

2. 来源

畜舍空气中的硫化氢主要是由粪便、尿液、垫草、饲料等含硫有机物的分解所产生。当给予畜禽含蛋白质较高的日粮，或畜禽消化系统障碍时，可以从肠道排出大量硫化氢气体。

3. 对家畜的危害

硫化氢产生自猪舍地面，且比重较大，故愈接近地面，浓度愈大。硫化氢主要刺激黏膜，引起眼结膜炎、鼻炎、气管炎，以至肺水肿。经常吸入低浓度硫化氢可出现植物性神经紊乱。游离在血液中的硫化氢，能和氧化型细胞色素氧化酶中的三价铁结合，使酶失去活性，以致影响细胞的氧化过程，造成组织缺氧。长期处在低浓度硫化氢的环境中，猪体质变弱，抗病力下降。高浓度的硫化氢可直接抑制呼吸中枢，引起窒息和死亡。当硫化氢浓度达到0.002%，会影响猪的食欲。猪舍内硫化氢浓度不应超过0.001%。

（三）二氧化碳（CO_2）

1. 性质

二氧化碳为无色、无臭、略带酸味的气体。相对分子质量为44.01，在标准状态下1L质量1.989。每毫克容积0.509ml。

2. 来源

大气中二氧化碳的含量为0.03%（0.02%~0.04%），畜舍空气中的二氧化碳含量往往要比大气中高出许多倍。畜舍中二氧化碳主要来源于家畜呼吸，例如，一头体重100kg的肥猪，每小时可呼出二氧化碳43L，一头体重为600kg、日产奶30kg的奶牛，每小时可呼出200L。冬季在换气良好的猪舍内，二氧化碳为1 178.8~3 535.2mg/m³，而换气不良的猪舍二氧化碳可达7 856mg/m³以上。

3. 对家畜的危害

二氧化碳本身无毒性，它的危害主要是造成动物缺氧，引起慢性毒害。家畜长期长期处于缺氧环境，表现为精神萎靡，食欲减退，体质下降，生产力降低，对疾病的抵抗力减弱，特别易感结核病传染病。根据试验，猪在二氧化碳浓度为2%时无明显症状，4%时呼吸变深变快，10%时呈昏迷状态，20%时，体重68kg的猪只要超过1h，就有死亡的危险。

在一般畜舍中，二氧化碳浓度很少会达到引起家畜中毒的程度。畜舍中二氧化碳浓度常与氨、硫化氢和微生物含量成正相关，二氧化碳浓度在一定程度上可以反映畜舍空气污浊程，因此，二氧化碳的增减可作为评定畜舍空气卫生状况的一项间接指标。

（四）猪舍中空气的卫生要求

各猪舍有害气体的浓度在GB/T 17824.3—2008有明确规定，见表1-5，可供参考。

表1-5　猪舍空气卫生指标

猪舍类别	氨/（mg/m^3）	硫化氢/（mg/m^3）	二氧化碳/（mg/m^3）	细菌总数/（万个/m^3）	粉尘/（mg/m^3）
种公猪舍	25	10	1 500	6	1.5
空怀妊娠母猪舍	25	10	1 500	6	1.5
哺乳母猪舍	20	8	1 300	4	1.2
保育猪舍	20	8	1 300	4	1.2
生长育肥猪舍	25	10	1 500	6	1.5

（注：摘自GB/T 17824.3—2008：4表2）

六、饲养密度对生猪的影响

饲养密度是指猪舍内猪的密集程度，有两个方面的含义：第一，每头猪占用的面积大小；第二，同一栏中猪的数量大小，即群体大小。饲养密度大，猪只散发出来的热量多，舍内气温高，湿度大，灰尘、微生物和有害气体增多，噪声加大，猪的采食、饮水、排粪尿、活动、休息等生理行为均受影响；群体数量过大时，猪群中强弱秩序建立时间延长，强强争斗和强欺弱机会均增加，影响猪出栏均匀度。各类型猪群体大小与占床面积，参看表1-6。

表1-6　猪只饲养密度

猪群类别	每栏饲养头数	每只占床面积（m^2/头）
种公猪	1	9.0～12.0
后备公猪	1～2	4.0～5.0
后备母猪	5～6	1.0～1.5
空怀妊娠母猪	4～5	2.5～3.0
哺乳母猪	1	4.2～5.0
保育仔猪	9～11	0.3～0.5
生长育肥猪	9～10	0.8～1.2

（注：摘自GB/T 17824.1—2008：5表3）

表1－6主要针对传统饲养方式的情况，实际应用时根据本地气候条件和栏舍内部环境条件做调整，如寒冷地区和环控型猪舍，密度可以适当增加；使用新的饲养方式时，如母猪智能群养和肥猪自动分群饲喂时群体数量较大，达50头以上；采用自由采食的育肥猪群体也可适度增加，如可以达到20～30头。

第三节　猪场的选址原则

一、水源

（一）水源要充足

包括人畜饮用水、栏舍冲洗、水泡粪粪池用水、夏季降温用水以及人的生活用水等，猪群用水量，参看表1－7。

表1－7　规模猪场供水量　（单位：t/日）

供水量	100头基础母猪规模	300头基础母猪规模	600头基础母猪规模
猪场供水总量	20	60	120
猪群饮水总量	5	15	30

注：炎热和干燥地区的供水量可增加25%

（注：摘自GB/T 17824.1—2008：7表7）

（二）水质要符合饮用水标准

饮水质量要求有感官性状、有毒物含量、大肠菌群等指标，实际工作中常常以溶解的总固体含量为测定标准。每升水中固体含量在150mg左右是理想的，低于5 000mg对幼畜无害，超过7 000mg可致腹泻，高过10 000mg即不适用。具体可参看表1－2。

（三）便于卫生防护

取水点的环境要便于卫生防护，卫生条件良好，以防止水源遭到污染。

（四）经济方便

取用方便，净化消毒设备简易，基建及管理费用最节省等。

水源是选场址的先决条件。考虑到防疫与成本，猪场用水多使用地下水，最好是深层地下水。可以通过查阅当地的水文地质资料，观察周围居民地下水饮用情况，或直接勘探等途径获取资料，综合评价。

二、排污

（一）避免污染地下水

远离居民区且尽量避免处于居民区饮用水地势的上面，否则，一旦污染，就得关停并面临赔偿。

（二）与地表水源、河流等保持安全距离

随着环保力度的加大，很多地方政府对本地的水源河流等区域都出台有保护治理规

定，如规定某河流沿岸直线距离 1km 内不得有养殖企业等。从 2014 年开始执行的《畜禽规模养殖污染防治条例》规定不得在政府划定的禁养区内（如饮水水源保护区）建畜禽养殖场和养殖小区，否则，政府可责令拆除或者关闭并处罚金。

（三）尽量处于居民区下风面

猪场生产的臭味很难避免，宜查阅本地气象资料，场址尽量处于居民区主要盛行风的下风面。

三、面积与地势

要把生产、管理和生活区都考虑进去，并留有余地，计划出建场所需占地面积，特别注意排污的压力，宜留有大量的种植和水产面积来消纳净化污水，并有一定坡度便于自流。地势宜高燥，地下水位低，土壤通透性好。要有利于通风，切忌把大型养猪工厂建到山窝等通风不良的低洼地带。

四、交通与防疫

两者有一定矛盾，既要避开交通主干道，又要交通方便，因为饲料、猪产品和物资运输量很大，因此，离交通主干道不能太远（20km 内较合适），且要有较宽阔的进场道路（宽度不小于 3.5m）；既要考虑猪场本身防疫，又要考虑猪场对居民区的影响。因此，距居民区至少 2km 以上。猪场与其他牧场之间也需保持一定距离。

五、供电

距输变线路近，供电稳定，少停电。

第四节　知识拓展

（一）畜禽舍通风换气量是如何计算出来的

通风换气量和畜禽舍的健康息息相关，确立通风量的依据有多种：一是根据二氧化碳计算通风量；二是根据水汽计算通风换气量；三是根据热量计算通风换气量；四是综合前 3 种计算方法及畜禽自身特点制定的通风换气参数表来计算通风换气量，具体如下。

1. 根据二氧化碳计算通风量

二氧化碳是畜禽营养物质代谢的尾产物，是舍内空气污浊程度的一种间接指标。因此，可以根据畜禽产生的二氧化碳量计算通风换气量。即根据舍内畜禽产生的二氧化碳总量，求出每小时需由舍外导入多少新鲜空气，可将舍内聚积的二氧化碳冲淡至畜禽环境卫生学规定范围。

根据畜禽环境卫生的规定，舍内空气中允许含有二氧化碳的量为 1.5L/m^3（C1）。自然状态下大气中二氧化碳含量为 0.3L/mm^3（C2）。亦即从舍外引入 1mm^3 空气然后又排出同样体积的舍内污浊空气时，可同时排出的二氧化碳量为 C1 - C2，当已知舍内含有二氧化碳总量时，即可求得换气量，其公式为：

$$L = 1.2 \times mk/(C1 - C2)$$

式中，L——通风换气量（m^3/h）；

m——舍内畜禽头数；

k——每头畜禽产生的二氧化碳量（L/h）；

C1——舍内二氧化碳的允许量（$1.5L/m^3$）；

C2——舍外空气中二氧化碳含量（$0.3L/m^3$）；

1.2——附加系数，考虑舍内微生物的活动及其他来源产生的二氧化碳。因 C1 - C2 等于 1.2。属于固定值，故上面计算公式可简化为：

$$L = mk$$

生产应用时，根据二氧化碳算得的通风量，只能将舍内过多的二氧化碳排出舍外，但不能保证排除舍内多余的水汽。故此法只适用于温暖、干燥地区，在潮湿地区，尤其是寒冷地区应根据水汽和热量来计算通风量。

2. 根据水汽计算通风换气量

舍内畜禽通过呼吸和皮肤蒸发，时刻都在向舍内空间散发水汽，舍内潮湿物体也蒸发水汽。这些水汽在舍内聚积，导致舍内水汽含量过大，从而导致舍内潮湿。因此，可以根据畜禽产生的水汽量计算通风换气量。用水汽计算通风换气盘的依据，就是通过由舍外导入比较干燥的新鲜空气，将舍内潮湿空气排出舍外。根据舍内外空气中所含水分之差和舍内畜禽产生的水汽总量，计算排出舍内多余水汽所需的通风换气量。其公式为：

$$L = (Q1 + Q2) / (q1 - q2)$$

式中，L——通风换气量（m^3/h）；

Q1——畜禽在舍内产生的水汽总量（g/h）；

Q2——潮湿物体蒸发的水汽量（g/h）；

q1——舍内空气湿度保持适宜范围时所含的水汽量（g/m^3）；

q2——舍外大气中所含的水汽量（g/m^3,）。

由潮湿物体表面蒸发的水汽，按畜禽产生水汽总量的10%（猪舍按25%）计算。

生产应用时，对于群养畜禽来讲，用水汽算出的通风换气量往往大于用二氧化碳算得的量，故在潮湿、寒冷地区用水汽计算通风换气量较为合理。

3. 根据热量计算通风换气量

畜禽在呼出二氧化碳、排出水汽的同时还在不断的向外放散热能。因此，可根据热平衡法计算通风换气量。其原理为：在夏季为了防止舍温过高，必须通过通风将过多的热量散去；而在冬季如何有效地利用这些热能加热空气，保持在舍温不变的前提下，经通风使舍内产生的热量、水汽、有害气体、灰尘等排出，其公式为：

$$Q = \Delta t(L \times 0.24 + \sum KF) + W$$

由上式导出：

$$L = (Q - \sum KF \times \Delta t - W)/0.24 \times \Delta t$$

式中，L——通风换气量（m^3/h）；

Δt——舍内外空气温差（℃）；

0. 24——空气的热容量［$J/(m^3 \cdot ℃)$］;

KF——通过外围护结构散失的总热量［$J/(m^3 \cdot ℃)$］;

K——外围护结构的总传热系数［$J/(m^3 \cdot h \cdot ℃)$］;

F——外围护结构的面积（m^3）;

$\sum$——相加符号;

W——由地面及其他潮湿物体表面蒸发水分所消耗的热能，按畜禽总产热的10%（猪按25%）计算。

根据热量计算通风换气量，实际是根据舍内的余热计算通风换气量。这个通风量只能用于排除多余的热能，不能保证在冬季排除多余的水汽和污浊空气。故生产应用时只能用于清洁干燥的畜舍。

4. 根据通风换气参数计算通风换气量

近年来，一些国家或企业为各种畜禽制订了通风换气技术参数表，简便易行，应用广泛，如以色列 Rotem 公司制定的猪的通风换气参数，见表 1－8。

表 1－8　猪的通风换气量

Pig	Weight	Cold（m^3/h）	Mild（m^3/h）	Hot（m^3/h）
后备母猪	<136kg	24	68	255
妊娠母猪	Small（136kg）	34	68	255
	Medium（181kg）	34	85	510
	Large（500kg）	34	110	850
带仔母猪		34	135	850
保育猪	5～13kg	2. 5～3. 4	17	43
	13～30kg	3. 4～5. 1	25	68
生长育肥猪	30～68kg	10	41	128
	68～113kg	17	60	204
公猪		22	41	424

根据畜禽在不同生长年龄阶段通风换气参数与饲养规摸，可计算出通风换气量。其公式为：

$$L = 1.1 \times km$$

式中，L——畜舍的通风换气量（m^3/h）;

k——通风参数［$mm^3/(h \cdot 头)$］;

m——畜禽头数（头或只）;

1. 1——按 10% 的通风短路估测通风总量损失。

生产中，以夏季通风量为畜舍最大通风量，冬季通风量为畜舍最小通风量。因此，寒冷季节，畜舍采用自然通风（或机械通风）时要以最小通风量为依据确定通风口面积；炎热季节采用机械通风时，以最大通风量来确定总的风机风量。

（二）何为污水的“达标”排放

我们经常听到“达标”排放的概念，这个“标”究竟是哪个标准？实际上因为各行业排出水的差异很大，国家对各行业制定的标准都有所侧重和不同，有工矿行业废水排放标准、医疗机构水污染物排放标准、养殖污水排放标准、污水处理厂排放的污水的标准，很多省份和企业还制定了自己的排放标准。有的标准还进行了分级。因此，达标排放真的是一个很笼统的概念。

1. 基本标准

（1）水质要求标准 GB 3838—2002。对水质要求最基本的标准是由国家环保总局发布的 GB 3838—2002《地表水环境质量标准》，在此标准中中国地面水分五大类。

Ⅰ类：主要适用于源头水，国家自然保护区；

Ⅱ类：主要适用于集中式生活饮用水、地表水源地一级保护区，珍稀水生生物栖息地，鱼虾类产卵场，仔稚幼鱼的索饵场等；

Ⅲ类：主要适用于集中式生活饮用水、地表水源地二级保护区，鱼虾类越冬、回游通道，水产养殖区等渔业水域及游泳区；

Ⅳ类：主要适用于一般工业用水区及人体非直接接触的娱乐用水区；

Ⅴ类：主要适用于农业用水区及一般景观要求水域。

对应地表水上述五类水域功能，不同功能类别分别执行相应类别的标准值。水域功能类别高的标准值严于水域功能类别低的标准值。同一水域兼有多类使用功能的，执行最高功能类别对应的标准值。实现水域功能与达标功能类别标准为同一含义。其标准限值，见表 1－9。

表 1－9　地表水环境质量标准基本项目标准限值

序号	标准值　分类 项目	Ⅰ类	Ⅱ类	Ⅲ类	Ⅳ类	Ⅴ类
1	水温（℃）	人为造成的环境水温变化应限制在： 周平均最大温升≤1 周平均最大温降≤2				
2	pH 值（无量纲）	6～9				
3	溶解氧≥	饱和率 90%（或 7.5）	6	5	3	2
4	高锰酸盐指数≤	2	4	6	10	15
5	化学需氧量（COD）≤	15	15	20	30	40
6	五日生化需氧量（BOD_5）≤	3	3	4	6	10
7	氨氮（NH_3-N）≤	0.15	0.5	1.0	1.5	2.0
8	总磷（以 P 计）≤	0.02（湖、库 0.01）	0.1（湖、库 0.025）	0.2（湖、库 0.05）	0.3（湖、库 0.1）	0.4（湖、库 0.2）
9	总氮（湖、库，以 N 计）≤	0.2	0.5	1.0	1.5	2.0
10	铜≤	0.01	1.0	1.0	1.0	1.0
11	锌≤	0.05	1.0	1.0	2.0	2.0
12	氟化物（以 F^- 计）≤	1.0	1.0	1.0	1.5	1.5
13	硒≤	0.01	0.01	0.01	0.02	0.02

（续表）

序号	标准值　分类 项目	Ⅰ类	Ⅱ类	Ⅲ类	Ⅳ类	Ⅴ类
14	砷≤	0.05	0.05	0.05	0.1	0.1
15	汞≤	0.00005	0.00005	0.0001	0.001	0.001
16	镉≤	0.001	0.005	0.005	0.005	0.01
17	铬（六价）≤	0.01	0.05	0.05	0.05	0.1
18	铅≤	0.01	0.01	0.05	0.05	0.1
19	氰化物≤	0.005	0.05	0.2	0.2	0.2
20	挥发酚≤	0.002	0.002	0.005	0.01	0.1
21	石油类≤	0.05	0.05	0.05	0.5	1.0
22	阴离子表面活性剂≤	0.2	0.2	0.2	0.3	0.3
23	硫化物≤	0.05	0.1	0.2	0.5	1.0
24	粪大肠菌群（个/L）≤	200	2 000	10 000	20 000	40 000

（注：摘自 GB 3838—2002 表 1）

养殖业属农业用水应属Ⅴ类，因此，满足Ⅴ类标准，应视为可“达标”排放。

（2）综合排放标准 GB 8978—1996。GB 8978—1996《污水综合排放标准》自 1998 年开始执行，由于制定较早，其中，许多部分已经被新的标准代替，如被 GB 18466—2005、GB 20425—2006、GB 20426—2006 部分代替，2014 年又被 GB 30486—2013、GB 30770—2014 等部分代替，但未替代部分目前并没有废止。此标准将污染物分成两大类：第一类主要为重金属，与养殖行业相关性较大的为第二类污染物的部分指标，见表 1－10。

表 1－10　第二类污染物最高允许排放浓度

序号	污染物	适用范围	一级标准	二级标准	三级标准
3	悬浮物（SS）	边远地区砂金选矿	100	800	—
		城镇二级污水处理厂	20	30	—
		其他排污单位	70	200	400
4	五日生化需氧量（BOD_5）	甜菜制糖、酒精、味精、皮革、化纤浆粕工业	30	150	600
		城镇二级污水处理厂	20	30	—
		其他排污单位	30	60	300
5	化学需氧量（COD）	城镇二级污水处理厂	60	120	—
11	氨氮	一切排污单位	1.0	1.0	2.0
13	磷酸盐（以 P 计）	其他排污单位	0.5	1.0	—
25	粪大肠菌群数	医院*、兽医院及医疗机构含病原体污水	500 个/L	1 000 个/L	5 000 个/L

（注：摘自 GB 8978—1996 表 2）

由表 1－10 可见，综合排放标准中对第二类污染物规定了 3 个级别的标准：一级、二级、三级，标准要求依次降低。

2. 行业标准

实际上国家对养殖业制定有污染排放标准：GB 18596—2001《畜禽养殖业污染物排放标准》，其中，规定的指标，如表 1－11 所示。

表 1－11　集约化畜禽养殖业水污染物最高允许日均排放浓度

控制项目	五日生化需氧量（BOD5）（mg/L）	化学需氧量（COD）（mg/L）	悬浮物（SS）（mg/L）	氨氮（mg/L）	总磷（以 P 计）（mg/L）	粪大肠菌群数（个/100mL）	蛔虫卵（个/L）
标准值	150	400	200	80	8.0	1 000	2.0

（注：摘自 GB 18596—2001 表 5）

综上所述，就畜禽养殖业而言，所谓达标排放有 3 个意思：第一，满足 GB 18596—2001《畜禽养殖业污染物排放标准》要求，简称为达到“畜禽标”；第二，满足 GB 8978—1996《污水综合排放标准》要求，简称为达到“综合排放标”，此标应分成一级、二级、三级，如标明达到“综合排放标二级”；第三，满足 GB 3838—2002《地表水环境质量标准》要求，简称为达到“水质标”，此标应分成Ⅰ类、Ⅱ类、Ⅲ类、Ⅳ类、Ⅴ类，如标明达到“Ⅴ类水质标”。

第二章 现代生猪生产工艺

知识目标

（1）熟悉现代生猪生产工艺流程。

（2）了解生猪自动饲喂工艺的实现方法。

（3）了解 GB/T 17824. 3—2008，熟悉猪舍内环境控制的手段和方法。

（4）了解 GB 18596—2001，熟悉养殖场应对污染的措施。

技能目标

（1）能绘制养猪工艺流程图。

（2）能认识自动料线及环控设备。

（3）能绘制各舍在不同季节的通风换气路径。

生产标准引用

标准名称	参考单元
GB/T 17824. 3—2008《规模猪场环境参数及环境管理》	4
GB/T 17824. 1—2008《规模猪场建设》	4
GB 18596—2001《畜禽养殖业污染物排放标准》	3. 1、3. 2
HJ 497—2009《畜禽养殖业污染治理工程技术规范》； GB 8978—1996《污水综合排放标准》二级标准（参照）； GB 16548—1996《畜禽病害肉尸及其产品无害化处理规程》； NY/T 1167—2006《畜禽场环境质量及卫生控制规范》； NY/T 1168—2006《畜禽场粪便无害化处理技术规范》； GB 3095—2012《环境空气质量标准》二级标准； GB 5048—2005《农田灌溉水质标准》； GB 16297—1996《大气污染物综合排放标准》二级标准； GB 14554—1993《恶臭污染物排放标准》二级标准； NY/T 1222—2006《规模化畜禽养殖场沼气工程设计规范》；	部分

第一节 生猪生产工艺流程

一、生猪生产阶段的划分

在养猪生产中，根据不同生长发育阶段的生理特点和营养需要的不同，通常将其划分为哺乳期、保育期、生长育肥期、生产繁殖期等阶段，不同的阶段饲养管理措施不一样，栏舍设施与设备也有不同。

（一）哺乳仔猪

从出生至断奶的仔猪即为哺乳仔猪。仔猪的哺乳期即为哺乳仔猪的饲养期，仔猪断奶后可立即转入保育猪舍饲养，有的猪场也在分娩舍原窝饲养1周后再转群。哺乳期的长短及是否留栏饲养，均将影响分娩栏舍的配置数量。由于哺乳仔猪对低温敏感，对饲养管理的要求较高，分娩舍的猪栏还应设有仔猪保护、补饲和保温等特殊的设施。

（二）保育猪

断奶至70日龄的仔猪即为保育猪，生产中亦称断奶仔猪（weanedpiglet）。保育猪应设专门的保育舍进行饲养，因此，也可将在保育舍中饲养的猪只称为保育猪。现阶段保育的饲养较之以前4周的时间都进行了延长基本都达到6～7周，如果仔猪3周龄断奶即刻转群，则保育期应设为7周，保育猪转育肥时达70日龄。这个阶段的猪只处于母源抗体急剧下降，主动免疫正在形成，生理机能逐步健全的阶段，对环境要求极高，冬季供暖，夏季降温以及通风换气均要全面考虑。如果猪只能顺利渡过此阶段，将具备较强的抵抗力和生长态势，能够保证后续生产顺利进行。

（三）生长育肥猪

对商品猪场而言，70日龄至出栏（体重达100～140kg）的猪为生长育肥猪。此阶段较长，又可细分为小猪（50kg以下），中猪（50～70kg），大猪（70kg以上）3个阶段；亦有分为生长猪（60kg以前）和育肥猪（60kg以后）两个阶段。

（四）种公母猪

1. 基础母（公）猪

已经投入到生产中的母（公）猪，即正在进行繁殖生产的母（公）猪。猪场的规模主要由基础母猪的数量决定。基础母猪一个生产周期包含空怀、怀孕、哺乳3个阶段，常按阶段称为空怀母猪、怀孕母猪和哺乳母猪。

2. 后备母（公）猪

处于培育阶段，计划投入到生产中的母（公）猪。后备母（公）猪达到适配的年龄与体重，符合规定的外形要求，生长状况良好时，才能被选留进入到基础母猪群。

3. 原种群（祖代种猪群）

生产中多数情况下是指用来生产后备母（公）猪的种猪。即自繁自养的猪场自己培育父母代生产种猪时的祖代种猪群体，常被称为“核心群”。由于一头原种母猪年提供的父母代种猪的数量及后备母猪的培育成功率和基础母猪的年淘汰率是基本固定的，所以，基础母猪群的数量一旦确定，则与之配套的原种群的数量就是确定的。一个猪场通过引种或培育能够保证核心群的存栏数，则各阶段猪的存栏数就可得到保证，猪场就可以不断地运转下去。

二、智能化生猪生产工艺流程

工艺流程决定栏舍的设计形式以及设备的配置，其主要内容就是定义生猪生产各阶段的饲养时间和接转标准。可以按猪的生产类型分为母猪生产流程、肉用猪生产流程、种用猪生产流程等。

（一）母猪生产流程

母猪的生产流程根据是否使用群养（散养）、限位或半限位饲养等可有如下几种形式。

（1）配怀母猪全程限位饲养。

（2）配怀母猪全程群养。

（3）配种前群养，配种后限位饲养。

（4）配种前限位饲养，配种后群养。

（5）配种前限位饲养，配种后半限位。

（6）配怀母猪全程半限位。

母猪生产流转过程，可参看图2－1。

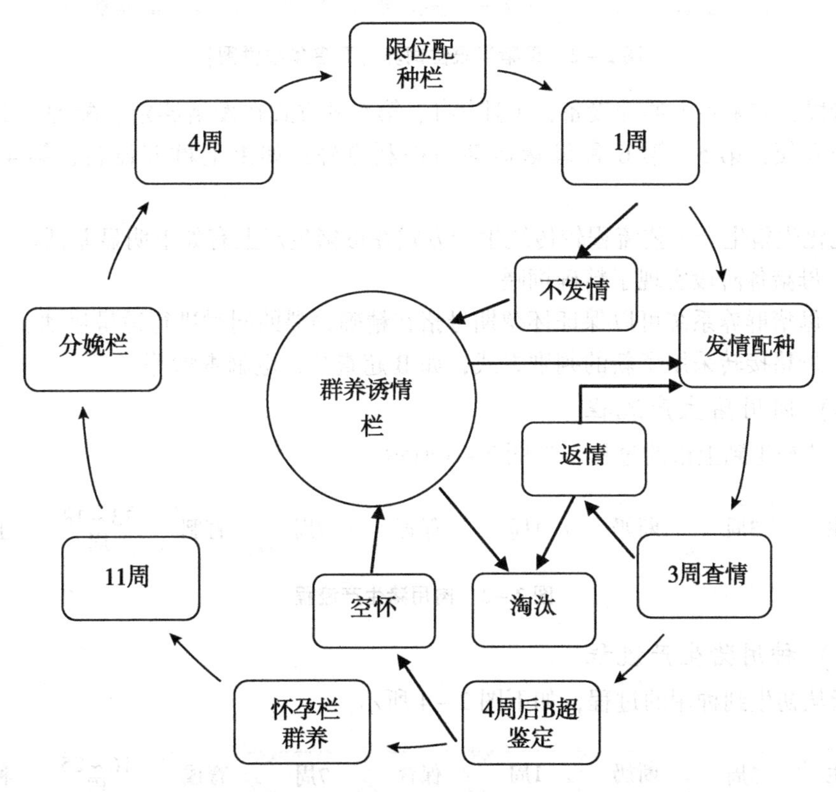

图2－1　母猪生产流程（配种前限位配种后群养）

所谓半限位即是母猪采食区通过独立的槽位进行限位，每头猪一个槽位，每个槽位只能进一头猪，采食时不互相干扰，栏内其他区域不限位，拓宽了母猪的活动空间，投资相对电子饲喂系统小，主要适用于小群（10头以下）饲养，混群稍显麻烦。该技术在国外养猪业发达国家已经推广使用，我国一些采用小群饲养模式的新建猪场也有采用。如图2－2所示，断奶后母猪即使用了半限位饲养技术。

图 2－2　母猪半限位饲养（青岛华牧供图）

现阶段，如果不上群养设备，上述第 1、第 5 种方式在发情鉴定、配种、查孕等方面均较为方便，第 5、第 6 种母猪运动与福利更好；如果上群养设备，第 4 种方式占优。

智能化生猪生产工艺流程较传统生产方式在母猪生产上有如下明显差别。

（1）母猪各阶段实现了精确饲喂。

（2）母猪群养系统可以保证怀孕期母猪在精确饲喂的同时进行适量运动。

（3）母猪接转采用了新的判别方式，如 B 超查孕，电脑查情等。

（二）肉用猪生产流程

即指从初生到上市的过程，如图 2－3 所示。

图 2－3　肉用猪生产流程

（三）种用猪生产流程

即指从初生到种用的过程，如下图 2－4 所示。

图 2－4　种用猪生产流程

第二节　生猪自动饲喂工艺

生猪的饲喂工艺经历了人工饲喂、自动饲喂阶段后，现在已经发展到智能饲喂阶段，即通过计算机自动控制技术，可以根据每一个个体的生长阶段及生长状况的不同，而给予相应的种类和数量的饲料。如“母猪智能群养系统”和“肥猪自动分群饲养系统”。

一、固态料自动饲喂系统

生猪固态料自动饲喂系统包括自动输料和自动喂料两个部分（图2－5）。自动输料系统负责将指定类型饲料（干粉料或颗粒料均可）自动运送到各栏舍的饲喂点，与工厂的传送带相似，一般可分链盘式（或索盘式、塞盘式）和绞龙式自动输料系统，前者配合输料转角轮，适合室内折转较多的线路供料，输送长度可达500m，后者适合室外直线输送，最大长度不超过100m，一般不建议绞龙作较长距离输送，因为绞龙的搅动可能导致饲料的性状分离，影响饲料的混合均匀度。实际应用中以前者为主，或者两者结合使用；而自动喂料系统负责控制下料方式和下料量，通过专用的喂料器，实现母猪的限制饲喂以及保育和育肥猪的自由采食。外部供料可以用室外料线架空输送，也可以由饲料车辆运输到舍前料塔内。

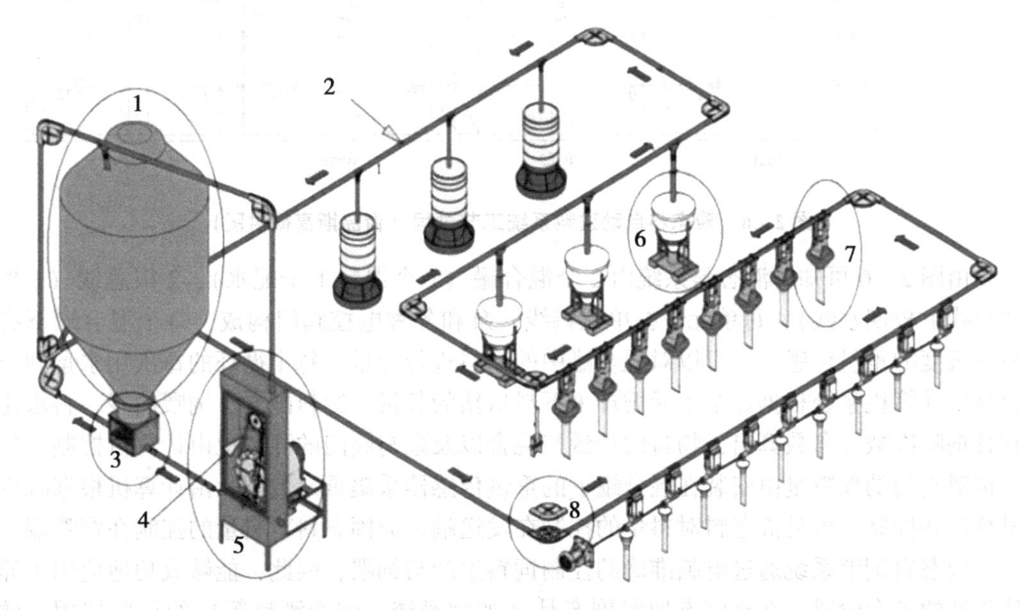

1. 料塔；2. 输送线；3. 下料斗；4. 索盘；5. 驱动器；6. 干湿料槽；
7. 下料计量器；8. 输料转角轮及料位探头

图2－5　索盘式自动送料系统

二、液态料自动饲喂系统

液态料自动饲喂技术与上述固态料饲喂相似，也用料线进行输送，不过输送的已经是用水进行稀释并搅拌均匀的液体料，因其可以流动，所以，可以用泵作动力进行输送。显然，液态料在适口性、避免粉尘、减少饲料浪费、提高饲料利用率等方面优于固态料，同时因为用泵作动力，料线的安装布置更简单灵活，输送距离也更远。据统计，液态料饲喂技术在欧洲应用较广，德国约80%，荷兰约60%，法国约15%，英国肉用家畜委员会属下有25%以上的猪场应用液态饲料饲喂；在北美和其他国家，使用较少，但也有增加趋势。液态料料线的布置和工艺过程，如图2－6所示。

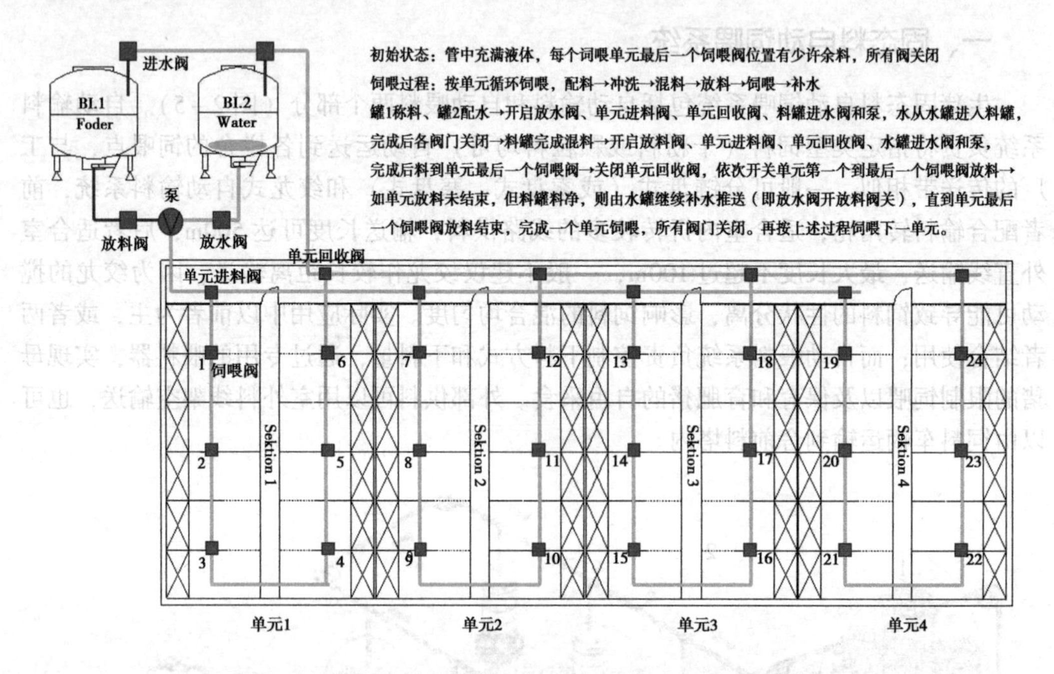

图2－6　液态料自动送料系统工艺过程（青岛斯高德供图）

由图2－6可知，液态料系统由2个混合罐（1个混料1个配水）、2根总线（1根送料线1根回水线）、每单元1根单元料线、泵和各种电控阀门构成，每个混合罐下有高灵敏度的重量传感器，可以对混合罐中的物料进行计量。每个循环的每次用水量和干料量由计算机系统根据每个单元循环中下料口猪的数量、饲料配方、饲喂曲线、料水比和日饲喂次数等参数算出，物料的计量与混合以及泵与阀门的开关也由计算机控制。每个饲喂阀门的放料量由安装在混合罐下的重量传感器采集重量数据，由计算机根据减少量算出并控制。可见液态料对料量的控制在发送端，而固态料对料量的控制在饲喂端。

液态料饲喂系统通过电脑准确的控制饲料生产与饲喂，因此，能够成功地应用于养猪生产的各个阶段。在有液态原料副产品（如啤酒渣、酿酒酒糟等）的地区使用，效果更好。但液态料应用需要更高的饲养管理水平，且必须处理好如下一些问题。

1. 发酵控制

适度发酵有利于消化，但如果发酵不可控则会导致大肠杆菌、沙门氏菌、酵母和许多其他可能的病原体增多，对动物健康不利。这是液态饲喂系统受到最大质疑的地方，特别是南方常年温度较高地区。因此，业内通常建议用乳酸（或者其他酸化剂）酸化至pH值4，并用300mg/L的二氧化氯进行处理。这里应注意的是，每个搅拌和输送系统都有特定的程序用于清洁和消毒，这些程序必须严格遵守执行，以确保系统清洁卫生。

2. 干物质浓度控制

液态饲喂的另一个关键问题是湿料中干物质的浓度。根据经验，每1份干饲料应配

3 份水，或者干物质浓度为 25% 即可。注意有些老式的输料系统不能输送较为密集的搅拌料。

3. 饲喂频率与槽位控制

这是液态饲喂的又一个关键问题。每一次放料必须保证每一头猪有充足的采食位（如每头育肥猪需要 30 ~ 33cm）并保证吃净，而且料槽也要有足够的容量容纳每次的放料量。

4. 拒食猪辅助

主要见于保育舍之刚断奶仔猪，此前不熟悉液态饲料。拒食现象一旦出现，通常可以在饲喂器靠近料槽的一端添加一些干饲料，连续添加几天，直至猪只开始愿意进食液态料。

三、生猪自动饲喂的意义

较传统采用人工饲喂的生产方式具有如下明显优势。

1. 减小劳动强度，降低劳动力成本

传统人工清粪与饲喂约占生产总劳动时间的 70%，饲喂与清粪又各占一半，而且饲喂的劳动强度更大。一个身强力壮的男劳力，肥猪最大的饲养量为 300 ~ 500 头，母猪不能超过 50 头。改为自动饲喂后，母猪肥猪几乎不再需要饲喂的劳力。

2. 精确饲喂

母猪无论是限位饲养还是群养，均可通过调节计量装置来控制下料量，实现限制饲喂。肥猪也可以实现自动分群饲喂。

3. 提高饲料卫生

生猪自动饲喂避免了一切人为因素的干扰和其他动物的二次污染，具有更加可靠的安全性。

4. 减少饲料浪费

传统人工饲喂使用旧式的食槽，特别是保育猪与育肥猪，饲料浪费极大，有的场几乎超过 10%。自动饲喂采用了新式的下料装置，可以将饲料的浪费控制在 1% 以内。

第三节　猪舍内环境控制工艺

一、供暖保温工艺

（一）常用保温材料

保温隔热材料与工艺在建筑中的应用，能大幅度减少能源的消耗，从而减少环境污染和温室效应。1980 年以前，中国保温材料的发展十分缓慢，但之后特别是近 20 年，中国保温材料工业高速发展，不少产品从无到有，从单一到多样化，质量从低到高，已形成以膨胀珍珠岩、矿物棉、玻璃棉、硅酸钙、泡沫塑料、硬质聚氨酯等为主的品种比较齐全的产业。

保温材料按化学性质一般可分为无机、有机及复合保温材料，也可按材料的形状等物理性状来分，如板料、浆料（或粉料）、发泡料等。下面对使用相对广泛的材料进行简单介绍。

1. 膨胀聚苯板（EPS 板）

导热系数 0.037 ~0.041 保温效果好，价格便宜，强度稍差。

2. 挤塑聚苯板（XPS 板）

导热系数 0.028 ~0.03 保温效果更好，强度高，耐潮湿，但价格较 EPS 贵，施工时表面需要处理。

3. 岩棉板

导热系数 0.041 ~0.045 防火，阻燃，但吸湿性大，保温效果较差。

4. 胶粉聚苯颗粒保温浆料

导热系数 0.057 ~0.06 阻燃性好，回收废品原料制成，价格便宜，但保温效果不理想，对施工要求高。

5. 珍珠岩保温浆料

导热系数 0.07 ~0.09 防火性好，耐高温保温效果差，吸水性高。

6. 聚氨酯（PIR）发泡材料

导热系数 0.025 ~0.028 防水性好，保温效果好，强度高，价格较贵。

（二）建筑保温处理

据统计，中国传统房屋住宅的能量损失大致为墙体约占 50%；屋面约占 10%；门窗约占 25%；地下室和地面约占 15%。传统封闭式猪舍与此相似，环控型猪舍均为封闭式，因此建筑保温处理是一个关键措施，对后期运行成本影响很大。

1. 栏舍位置与朝向

由于我国冬季盛行西北风，因此栏舍位于东南缓坡，即西北方高东南方低或西北方有障碍物的位置对栏舍保温有利；另外，房子坐北朝南有利于避风及冬季采暖。现时多为环境控制型栏舍，一般不特别讲究位置和朝向，但如条件允许请遵循这个规律，有利于节约能源。

2. 墙体保温

墙体保温可分为内保温、外保温和夹心保温。猪舍建筑室内要经常喷洒消毒液或冲水清洗，不方便采用内保温，因此，主要采用外保温和夹心保温。当然，墙体本身材料及厚度对保温也有较大影响，如使用多孔砖比实心砖，空心墙比实心墙保温性能更佳；墙壁的厚度越大保温性能也更强。

（1）保温砂浆保温。保温砂浆是以各种轻质材料为骨料，以水泥为胶凝料，掺和一些改性添加剂，经生产企业搅拌混合而制成的一种预拌干粉砂浆。主要用于建筑外墙保温，也可用于内墙，具有施工方便、耐久性好等优点。市面上的保温砂浆主要为两种：①无机保温沙浆（玻化微珠防火保温沙浆，复合硅酸铝保温沙浆，珍珠岩保温沙浆）；②有机保温沙浆（胶粉聚苯颗粒保温沙浆）。在这几种保温沙浆材料当中，使用最多的则是玻化微珠保温材料和胶粉聚苯颗粒保温沙浆。其中，玻化微珠保温沙浆具有优异的保温隔热性能和防火耐老化性能、不空鼓开裂、强度高、施工方便等特点，也是珍珠岩保温沙浆的升级材料，由于珍珠岩保温沙浆吸水率太高等缺点逐渐地被淘汰；胶粉聚苯颗粒保温沙浆产品具有重量轻，强度高、隔热防水、抗雨水冲刷能力强，水中长期浸泡不松散、导热系数低、干密度小、软化系数高、干缩率低、干燥快、整体性强、耐候、耐冻融等特点；复合硅酸铝保温沙浆但由于粘接性能及施工质量等存有隐患，所以，是国家明令的限用建材。

（2）保温板保温。将保温板材（EPS、XPS、岩棉板等）采用粘贴、外挂或浇注的方式附着于外墙外进行保温。是由聚合物沙浆、玻璃纤维网格布、阻燃型 EPS 或 XPS 等材料复合而成，集保温、防水、饰面等功能于一体。

（3）发泡剂喷涂保温。使用最多的为聚氨酯喷涂保温，达到国家 A 级标准防火性能，高温下不融化、无滴落物、低烟雾，尺寸稳定性好，具有良好的保温节能效果，做到了防火和节能性能的统一。喷涂聚氨酯硬泡墙体保温是以 A 料（异氰酸酯）加 B 料（多元醇、发泡剂、催化剂、阻燃剂等）经高压发泡设备现场喷涂发泡为保温层，以聚合物干混砂浆为罩面层，以玻纤网格布为加强层的外墙外保温系统，饰面层适用于涂料、瓷砖、弹涂等。

注意以下施工要点。

① 基层平整（符合规范要求），喷涂前，清除基层松动部位、浮灰、污物，堵好脚手眼，安装好预埋件，基层必须干燥，含水量≤8%。

② 大风（>4 级）、0℃以下、下雨不得施工。

③ 喷涂前必须做好门窗、临近墙体、地面行人、车辆的防护，不能造成任何污染，操作者要穿防护服，戴防护帽、防护眼镜等。

④ 分层喷涂，每层不得超过 2cm，误差不得大于 ±5mm。

⑤ 打磨要精细平整，误差不得大于 ±2mm。

3. 门窗保温

在设计时尽量减少门窗的面积有利于保温及隔热。有的环控型栏舍根本不设窗户，但可能会出现因母猪缺乏自然光照而影响正常发情的情况。门窗本身的材料，也会影响保温效果，现时有专用的保温门窗，门板有专业的保温夹层，窗户也使用双层中空玻璃，保温性能可望有较好的保证。

4. 吊顶及屋顶保温

（1）吊顶保温。吊顶可以方便通风、保暖与隔热。环控型栏舍还设有专门的吊顶保温层，使用的材料要求质轻并阻燃，大致分两大类：一种是用棉类的保温板，如岩棉板、硅酸铝棉板、离心玻璃棉板，不环保对人体有害，但相对要便宜；另一种是无机保温材料，如复合硅酸盐，稀土保温，这个厚度要做到 5cm 以上，施工起来辅助材料费用高，并需要加固。环控型栏舍为了保证保温效果和美观一般使用夹心板，单侧彩钢，另一侧为 PVC，中间为阻燃性保温材料，如岩棉等。

（2）屋顶保温。与吊顶保温材料相似。现代环控型屋顶一般使用钢结构，可以使用岩棉板等做夹层或直接使用新型无机保温材料直接在屋内顶上喷涂，厚度薄只有 2～3cm，无需辅助材料。也可使用阻燃性泡沫夹心彩钢板。

（三）供暖

供暖就是用人工方法向室内供给热量，使室内保持一定的温度，以创造适宜的温度环境。

1. 供暖系统的构成

供暖系统由热源、热媒输送管道和散热设备组成（图 2-7）。

热源：制取具有压力、温度等参数的蒸汽或热水的设备。

热媒输送管道：把热量从热源输送到热用户的管道系统。

散热设备：把热量传送给室内空气的设备。

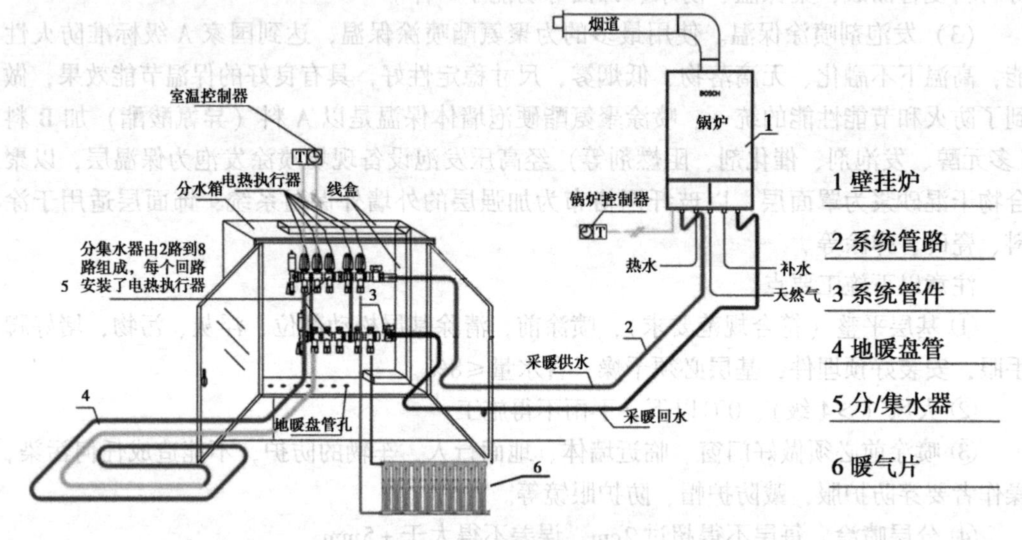

图 2-7 供暖系统组成

2. 供暖系统的分类

供暖系统有很多种不同的分类方法，按照热媒的不同可以分为：热水供暖系统、蒸汽供暖系统、热风采暖系统；按照热源的不同又分为热电厂供暖、区域锅炉房供暖、集中供暖三大类等。养殖场自建的供暖系统以热水供暖系统最为常见，其分类如下。

（1）按系统循环动力的不同分类。按系统循环动力的不同，热水供暖系统可分为自然循环系统和机械循环系统。靠流体的密度差进行循环的系统，称为“自然循环系统”；靠外加的机械（水泵）力循环的系统，称为“机械循环系统”。

（2）按供、回水方式的不同分类。按供、回水方式的不同，热水供暖系统可分为单管系统（图 2-8）和双管系统（图 2-9）。单管系统管路较为简单，但双管系统供热更加均匀。

（3）按管道敷设方式的不同分类。按管道敷设方式的不同，热水供暖系统可分为垂直式系统和水平式系统。

（4）按热媒温度的不同分类。按热媒温度的不同，热水供暖系统可分为低温供暖系统（供水温度 $t<100℃$）和高温供暖系统（供水温度 $t\geq100℃$）。各个国家对高温水和低温水的界限，都有自己的规定。在我国，习惯认为，低于或等于 100℃的热水，称为“低温水”；超过 100℃的水，称为“高温水”。养殖场供暖系统大多采用低温水供暖，设计供回水温度采用 70～95℃。

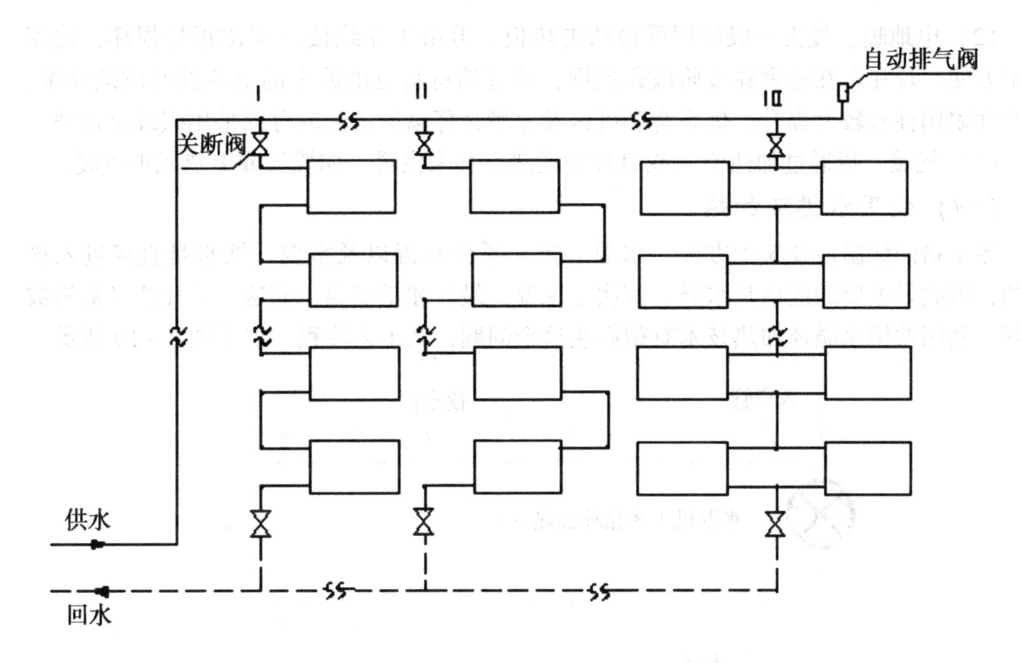

图2-8　单管系统

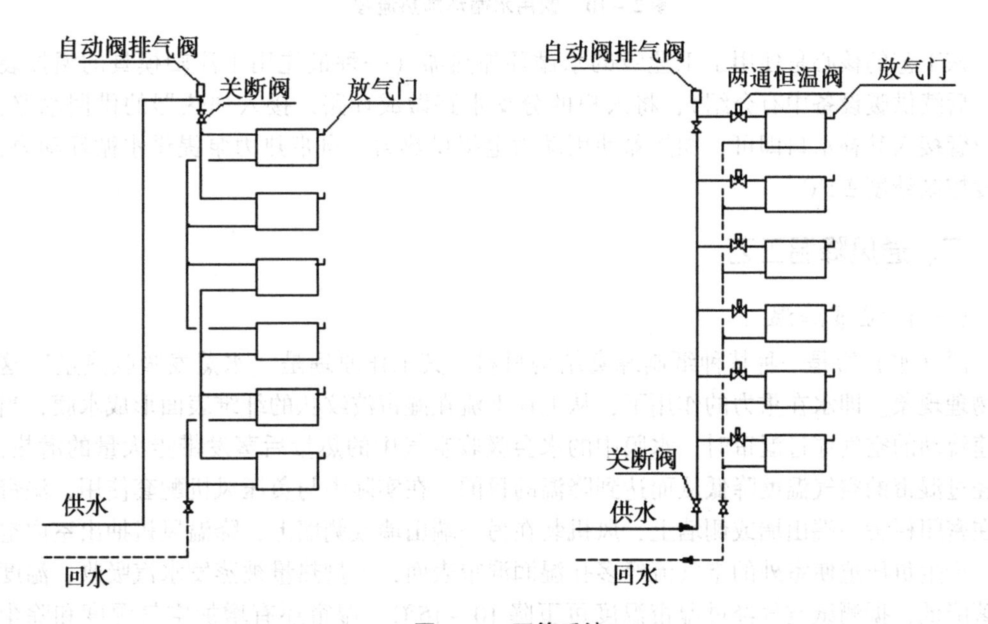

图2-9　双管系统

因为养殖场多为单层建筑，也不需要太高的温度，因此，一般使用双管（或单管）、低温、水平式、机械循环热水供暖系统。

以上为集中供暖的方式，养殖场也使用下述较简易的分散供暖工艺。

（1）灯暖。如使用红外灯进行保暖，布置与操作简单，移动方便，多用于初生小猪保温。由于发热灯位于动物上方，热气也往上升腾，热效率不高，但兼有照明作用。

（2）电地暖。过去一般使用可移动电热板，但由于导线接口部位很易损坏，使用并不方便。现在多在栏舍建设阶段作预埋，预埋的材料也由原来的电热丝改成碳纤维，安全性耐用性有较大提升。保育舍躺卧区及分娩舍仔猪活动区域可以采用碳纤维地暖。

（3）气暖。指通过加热空气或直接输送热空气来供暖。如燃气或电热风炉供暖。

（四）饮用水循环加热

冬季猪的保温涉及3个方面：水温、床（睡台）温以及室温。饮水是直接进入猪体的，因此最重要的应该是水温，其次是床温，最后才是室温，而这一点往往又最易被忽视。利用饮用水循环加热技术有望解决这个问题，其工艺流程，如下图2－10所示。

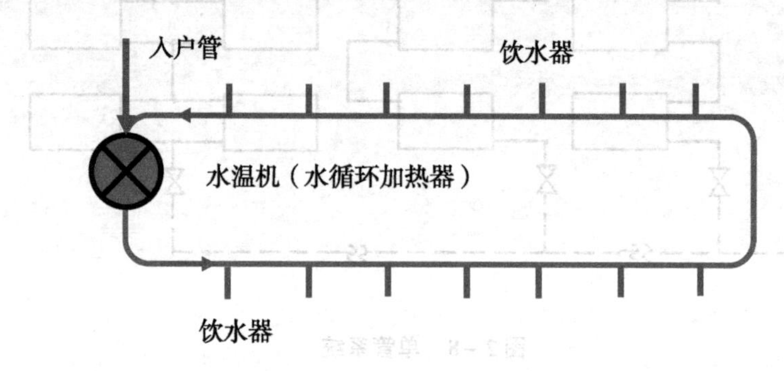

图2－10　饮用水循环加热流程

该工艺的核心是使用了工业级的水循环加热器（一种最先用于注塑模具的温控装置，后续供暖设备中有介绍），将入户的分支水路做成环路，接入加热器的供回水路，入户管接入其补水口即可。加热器使用动力电提供热力，自带热力泵提供水循环动力，温度控制精度±1℃。

二、通风降温工艺

（一）湿帘降温

湿（水）帘是一种特种纸制蜂窝结构材料，其工作原理是“水蒸发吸收热量”这一物理现象。即水在重力的作用下，从上往下流在湿帘波纹状的纤维表面形成水膜，当快速流动的空气穿过湿帘时，水膜中的水会吸收空气中的热量后蒸发带走大量的潜热，使经过湿帘的空气温度降低从而达到降温的目的。在实际中与负压风机配套使用，湿帘装在密闭栏舍一端山墙或侧墙上，风机装在另一端山墙或侧墙上，降温风机抽出室内空气，产生负压迫使室外的空气流经多孔湿润湿帘表面，大量热量被蒸发水汽吸收，温度显著降低，据测试空气经过湿帘温度可下降10～15℃。湿帘还有增加空气湿度和除尘的作用。

（二）通风

通风有两个作用，一是排出有害气体保持舍内空气新鲜；二是夏季时湿帘降温。按通风的方向可分为水平（横向或纵向）通风和垂直通风。通风量、通风面积的计算及风机的配置，可参阅本书第五章。

1. 水平纵向通风

风机位于一端山墙，进风口位于另一端山墙（或侧墙），风从栏舍的一端以较大流速流向另一端（图 2－11），主要用于夏季通风降温，也能增加舍内湿度并降低粉尘。纵向通风因距离较长，两端可能会有温差。因此，在建舍时，要控制好一个栏舍单元的长度，以进出风口之间不超过 100m 为宜。

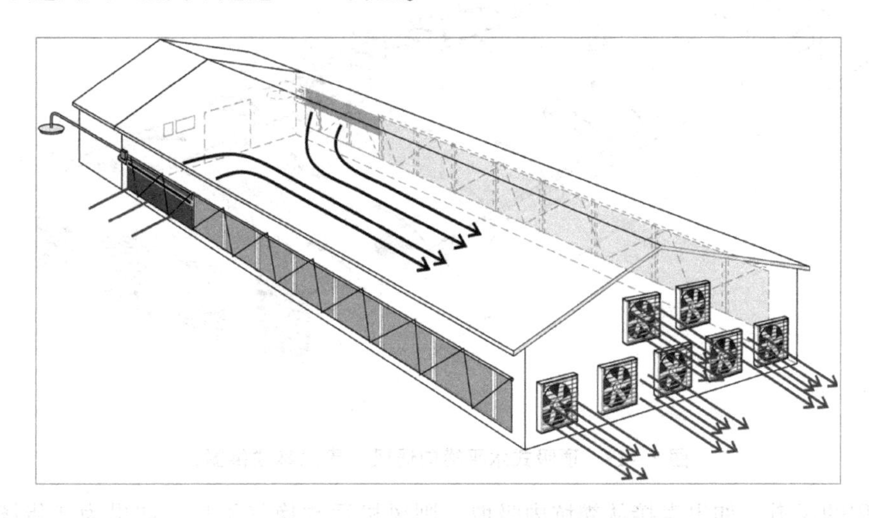

图 2－11　水平纵向通风（青岛鑫联供图）

2. 水平横向通风

横向通风有两种形式：一种为侧吸风式，进风口位于猪舍一侧的侧墙上，风机安装在另一侧的侧墙上，即一侧进另一侧出（图 2－12）；另一种为顶吸式，进风口位于猪舍两侧的侧墙上，风机安装在屋顶上，即从两侧进顶端出（图 2－13）。由于风机在屋顶，安装维护不便，但对相邻栏舍干扰较小。由于通风距离较短，流速较慢，主要用于冬季通风换气，但各区域风速可能不均匀。

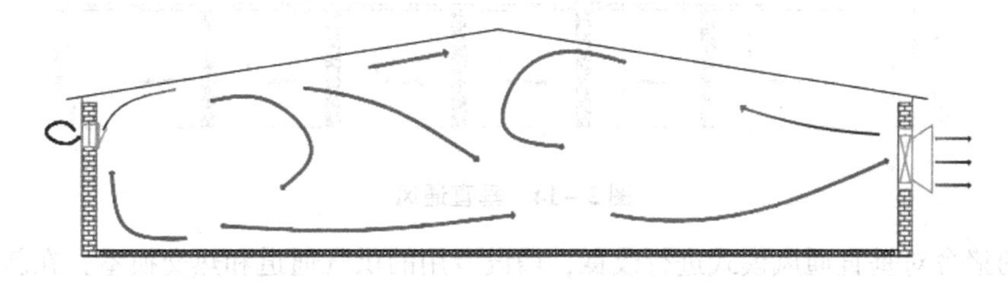

图 2－12　侧吸式水平横向通风（青岛大牧人供图）

3. 垂直通风

风口位于吊顶上，风机位于地沟的出风口，风从吊顶进入，穿过舍内通过漏缝板经粪坑风道排出（图 2－14）。垂直通风主要用于冬季通风换气，也可用于春秋季通风。由于地沟内有害气体浓度相对较高，从上往下的垂直通风模式对排除舍内有害气体更为有利，而且风机安装维护也更方便，因此应用较为广泛。这种方式要求最好在地下粪坑

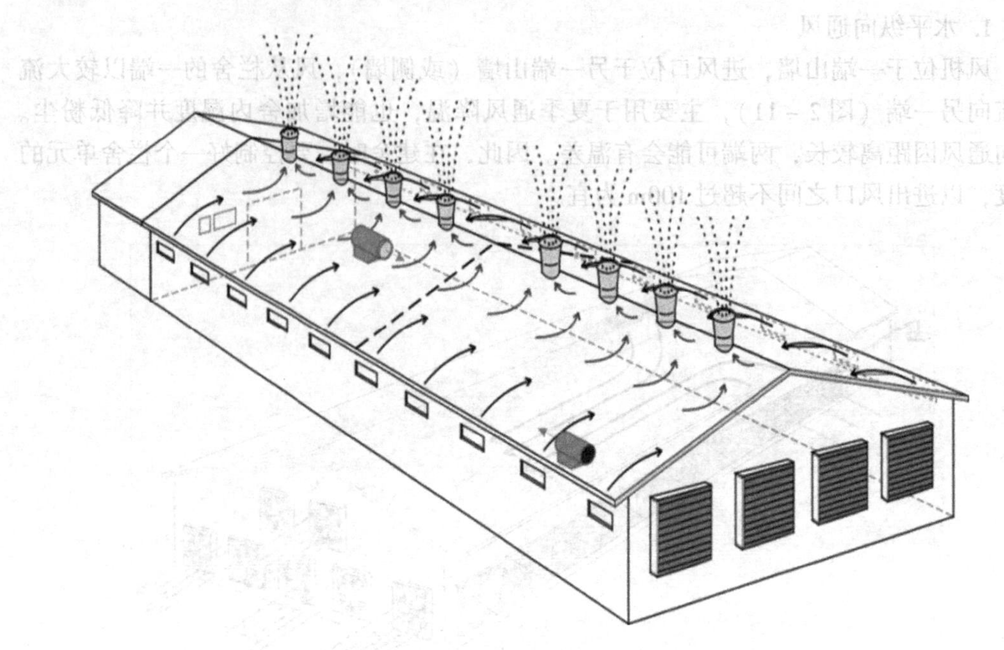

图 2－13　顶吸式水平横向通风（青岛鑫联供图）

中建专用的风道，如果直接从粪坑内吸取，则风机远端换气不良。如果为老猪场改造，可以在粪坑中挂装 PVC 通风管来解决，风管在粪坑内开口由风机近端到远端逐渐变密。

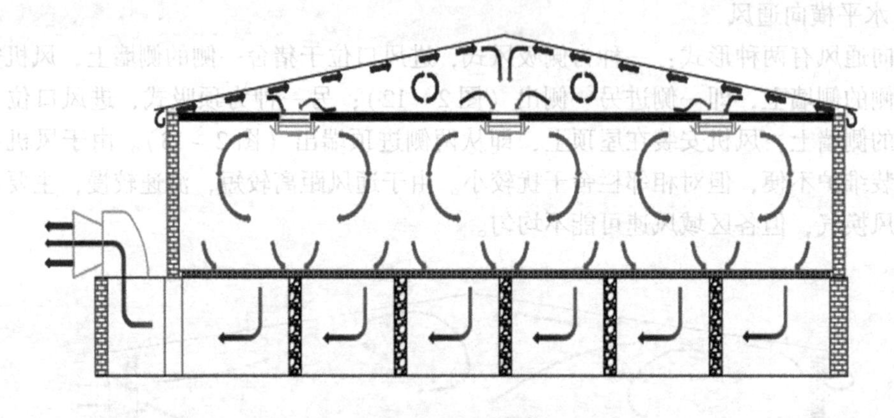

图 2－14　垂直通风

有的猪舍对垂直通风模式进行改良，增设专用的供气通道和热交换室，在新鲜空气均匀度及节能环保上做得更好，如美国的“AirWorks 系统”等。

4. 联合通风

现代环控型猪舍多数采用水平与垂直通风相结合的联合通风模式，即夏季高温采用水平纵向通风，其他季节采用垂直通风，或者由自动控制系统根据温度、有害气体浓度等指标自动开启相应风机和通风口，做到全自动控制通风。

三、自动控制系统

目前，舍内环境自动控制主要集中在温度和空气新鲜度（即有害气体浓度）控制，有害气体又以氨气为代表。温度控制主要以供暖与湿帘降温来达成，空气新鲜度控制主要通过通风来达成，供暖与通风一般是矛盾的，而湿帘降温与通风是相辅相成的。环境自动控制系统主要由各种探头、数据传输线路、环境控制器（或微机）、控制线路及控制开关构成，其核心为环境控制器，它要完成环境指标设定、环境数据判读、控制指令的发出等工作。如图 2-15 所示：

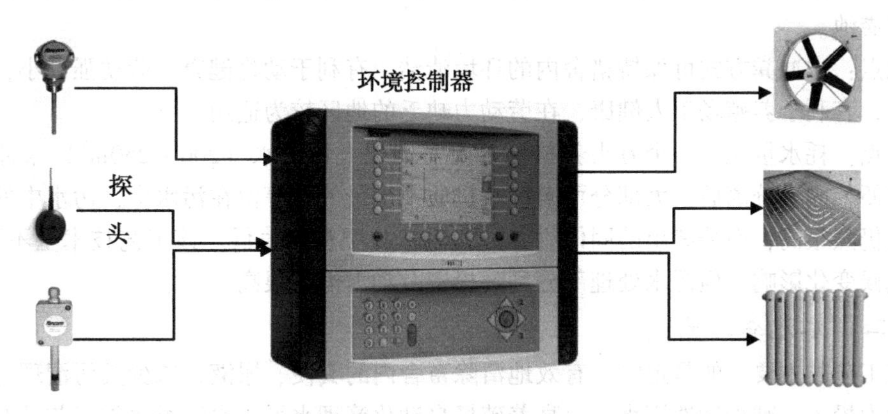

图 2-15　环境自动控制流程

第四节　污染处理工艺

我国第一次污染源普查资料显示，全国主要污染物排放量中，农业源占大部分，其中，COD 排放量占总量的 46% 以上，达到 1 300 万 t，氮占 50% 以上，磷占 60% 以上，而畜禽养殖污染物排放量占整个农业源的 95% 以上。同时，畜禽养殖业已使我国水环境污染呈现全面蔓延势态。农业污染已成为影响我国水环境，尤其是威胁饮用水源安全的首要因素。因此，排污及污染治理是筹备现代养殖生产需要优先考虑并解决的问题。

目前，生猪生产污染的来源主要是粪尿与病死猪。各阶段猪的大致排污情况，可参看表 2-1。

表 2-1　各类猪的饲养周期、饲料消耗及粪污排放量

项目	饲养周期（d）	周期重量（kg）	饲料消耗（kg/d）	饮水量（kg/d）	排粪污量（kg/d）			
					粪尿	固体含量	冲洗水	合计
母猪	365	140～160	3.15	12.29	6.72	0.66	29.44	36.16
公猪	365	120～140	2.74	10.69	6.41	0.58	26.38	32.76
仔猪	49	7～30	1.00	3.90	2.91	0.20	9.99	12.90
育肥猪	105	30～100	2.29	8.93	5.95	0.50	19.06	25.01

一、粪污清理工艺

（一）水冲粪工艺

水冲粪工艺是20世纪80年代中国从国外引进规模化养猪技术和管理方法时采用的主要清粪模式。该工艺的主要目的是及时、有效地清除畜舍内的粪便、尿液，保持畜舍环境卫生，减少粪污清理过程中的劳动力投入，提高养殖场自动化管理水平。水冲粪的方法是粪尿污水通过自然流入或人工扩水冲洗混合进入漏缝地板下的粪沟，每天数次从沟一端的小水池放水冲洗。粪水顺粪沟流入粪便主干沟，进入地下贮粪池或用泵抽吸到地面贮粪池。

优点：水冲粪方式可保持猪舍内的环境清洁，有利于动物健康。劳动强度小，劳动效率高，有利于养殖场工人健康，在劳动力缺乏的地区较为适用。

缺点：耗水量大，一个万头养猪场每天需消耗大量的水（200～250m^3）来冲洗猪舍的粪便。固液分离后，大部分可溶性有机质及微量元素等留在污水中，污水中的污染物浓度仍然很高，而分离出的固体物养分含量低，肥料价值低。该工艺技术上不复杂，不受气候变化影响，但污水处理部分基建投资及动力消耗很高。

（二）水泡粪工艺

该工艺的主要目的是定时、有效地清除畜舍内的粪便、尿液，减少粪污清理过程中的劳动力投入，减少冲洗用水，提高养殖场自动化管理水平。水泡粪清粪工艺是在水冲粪工艺的基础上改造而来的。工艺流程是在猪舍内的排粪沟中注入一定量的水，粪尿、冲洗和饲养管理用水一并排放漏缝地板下的粪沟中，储存一定时间后（一般为1～2个月），待粪沟装满后，打开出口的闸门，将沟中粪水排出。粪水顺粪沟流入粪便主干沟，进入地下贮粪池或用泵抽吸到地面贮粪池。

优点：比水冲粪工艺节省用水，由于大量使用漏缝地板，眼观也较清洁。缺点：由于粪便长时间在猪舍中停留，形成厌氧发酵，产生大量的有害气体，如H_2S（硫化氢），CH_4（甲烷）等，恶化舍内空气环境，危及动物和饲养人员的健康，因此，必须以良好的通风系统作为支撑。粪水混合物的污染物浓度更高，后处理也更加困难。该工艺技术上不复杂，不受气候变化影响，污水处理部分基建投资及动力消耗较高。特别是如果采用深坑并进行了充分发酵，后期的固液分离相当困难且意义不大。

考虑到深坑（1.5m以上）工艺的不足，现时常将粪坑深度设计在1.3m以内（多数深度控制在0.6～1m），称为“尿泡粪”，这种方式注水量少且排空周期较短，一般夏季为1～2周，冬季为3～4周，有利于进行固液分离或生产沼气，已经被越来越多的设计方案所采用。

（三）干清粪工艺

该工艺的主要目的是及时、有效地清除畜舍内的粪便、尿液，保持畜舍环境卫生，充分利用劳动力资源丰富的优势，减少粪污清理过程中的用水、用电，保持固体粪便的营养物，提高有机肥肥效，降低后续粪尿处理的成本。干清粪工艺的主要方法是，粪便一经产生便分流，干粪由机械或人工收集、清扫、运走，尿及冲洗水则从下水道流出，分别进行处理。干清粪工艺分为人工清粪和机械清粪两种。人工清粪只需用一些清扫工具、人工清粪车等。设备简单，但劳动量大，生产率低。机械清粪包括铲式清粪和刮板清粪，猪场多使用后者，其工作原理是：电动机将动力通过减速箱传递给传动机构，利用传动机构上的槽轮拖动刮粪装置，使其在粪道内做往复运动，对粪道内的粪便进行清理，并将粪便刮入集粪沟中（集粪沟也可设置刮板，最终将粪刮到粪池中）。刮粪装置碰到设置在粪槽内设置的行程控制机构后，通过控制电路，自动实现电动机的反转，将刮粪装置拉回，直至碰到回程的行程控制装置，实现其复位。为了节约设备和电力，通过绞盘和绞索绕线方式的变化，可以做成1拖2、1拖3、1拖4几种成组安装形式。如图2－16所示。

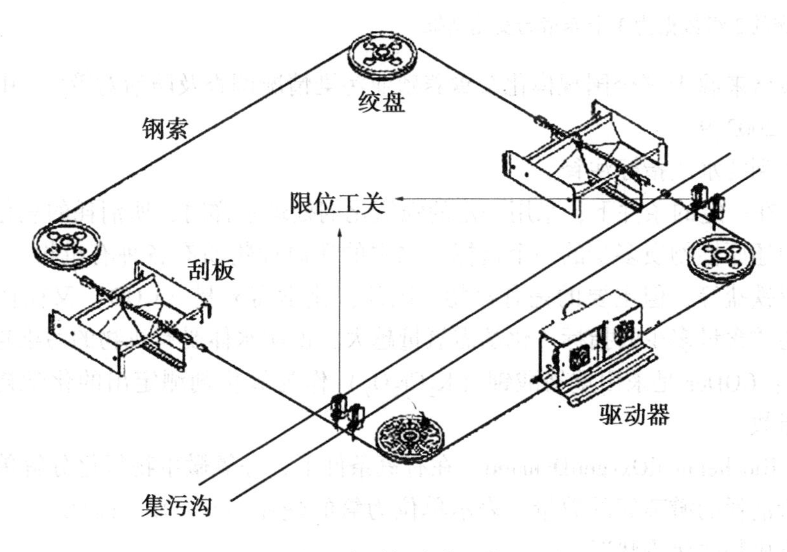

图2－16　往返式刮板清粪工艺（1拖2）

机械清粪的优点是可以减轻劳动强度，节约劳动力，提高工效。缺点是一次性投资较大，还要花费一定的运行维护费用，而且对粪坑的施工精度要求很高，否则，运行阻力大，钢丝绳易断裂，加之工作部件上沾满粪便，维修人员要出入粪坑进行修理难度较大。清粪机工作时噪声也较大，影响畜禽生长。因此，机械清粪还需要解决一些实际问题，才能得到更广泛的应用。

（四）3种清粪工艺比较分析

现有的资料表明，采用水冲式和水泡式清粪工艺的万头猪粪污水处理工程的投资和运行费用比采用干清粪工艺的多一倍。水冲式和水泡式清粪工艺，耗水量大，排出的污水和粪尿混合在一起，给后处理带来很大困难，而且固液分离后的干物质肥料价值大大降低，粪便中的大部分可溶性有机物进入液体，使液体部分的浓度很高，增加了处理难度。与水冲式和水泡式清粪工艺相比，干清粪工艺固态粪污含水量低，粪中营养成分损失小，肥料价值高，便于高温堆肥或其他方式的处理利用。产生的污水量少，且其中的污染物含量低，易于净化处理。不同清粪工艺污水水量和水质，见表2－2。

表 2-2 养猪场不同清粪工艺污水水量和水质

清粪工艺		水冲粪	水泡粪	干清粪
水量	平均每头（L/d）	35~40	20~25	10~15
	年出栏万头猪场（m^3/d）	210~240	120~150	60~90
水质指标（mg/L）	BOD5	5 000~6 000	8 000~10 000	302，1 000，—
	CODcr	11 000~13 000	8 000~24 000	989，1 476，1 255
	SS	17 000~20 000	28 000~35 000	340，—，132

注：①水冲粪和水泡粪的污水水质按每日每头排放 COD 量为 448g，BOD 量为 200g，悬浮固体为 700g 计算得出

②干清粪的 3 组数据为 3 个养猪场实测结果

以上表格来源于《全国规模化畜禽养殖业污染情况调查及防治对策》．中国环境科学出版社，2002.9

以上用到的水质指标注释。

COD：在一定的条件下，采用一定的强氧化剂处理水样时，所消耗的氧化剂量。它是表示水中还原性物质多少的一个指标。水中的还原性物质有各种有机物、亚硝酸盐、硫化物、亚铁盐等，但主要的是有机物。因此，化学需氧量（COD）又往往作为衡量水中有机物质含量多少的指标。化学需氧量越大，说明水体受有机物的污染越严重。

CODcr：CODcr 是采用重铬酸钾（$K_2Cr_2O_7$）作为氧化剂测定出的化学耗氧量，即重铬酸盐指数。

BOD：BiochemicalOxygenDemand，在有氧条件下，好氧微生物氧化分解单位体积水中有机物所消耗的游离氧的数量，表示单位为氧的毫克/升（O_2，mg/L）。主要用于监测水体中有机物的污染状况。

BOD5：在测定生化需氧量时一般以 20℃作为测定的标准温度。20℃时在 BOD 的测定条件（氧充足、不搅动）下，一般有机物 20d 才能够基本完成在第一阶段的氧化分解过程（完成过程的 99%）。就是说，测定第一阶段的生化需氧量，需要 20d，这在实际工作中是难以做到的。为此又规定一个标准时间，一般以 5d 作为测定 BOD 的标准时间，因而称之为 5d 生化需氧量，以 BOD5 表示之。BOD5 约为 BOD20 的 70%。

SS：SuspendedSolids，指悬浮在水中的固体物质，包括不溶于水中的无机物、有机物及泥沙、黏土、微生物等。水中悬浮物含量是衡量水污染程度的指标之一。悬浮物是造成水混浊的主要原因。

TS：TotalSolids，总固体，指总溶解固体量（TDS）和总悬浮固体量（TSS）之和。是在一定温度下，将水样烘干后残留在器皿中的物质。一般用百分数表示，即 TS 含量。

二、粪污处理工艺

畜禽养殖污染控制技术主要有：物理法，包括沉淀、脱水、干燥等；化学法，包括混凝、氧化、消毒等；生物法，包括厌氧、好氧、兼氧等；生态法，包括氧化塘、湿地、生态沟渠等；资源化利用，包括堆肥、有机肥、饲料化等。下面对常用的粪污处理

方法进行介绍。

（一）固体粪便利用技术

指对干清粪或固液分离出的固形物粪便进行处理利用的技术。

1. 干燥技术

粪便干燥处理目前没有比较经济完善的技术。常用的方法有如下几种。

太阳能大棚自然干燥：直接农业利用的主要干燥方法。能充分利用自然条件，成本较低，但干燥的速度慢，占地面积较大。

高温快速干燥：主要用于专业有机肥生产。干燥速度快，杀菌、除臭熟化快，可批量生产，但能耗高，投资大。

烘干膨化干燥：应用较少，干燥过程中易产生恶臭气体。

2. 堆肥技术

堆肥化处理是目前最佳的固体粪便处置方式。比干燥法具有省燃料、成本低、发酵产物生物活性强、粪便处理过程中养分损失少，去臭灭菌。处理后的最终产物臭气少且较干燥，容易包装、运输、销售、撒施。有两种堆肥方法。

自然堆肥法：直接农业利用的主要使用方法。无需设备和耗能，直接在一个宽阔的能够遮雨的场地堆制，但腐熟慢、占地面积大、效率不高。

现代堆肥法：主要用于专业有机肥生产。利用发酵罐（塔）等设备来进行堆制，堆制时间短，处理量大，效率高，对周边无污染，便于控制，能自动化控制连续生产。但前期一次性投入较大。

（二）粪污水处理技术

无论干清粪还是水泡粪清理工艺均会产生粪污水，它是猪场的主要污染物。一个完整的污水处理过程包括预处理、厌氧处理、好氧处理几个阶段。一般预处理阶段 COD 去除率 10%，SS 去除率 30%，厌氧处理阶段 COD 去除率 80%，好氧生物处理阶段 COD 去除率 80%（相当于初始阶段总量的 20%～30%），SS 去除率 80%。

1. 自然沉积

利用污水中多数固形物比水重，经过一定时间会自然沉降的特性，从而达到一定的固液分离的方法。此法不需要消耗能源，但要达到较好的效果必须进行多级沉降，因此，需要比较大的有一定梯度的沉降面积，且每过一段时间必须对沉积池进行清理。

2. 机械固液分离

一般用于液泡粪或水冲粪的前期处理，放在厌氧处理之前，属于污水的预处理阶段。机械固液分离是一种物理的脱水干燥法，其工作原理是：用专用泵将在粪池中的粪水粪渣提升至固液分离机内，通过安置在筛网中的挤压螺旋，进行渣水分离，其中，粪水通过筛网滤出，进入下一道处理工序；其中，干物质则通过与在机口形成的固态物质柱体相互挤压分离出来，渣可以堆肥后作有机肥，其工艺过程，可参看图 2－17。

3. 厌氧生物处理法

在隔绝与空气接触的条件下，依赖兼性厌氧菌和专性厌氧菌的生物化学作用，对有机物进行生物降解的过程，称为厌氧生物处理法或厌氧消化法。主要用来去除污水中的 COD，常用的工艺有完全混合厌氧反应器（CSTR）、上流式厌氧污泥床反应器（UASB）、

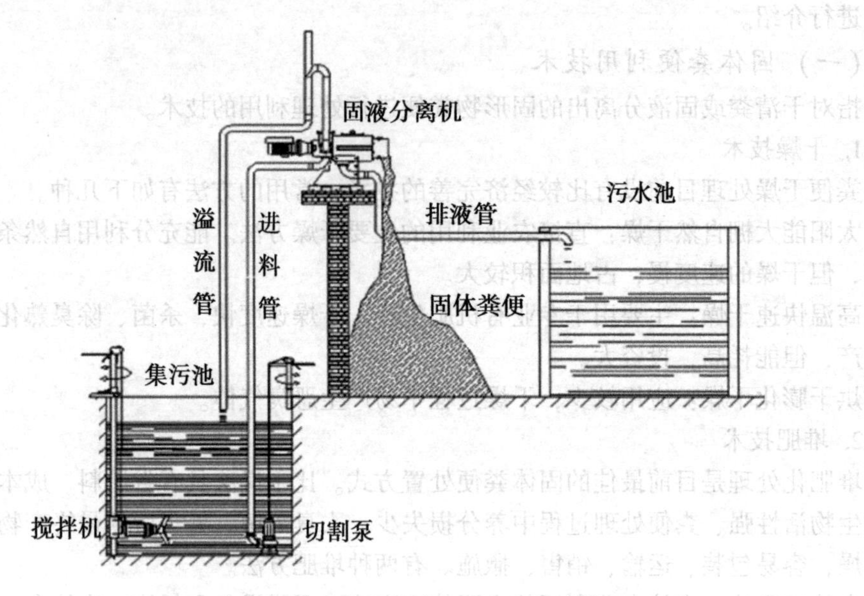

图 2－17 固液分离工艺过程（北京京鹏供图）

升流式厌氧固体床反应器（USR）、塞流式厌氧反应器（HCPF），猪场的粪污处理以 CSTR 使用最为广泛。

（1）优点。

① 应用范围广；

② 厌氧生物处理技术可以把环境保护、能源回收以良性循环的形式结合起来，是一种低成本、低能耗的废水处理技术；

③ 厌氧处理设备负荷高、占地少；

④ 厌氧方法产生的剩余污泥量比好氧法少得多；

⑤ 厌氧生物法对营养物的需求量小；

⑥ 能被厌氧法降解的有机物种类多。

（2）缺点。

① 采用厌氧生物处理法不能去除废水中的氮和磷；

② 厌氧法启动时间长；

③ 受温度影响较大，如寒冷天气没有升温措施则效果较差；

④ 运行管理较为复杂。如进水负荷突然提高，反应器的 pH 值会下降，如不及时发现控制，反应器就会出现“酸化”现象，使产甲烷菌受到严重抑止，甚至使反应器不能再恢复正常运行，必须重新启动。所以，此类设备前端往往配备酸化调节池，以避免出现此现象；

⑤ 卫生条件较差。

（3）CSTR 工艺简介。完全混合厌氧工艺（CSTR）是借助消化池内厌氧活性污泥来净化有机污染物。有机污染物进入池内，经过搅拌与池内原有的厌氧活性污泥充分接触后，通过厌氧微生物的吸附、吸收和生物降解，使废水中的有机污染物转化为沼气

（图 2－18）。完全混合厌氧工艺池体体积较大，负荷较低，其污泥停留时间（SRT）等于水力停留时间（HRT），因此，不能在反应器内积累起足够浓度的污泥，一般仅用于城市污水处理厂的剩余好氧污泥以及粪便的厌氧消化处理。

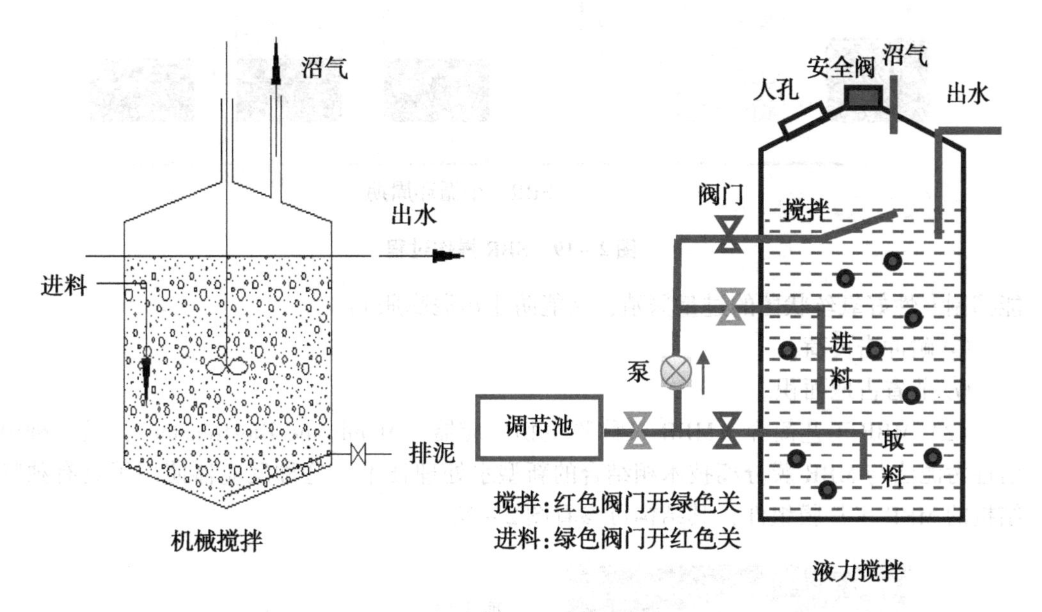

图 2－18　CSTR 反应器原理

4. 好氧生物处理法

厌氧生物处理法不能去除废水中的氮和磷，因此，必须采用好氧处理。此法属于污水的后期处理范畴，常用的处理方法有：活性污泥法、生物滤池法、生物接触氧化法、序批式活性污泥法（SBR）等，以下主要介绍应用较为广泛的 SBR 法和 MBR 法。

（1）SBR 工艺简介。SBR 是序列间歇式活性污泥法（Sequencing Batch Reactor Activated Sludge Process）的简称，是一种按间歇曝气方式来运行的活性污泥污水处理技术，又称序批式活性污泥法。在反应器内预先培养驯化一定量的活性污泥，当废水进入反应器与活性污泥混合接触并有氧存在时，微生物利用废水中的有机物进行新陈代谢，将有机物降解并同时使微生物细胞增殖。将微生物细胞物质与水沉淀分离，废水即得到处理。其处理过程主要由初期的去除与吸附作用、微生物的代谢作用、絮凝体的形成与絮凝沉淀性能几个净化过程完成。SBR 工艺的一个完整操作周期有五个阶段：进水期、反应期、沉淀期、排水期和闲置期，如图 2－19 所示。

SBR 工艺的优点如下。

① 流程简单，运行费用低（集进水、调节、反应、沉淀于一池，不需调节池和二沉池等构筑物、也不需污泥回流设备）；

② 固液分离效果好，出水水质好；

③ 运行操作灵活，效果稳定；

④ 脱氮除磷效果好；

⑤ 有效防止污泥膨胀（进水与反应阶段的缺氧（或厌氧）与好氧状态的交替，既

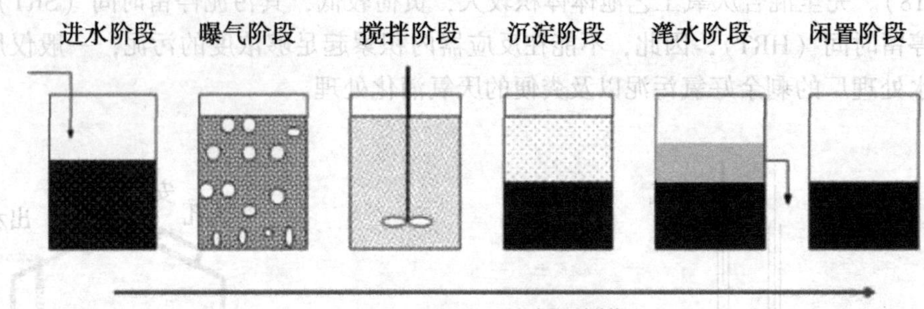

图 2－19　SBR 操作过程

能抑制专性好氧丝状菌的过量繁殖，又能防止污泥膨胀）；

⑥ 耐冲击负荷；

⑦ 节省占地面积。

（2）MBR 工艺简介。MBR 又称膜生物反应器（Membrane Bio-Reactor），是一种由活性污泥法与 MBR 膜分离技术相结合的新型水处理技术。这种反应器使用了具有独特结构的 MBR 平片膜组件，其结构可参看图 2－20。

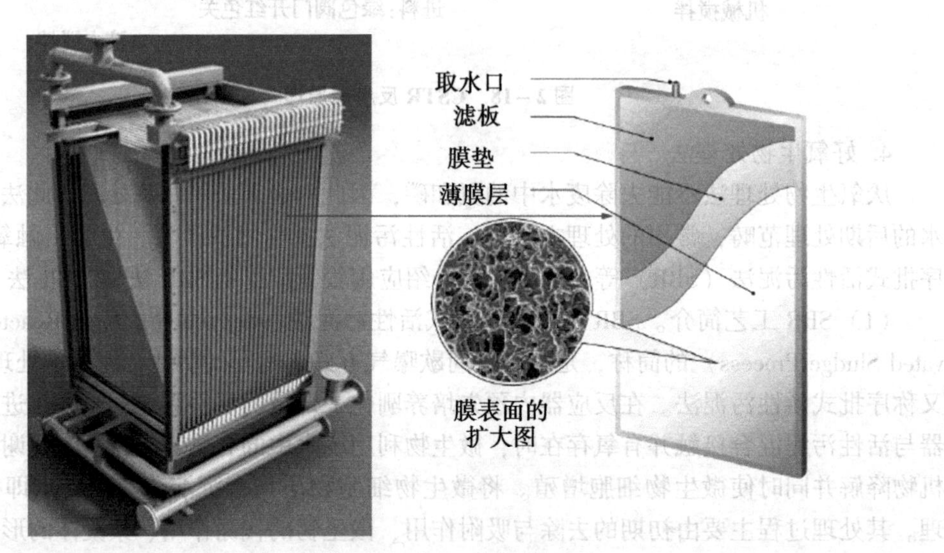

图 2－20　MBR 膜组件与模片构造

将该组件置于曝气池中，经过好氧曝气和生物处理后的水位于膜片外，泵的吸管接入膜片内，抽吸时通过膜的过滤作用，将生化反应池中的活性污泥和大分子有机物质截留住，从而净化抽出的水的水质（图 2－21）。这种方式利用膜分离设备，省掉了二沉池，活性污泥浓度因此大大提高，水力停留时间（HRT）和污泥停留时间（SRT）可以分别控制，而难降解的物质在反应器中不断反应、降解。

一个完整的 MBR 工艺由 MBR 反应器、抽吸泵、曝气风机、各管路、阀门及控制系统等构成，如图 2－22 所示。

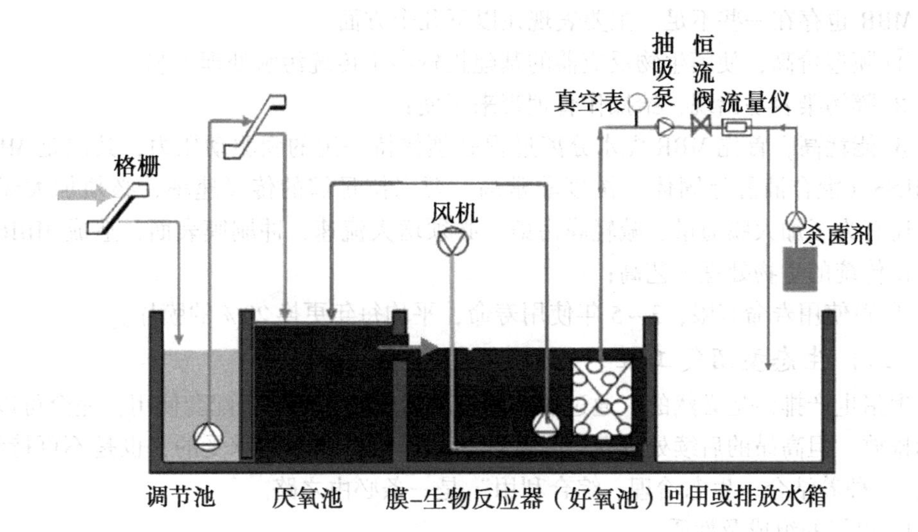

图 2－21　MBR 工艺流程

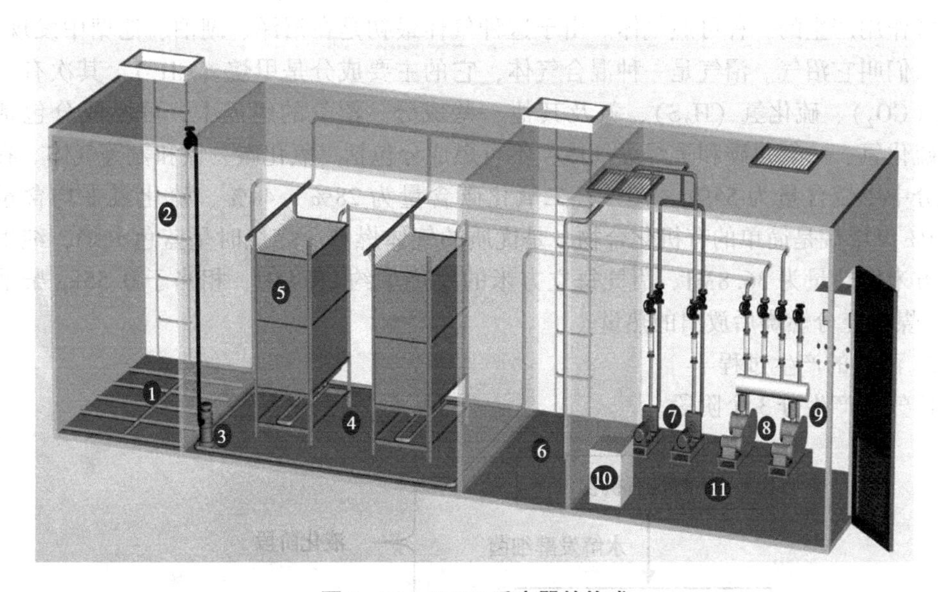

图 2－22　MBR 反应器的构成

1. 前端处理池；2. 内扶梯；3. 污泥泵；4. 反应池；5. MBR 膜组件；
6. 清水池；7. 抽吸泵；8. 风机；9. 电控柜；10. 消毒装置；11. 操作间

MBR 工艺的优点如下。

① 设备紧凑，占地少；

② 出水水质优质稳定；

③ 剩余污泥产量少；

④ 可去除氨氮及难降解有机物；

⑤ 操作管理方便，易于实现自动控制；

⑥ 易于从传统工艺进行改造。

MBR 也存在一些不足。主要表现在以下几个方面。

① 膜造价高，使膜生物反应器的基建投资高于传统污水处理工艺；

② 膜污染容易出现，给操作管理带来不便；

③ 能耗高，首先 MBR 泥水分离过程必须保持一定的膜驱动压力，其次是 MBR 池中 MLSS（混合液悬浮固体）浓度非常高，要保持足够的传氧速率，必须加大曝气强度，还有为了加大膜通量、减轻膜污染，必须增大流速，冲刷膜表面，造成 MBR 的能耗要比传统的生物处理工艺高；

④ 膜使用寿命有限，3 ~5 年使用寿命，平均每年更换 20% 的膜片。

（三）生态型沼气工程

生猪生产排污是必然的，通过现有的污染治理技术的综合配套使用，完全可以做到达标排放，但高昂的后续处理费用是低利润的养殖产业不能承受的，也是不可持续的。因此，“种养结合、生态治理、综合利用”是一条必由之路。

1. 沼气的组成及性质

沼气是有机物质在厌氧环境中，在一定的温度、湿度、酸碱度的条件下，通过微生物发酵作用产生的一种可燃气体。由于这种气体最初是在沼泽、湖泊、池塘中发现的，所以人们叫它沼气。沼气是一种混合气体，它的主要成分是甲烷（CH_4），其次有二氧化碳（CO_2）、硫化氢（H_2S）、氮及其他一些成分。沼气的组成中，可燃成分包括甲烷、硫化氢、一氧化碳和重烃等气体；不可燃成分包括二氧化碳、氮和氨等气体。在沼气成分中甲烷含量为 55% ~70%、二氧化碳含量为 28% ~44%、硫化氢平均含量为 0.034%。甲烷是简单的有机化合物，是优质的气体燃料。燃烧时呈蓝色火焰，纯甲烷每立方米发热量为 36.8MJ。沼气每立方米的发热量约 23.4MJ，相当于 0.55kg 柴油或 0.8kg 煤炭充分燃烧后放出的热量。

2. 沼气的产生过程

沼气的产生分 3 个阶段。

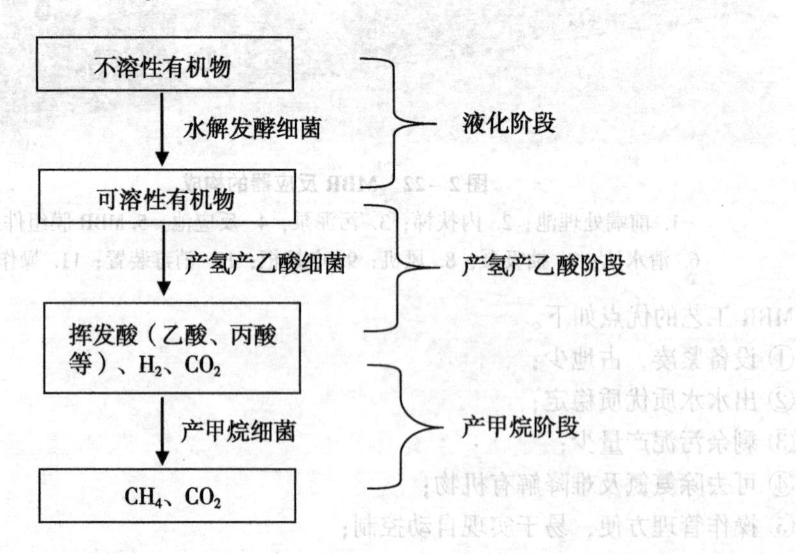

3. 沼气的产生条件

（1）有机发酵原料及其碳氮配比。发酵原料的碳氮比（20～30）：1，或者 BOD5：N：P＝200：5：1 为宜。

（2）足够的微生物量。厌氧活性污泥是由厌氧消化菌与悬浮物质和胶体物质结合在一起形成的具有很强分解有机物能力的凝絮体，颗粒体或附着膜。厌氧微生物（厌氧活性污泥）是沼气发酵的主体。接种量一般为发酵液 10%～50%；当采用老沼气池发酵液体作为接种物时，接种量应占总发酵液的 30% 以上。

（3）严格的厌氧环境。产甲烷菌是一种厌氧性细菌，对氧特别敏感，这类菌群的生长、发育、繁殖、代谢等生命活动过程中都不需要空气。空气中的氧会使其生命活动受到抑制，甚至死亡。

（4）适宜的发酵温度。

高度温发酵：50～65℃，最适温度为（55±2）℃；

中温发酵：20～45℃，最适温度为（35±2）℃；

偏低温发酵：10～20℃；

常温发酵：随自然温度而变化的发酵（图 2－23）。

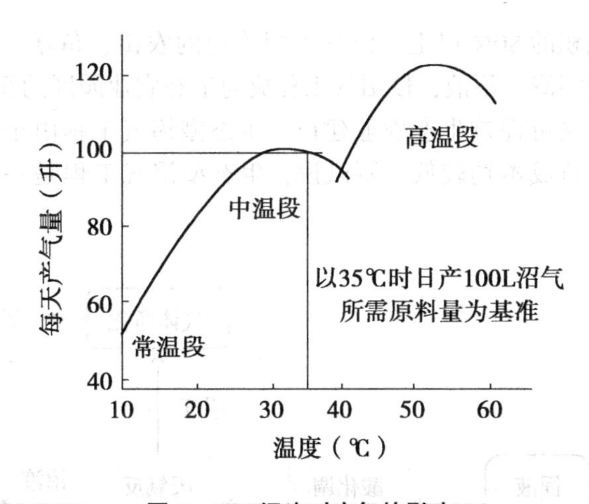

图 2－23　温度对产气的影响

（5）pH 值与碱度。

pH 值：厌氧消化最适宜的 pH 值为 6.8～7.4。当 pH 值 6.4 以下或 7.6 以上，都会对厌氧微生物产生不同程度的抑制作用，导致产气减少或中止。

碱度：指消化液中含有能与强酸相作用的所有物质的含量。主要以重碳酸盐，碳酸盐，氢氧化物 3 种形式存在。这些物质可与挥发酸发生反应，使 pH 值不会有太大变动。

4. 沼气的净化过程

沼气含水蒸气和 H_2S 具有较强的腐蚀性，燃烧前应经过脱水、脱硫处理（图 2－24）。

5. 生态型沼气工程工艺过程

畜禽粪便生态型沼气工程，首先要将养殖业与水产业、种植业合理配置，要求后者

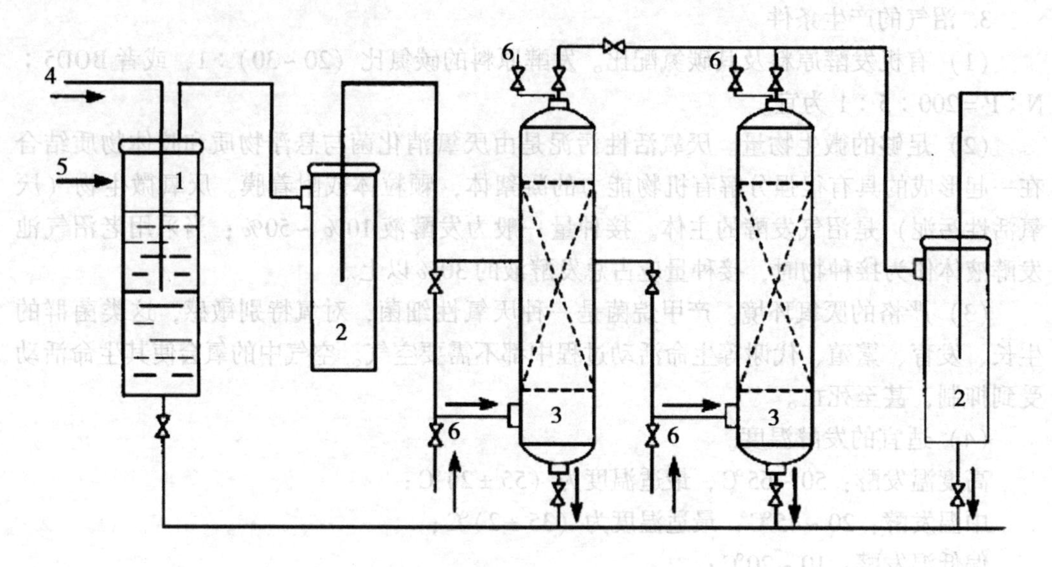

图 2－24　沼气的脱水、脱硫工艺过程

1. 水封；2. 气水分离器；3. 脱硫塔；4. 沼气入口；5. 自来水入口；6. 再生同期放散阀

要占整个产业生产面积的 80% 以上，沼气工程周边的农田、鱼塘、植物塘等能够完全消纳经沼气发酵后的沼渣、沼液，使沼气工程成为生态农业园区的纽带，这样既不需要后处理的高额花费，又可促进生态农业建设。生态型沼气工程由于后处理过程比较简单，因此，投资和运行成本均较低。所以说，生态型沼气工程是一种理想的工艺模式（图 2－25）。

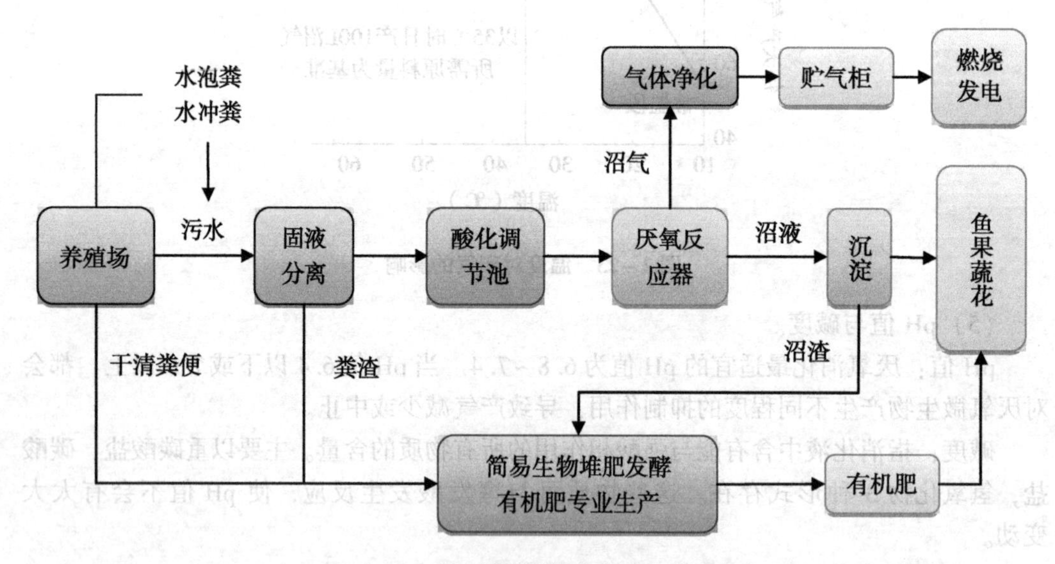

图 2－25　生态型粪污综合处理工艺流程

工艺适用条件。

① 养殖场规模：年出栏 5 000～15 000头的猪场，日处理污水量 50～150t。

② 养殖场周围应配套有较大稳定塘面积或者有较大规模的鱼塘、农田、果园和蔬菜地或生态湿地。

③ 养殖场周围应有一定的环境容量，环境不太敏感。

④ 排水要求一般的地区。

三、病死猪处理工艺

（一）焚烧法

焚烧法是指在专用的焚烧容器内，使动物尸体及相关动物产品在富氧或无氧条件下进行氧化反应或热解反应的方法，包括直接焚烧法与炭化焚烧法，需要专用的设备与场地，一般养殖场很难采用。土法柴火焚烧费时费力，污染环境且很难烧透，因此，也不方便采用。

（二）化制法

化制法是指在密闭的高压容器内，通过向容器夹层或容器通入高温饱和蒸汽，在干热、压力或高温、压力的作用下，处理动物尸体及相关动物产品的方法。包括干化法与湿化法。

（三）发酵法

发酵法是指将动物尸体及相关动物产品与稻糠、木屑等辅料按要求摆放，利用动物尸体及相关动物产品产生的生物热或加入特定生物制剂，发酵或分解动物尸体及相关动物产品的方法。

（四）掩埋法

掩埋法是指按照相关规定，将动物尸体及相关动物产品投入化尸窖或掩埋坑中并覆盖、消毒，发酵或分解动物尸体及相关动物产品的方法。是养殖场最常采用的方法。

1. 直接掩埋法

（1）选址要求。

① 应选择地势高燥，处于下风向的地点。

② 应远离动物饲养厂（饲养小区）、动物屠宰加工场所、动物隔离场所、动物诊疗场所、动物和动物产品集贸市场、生活饮用水源地。

③ 应远离城镇居民区、文化教育科研等人口集中区域、主要河流及公路、铁路等主要交通干线。

（2）技术工艺。

① 掩埋坑体容积以实际处理动物尸体及相关动物产品数量确定。

② 掩埋坑底应高出地下水位 1.5m 以上，要防渗、防漏。

③ 坑底洒一层厚度为 2 ~ 5cm 的生石灰或漂白粉等消毒药。

④ 将动物尸体及相关动物产品投入坑内，最上层距离地表 1.5m 以上。

⑤ 生石灰或漂白粉等消毒药消毒。

⑥ 覆盖距地表 20 ~ 30cm，厚度不少于 1 ~ 1.2m 的覆土。

（3）操作注意事项。

① 掩埋覆土不要太实，以免腐败产气造成气泡冒出和液体渗漏。

② 掩埋后，在掩埋处设置警示标志。

③ 掩埋后，第一周内应每日巡查1次，第二周起应每周巡查1次，连续巡查3个月，掩埋坑塌陷处应及时加盖覆土。

④ 掩埋后，立即用氯制剂、漂白粉或生石灰等消毒药对掩埋场所进行1次彻底消毒。第一周内应每日消毒1次，第二周起应每周消毒1次，连续消毒3周以上。

2. 化尸窖（池）

(1) 选址要求。

① 畜禽养殖场的化尸窖应结合本场地形特点，宜建在下风向。

② 乡镇、村的化尸窖选址应选择地势较高，处于下风向的地点。应远离动物饲养厂（饲养小区）、动物屠宰加工场所、动物隔离场所、动物诊疗场所、动物和动物产品集贸市场、泄洪区、生活饮用水源地；应远离居民区、公共场所以及主要河流、公路、铁路等主要交通干线。

(2) 技术工艺。

① 挖窖，侧墙和底板应为砖混或者钢筋混凝土现浇，防渗处理，顶部搭板密封。

② 在顶部设置投置口，并加盖密封加双锁；设置异味吸附、过滤等除味装置。

③ 投放前，应在化尸窖底部铺洒一定量的生石灰或消毒液。

④ 投放后，投置口密封加盖加锁，并对投置口、化尸窖及周边环境进行消毒。

⑤ 当化尸窖内动物尸体达到容积的3/4时，应停止使用并密封。在实际操作中可建造两个化尸窖交替使用。

(3) 注意事项。

① 化尸窖周围应设置围栏、设立醒目警示标志以及专业管理人员姓名和联系电话公示牌，应实行专人管理。

② 应注意化尸窖维护，发现化尸窖破损、渗漏应及时处理。

③ 当封闭化尸窖内的动物尸体完全分解后，应当对残留物进行清理，清理出的残留物进行焚烧或者掩埋处理，化尸窖池进行彻底消毒后，方可重新启用。

显然，化尸窖法由于不需要挖坑填埋，且可以反复使用，因此，比直接掩埋法更为经济实用。

第五节　知识拓展

(一) 肥猪自动分群饲养工艺简介

肥猪自动分群饲养工艺又称育肥猪群养自动分食系统，即将一个大猪圈中将分成两个区，生活区与采食区，中间分隔设置两种单向通道：一种为由生活区进采食区通道；另一种为采食区返回生活区通道。前者通道中设置无线耳标识别器和电子称重装置，当某头猪进入通道，这些装置能够迅速读取出猪的及时体重和猪的身份标号，并把这些信息发往计算机自动控制装置，计算机自动控制装置根据猪的体重大小迅速控制电控门禁机构打开其中的一个单向出口，控制不同体重大小的猪进入不同的采食区域采食，每个采食区域给以不同品种的饲料，猪采食完成后通过后者返回生活区。其工作原理，如图 2－26 所示。

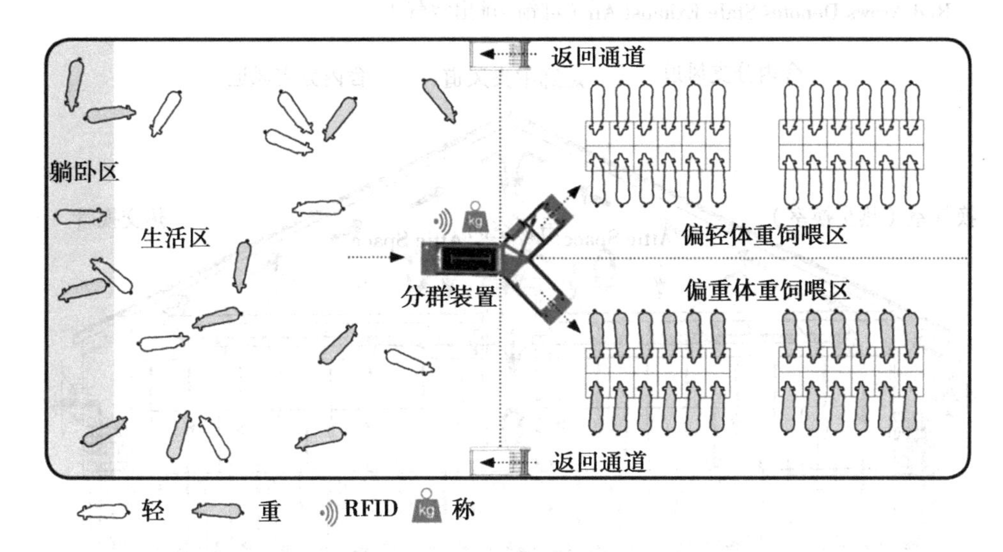

图 2－26　肥猪自动分群饲喂

1. 优点

（1）肥猪舍建设相对简单。因为不需要分割成小间。

（2）实现精确饲喂。在肥猪饲养开始和饲养过程中都不必大小分群，电脑会根据体重和标志进行自动分群饲喂。

（3）出栏便利。可根据需要自动挑选各体重段的猪只出售，保证出栏均匀度。

2. 不足

（1）一些猪可能不会通过分群装置去采食。

（2）如果每头猪都打上电子耳标，因肥猪数量庞大而比较麻烦，耳标还有可能脱落。

（3）分群装置的可靠性和稳定性值得怀疑。

从目前情况来看，这种方式并没有在养猪业发达的国家流行起来。

（二）美国 WhiteshireHamroc，LLCAirWorks 系统通风工艺

AirWorks 猪舍的通风模式，如图 2－27 所示，新鲜空气通过热交换管进入热交换室与排出的废气进行热交换后，通过吊顶的专用风道进入栏舍，通过粪坑后再进入热交换室，与热交换管内的新鲜空气交换后排出到舍外，从而完成一个循环换气过程。是一种典型的采用弥散式出风的垂直负压通风模式，配有专用的供气通道（图 2－28）和热交换室（图 2－29），具有更好的热效率和换气均匀度。目前，我国已经有一部分新建的猪舍采用这套系统。

AirWorks 有两个较明显的优点：第一，设置了热交换室，充分利用了排出气体中的余热，据测试经过交换后温度最多可提高 7℃；第二，舍内有专用风道采用弥散式出风，保证了出风的均匀度，特别是夏天采用湿帘时，冷气能够均匀分布，避免出现前端

Blue Arrows Denotes Fresh Air（蓝箭-新鲜空气）
Green Arrows Denotes Romm Air（绿箭-室内空气）
Red Arows Denotes Stale Exhaust Air（红箭-排出空气）

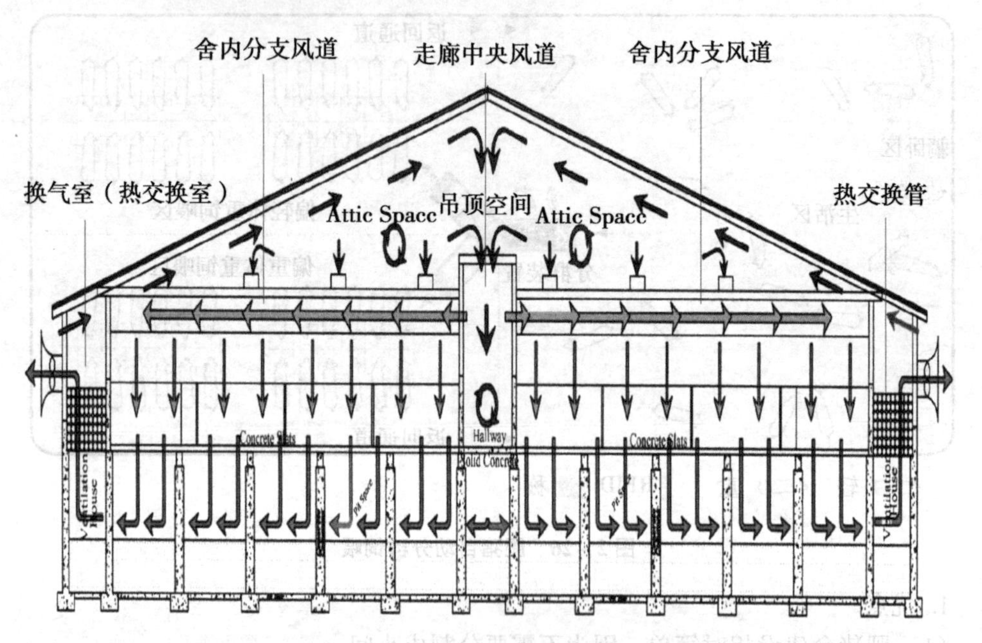

图 2－27　AirWorks 猪舍的通风过程

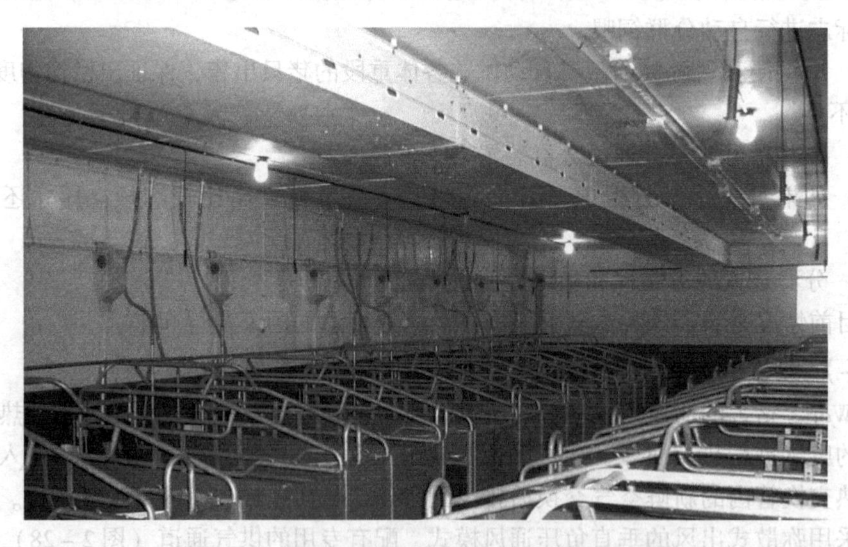

图 2－28　吊顶上的专用风道（唐人神集团供图）

冷后端热的现象。但也有一些明显的不足：一是采用深坑水泡粪发酵，这样有害气体产生较多，粪液固液分离不易，而且粪坑中无吸风的风道，比较容易造成靠近风机的位置空气更新较快，而远端更新较慢；二是中央风道的弥散式出风＋地沟风机的垂直通风方式，夏季猪体不能获得水平纵向通风那样的风速，影响降温效果，因此，不大适用于华

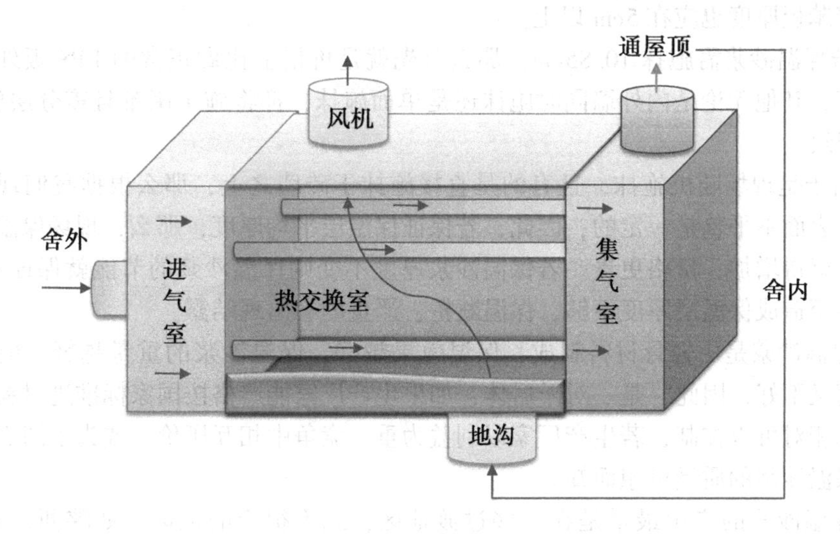

图 2-29 AirWorks 热交换室工作原理

中及南方等夏季高温地区。有的地方完全照搬所谓的美国模式，采用全木质结构建造，造价成本高，一旦出现火灾，后果严重。

（三）几种外墙保温材料和外墙保温形式对比

1. 粘贴式聚苯板（EPS）外墙保温与粘贴式挤塑板（XPS）外墙保温对比

粘贴式 EPS 板外墙保温的聚苯乙烯 EPS 板一般导热系数小于或等于 0.041W/M. K，售价在 220～300 元/m^3；粘贴式 XPS 外墙保温的挤朔板导热系数为 0.028W/M. K，售价为 1 300元/m^3，两种保温板的粘板材料、罩面材料、饰面材料完全一样。而用粘贴式 EPS 板外墙保温的经济效益非常可观。

2. 粘贴式 EPS 板外墙保温与聚氨酯现场发泡外墙保温对比

聚氨酯现场发泡外墙保温材料的导热系数为 0.027W/M. K，聚氨酯现场发泡保温材料价格为 1 300元/m^3。这样一来，达到同样的保温节能效果，用 EPS 板比聚氨酯现场发泡保温材料更经济。另外，聚氨酯现场发泡保温材料在发泡过程中，要求施工人员掌握一定的技术，施工单位配备必要的机具，同时，施工中环保要求特别高，表面破损不易修补。这两种保温系统的罩面材料、饰面材料完全一样。这样一来两者对比，粘贴式 EPS 板外墙保温的优势非常明显。

3. 粘贴式 EPS 板墙体外保温与保温砂浆对比

自国家提倡建筑节能以来，就有很多单位开始研究能否找出一种结合建筑的内外墙抹灰材料来达到国家的节能标准，特别是在国家要求 30% 节能的阶段，为这种材料的发展提供了空间。到 1996 年国家提倡 50% 节能后，特别是 2000 年建设部下发了 76 号部长令。对建筑节能进行了强制规定。这就发展了很多高效节能材料和技术做法，因此，保温砂浆的应用也就越来越少。其主要原因如下。

（1）导热系数大，为 0.065。聚苯乙烯泡沫板的导热系数为 0.030 2，从导热系数上看为 2.17 倍的关系，也就是说聚苯乙烯板的厚度为 5cm 厚的节能效果，对保温砂浆来讲应该抹 10.85cm 厚才能达到同样的保温效果。而要过到 50% 节能的效果，三北地区的最小聚苯板厚度也应在5cm以上。

（2）若保温砂浆需施抹10.85cm，那么首先就是价格上比做正常的EPS板外墙保温要贵得多，其他无论是内外墙同时施抹还是单面施抹，都将施工困难且需分层施工，并易出现裂纹。

（3）由于是现场随机施抹，且有的是直接施抹于砖墙之上，那么根据我们现在的砌筑质量，表面不平整是一定的，因此，若保证保温层平均厚度，那么，现场保温沙浆的施抹厚度就得增加，价格更贵。若保温沙浆厚度不变则保温沙浆的节能就保证不了，局部地方甚至造成保温层厚度不够，保温断桥，严重的会出现结露。

（4）保温沙浆是由轻骨材料制成，保温效果越好，保温沙浆的重量越轻，但太轻了表面强度又不好，因此，是一对矛盾体，如果生产厂家能严格按国家标准进材料并进行生产质量相对可以控制，若生产厂家以利益为重，竞争中相互压价，或为了图更好利润，那么保温沙浆的质量可想而知。

（5）保温沙浆的应用最早是在一些过渡地区，或不很冷的地区，如陕西、北京、沈阳等地。但经过一阶段应用出现了许多问题。如北京曾大量推荐使用，但应用后，室内涂抹保温沙浆层特别软，无法满足人们的正常使用要求，后来会淘汰。经过十几年的应用，特别是现在更强调节能效果甚至现场检测，这样，保温沙浆的使用面越来越小，即使在过渡地区也很少使用，甚至不提倡使用。

因此，从国外到国内，从寒冷地式到夏热冬冷地区要想达到节能效果，EPS板墙体外保温系统是最经济实用，也是质量最容易保证的一种成熟技术形式。

4. 粘贴式EPS板外墙保温与外挂钢丝网EPS板外墙保温对比

外挂钢丝网EPS板外墙保温，首先，同样的保温节能效果，增加了聚苯乙烯板厚度近一倍，极大地提高了工程造价。

假设：

钢丝网架钢丝直径为2mm，钢丝与苯板法线夹角为200°，每平方米钢丝200根。

聚苯乙烯板导热系数为：0.035W/M.K

钢丝导热系数为：49.4W/M.K

斜长折算后的导热系数为：49.4×COS200=46.4W/M.K

每平方米钢丝200根总截面面积为：$628mm^2$

外挂钢丝网EPS板外墙保温组合的导热系数为：0.064 12W/M.K

46.4×0.000 062 8+0.035×（1－0.000 062 8）=0.064 12W/M.K

外挂钢丝网EPS板外墙保温组合的导热系数与聚苯乙烯板导热系数之比为：0.064 12÷0.035=1.83。

当聚苯乙烯板导热系数为：0.041W/M.K时两者之比是1.71倍。

当聚苯乙烯板导热系数为：0.030 2W/M.K时两者之比是1.96倍。

也就是说，若采用黏结方法选用5cm厚聚苯乙烯板能达到50%保温节能的效果，采用外挂钢丝网EPS板外墙保温就需要选用9.2cm左右厚聚苯乙烯板才能能达到50%保温节能的效果。同样的保温节能采用外挂钢丝网EPS板外墙保温方法其聚苯乙烯板厚度增加近1倍。

其次，采用钢丝网架水泥沙浆聚苯乙烯板方法因聚苯乙烯板外侧需要抹一层2～3cm水泥沙浆，沙浆凝固收缩造成墙面开裂。同时，采用钢丝网架水泥沙浆聚苯乙烯板方法因聚苯乙烯板外侧有一层钢丝网架，抹灰时不易施工。

由于采用钢丝网架水泥沙浆聚苯乙烯板方法容易出现质量问题，部分地区已经明文禁止采用。

（四）猪场新能源——粪源热泵

冬季智能化猪舍内部良好的供暖系统，能够使猪舍保持适当的温度，其能量的损失主要是建筑物的热传导、通风换气和粪污的排放。对建筑物进行隔热处理以及使用更新的隔热技术和材料能够减少建筑物的热量损失；Airworks系统通过换气室热交换管，能够有效地回收换出的气体中的热量；用什么方式来回收粪污的热能呢？于是，由北京京鹏公司与丹麦GreenMaq（绿脉）公司合作引进开发的粪源热泵技术，应运而生。

1. 原理

热泵的理论基础源于卡诺循环，与制冷机相同，是按照逆循环工作的，在压缩机、冷凝器、蒸发器等设备组成的热泵系统中，粪尿中的热量被收集并转化成能量，这些能量可以在猪舍直接加以利用。通俗地讲，与家用冰箱是一样的，冰箱将冰箱内的热量“抽取”到外界环境，对内是制冷的，对外是制热的，只不过我们使用的是其制冷的效果。粪能热泵中粪坑相当于冰箱内部，而猪舍地上空间相当于冰箱的外部，热泵将粪污中的热量抽取到猪舍中用于其保温（图2－30）。

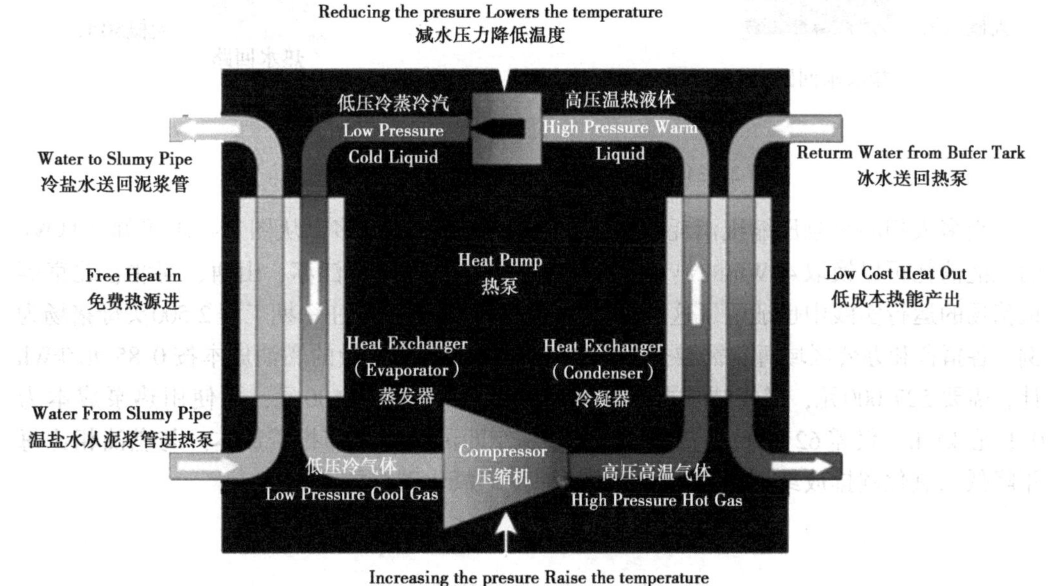

图2－30 热泵热交换（北京京鹏供图）

粪能热泵由3个液态电路构成：第一个是包含集合电极液体的盐水电路，具有防冻结的功能；第二个是冷却电路（包含制冷剂），作用于热转化器内的热泵循环；第三个是散热器电路，热泵冷却粪污，将粪污内储存的能量传至散热器以提供产房等的保温。从粪便中回收热量的方法：将盐水填充于浆水箱底部的塑料管，通过热泵循环的盐水洗涤吸收热量。在已投入生产使用的猪场，塑料管可放置在粪坑的底部；而正在建设的猪场，塑料管可以埋入粪坑底板，塑料管不直接接触粪便，获得更好的保护。

2. 意义

（1）减少舍内有害气体的产生。热泵能够带走粪污中的热量从而降低其温度，使其产气与蒸发量下降。据统计，热泵系统可以将氨气的产生量减少 30%。

（2）节约能源。分两个方面：一是回收了粪便中的热能；二是降低了有害气体的产生量从而减少畜舍换气的能量消耗。热泵的热转化效率，如图 2－31 所示。

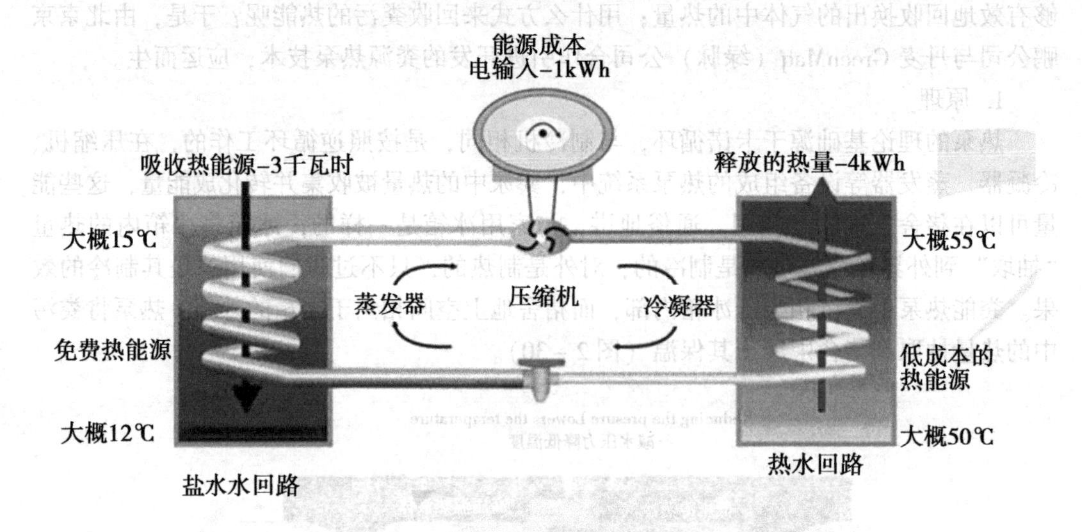

图 2－31 热泵的热转化效率（北京京鹏供图）

很多人担心热泵压缩机消耗的电能比回收的热量还要多，从图 2－31 可知，1kWh 的电能消耗可以换取 4kWh 的热量，应该是合算的，而且从江苏、山西、河北、北京等地猪场的运行实践中也证明了这一点。以丹育连云港北欧农庄一期工程 2 500头母猪场为例，各猪舍和办公区域每年需要热量 620 000kWh，这些热量的燃油成本按 0. 85 元/kWh 计，需要 527 000元，燃煤成本按 0. 13 元/kWh 计需要 80 600元，而使用热泵成本为 0. 1 元/kWh，仅需 62 000元，一般投资 2 ~3 年即可完全收回投资成本。与燃油相比每年降低二氧化碳排放约 140t，与煤炭相比减少二氧化碳排放约 340t。

第三章　猪舍建筑

知识目标

（1）了解各阶段猪对猪舍建筑的要求。

（2）了解各种栏舍的建筑设计形式、建设材料及建造方法。

技能目标

（1）能画出猪舍各建筑的布局草图。

（2）能画出各猪舍结构及布局草图。

（3）能清晰标出实训场的水、电、暖的供给及污染物排出路径。

生产标准引用

标准名称	参考单元
GB/T 17824.1—2008《规模猪场建设》	全部
GB/T 17824.3—2008《规模猪场环境参数及环境管理》	4
GB 18596—2001《畜禽养殖业污染物排放标准》	3.1、3.2

第一节　猪舍建筑相关生产标准

猪舍建筑国家标准

猪舍建筑国家标准主要由 GB/T 17824.1 确立，较早的为 GB/T 17824.1—1999，后来更新为 GB/T 17824.1—2008，数据仍然比较陈旧，但有些参数，如占地面积、建筑面积、地板、采光等（表 3－1 至表 3－5）有一定参考价值。

表 3－1　猪场建设占地面积　（单位：m^2）

规模	100 头基础母猪	300 头基础母猪	600 头基础母猪
建设用地面积	5 333（8）	13 383（20）	26 667（40）

（注：摘自 GB/T 17824.1—2008：5 表 4）

猪只饲养密度，见第一章第二节表 1－6；规模猪场供水量，见第一章第三节表 1－7。

表 3－2　各猪舍建筑面积　（单位：m^2）

猪舍类型	100 头基础母猪	300 头基础母猪	600 头基础母猪
种公猪舍	64	192	384
后备公猪舍	12	24	48
后备母猪舍	24	72	144
空怀妊娠母猪舍	420	1 260	2 520
哺乳母猪舍	226	679	1 358
保育猪舍	160	480	960
生长育肥猪舍	768	2 304	4 608
合计	1 674	5 011	10 022

（注：摘自 GB/T 17824. 1—2008：5 表 5）

表 3－3　辅助建筑面积　（单位：m^2）

猪场辅助建筑	100 头基础母猪规模	300 头基础母猪规模	600 头基础母猪规模
更衣、淋浴、消毒室	40	80	120
兽医诊疗、化验室	30	60	100
饲料加工、检验与贮存	200	400	600
人工授精室	30	70	100
变配电室	20	30	45
办公室	30	60	90
其他建筑	100	300	500
合计	450	1 000	1 555

注：其他建筑包括值班室、食堂、宿舍、水泵房、维修间和锅炉房等

（注：摘自 GB/T 17824. 1—2008：5 表 6）

表 3－4　不同猪栏漏缝地板间隙宽度　（单位：mm）

成年种猪栏	分娩栏	保育猪栏	生长育肥猪栏
20 ~ 25	10	15	20 ~ 25

（注：摘自 GB/T 17824. 1—2008：7 表 8）

表 3－5　猪舍采光参数

猪舍类别	自然光照		人工照明	
	窗地比	辅助照明（lx）	光照度（lx）	光照时间（h）
种公猪舍	1：12 ~ 1：10	50 ~ 75	50 ~ 100	10 ~ 12
空怀妊娠母猪舍	1：15 ~ 1：12	50 ~ 75	50 ~ 100	10 ~ 12
哺乳猪舍	1：12 ~ 1：10	50 ~ 75	50 ~ 100	10 ~ 12
保育猪舍	1：10	50 ~ 75	50 ~ 100	10 ~ 12
生长育肥猪舍	1：15 ~ 1：12	50 ~ 75	30 ~ 50	8 ~ 12

注：①窗地比是以猪舍门窗等透光构件的有效透光面积为 1，与舍内地面积之比

②助照明是指自然光照猪舍设置人工照明以备夜晚工作照明用

（注：摘自 GB/T 17824. 3—2008：5 表 4）

第二节　猪舍建筑的形式与构造

一、猪舍建筑的形式

（一）按屋顶形式分

猪舍有单坡式、双坡式等（图3－1）。单坡式一般跨度小，结构简单，造价低，光照和通风好，适合小规模猪场。双坡式一般跨度大，双列猪舍和多列猪舍常用该形式，其保温效果好，但投资较多。

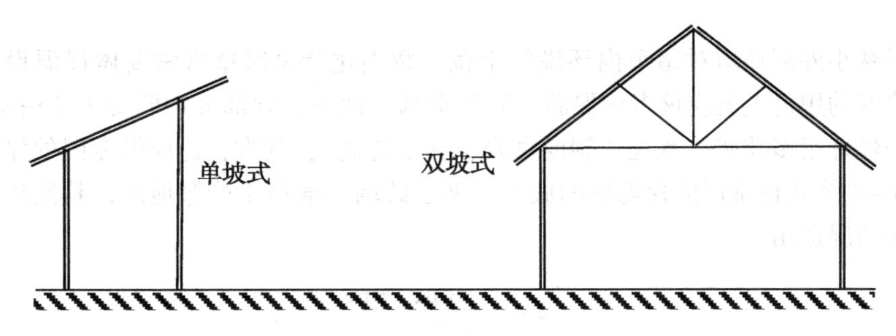

图3－1　猪舍屋顶形式

（二）按墙的结构和有无窗户分

猪舍有开放式、半开放式和封闭式。开放式是三面有墙一面无墙，通风透光好，不保温，造价低。半开放式是三面有墙一面半截墙，保温稍优于开放式。封闭式是四面有墙，又可分为有窗和无窗两种。

（三）按猪栏排列分

猪舍有单列式、双列式和多列式（图3－2）。单列式用于饲养群体数量较少且需要较大活动空间的猪只，因此，有时用来作公猪舍或后备母猪舍，栏舍利用率不高。产房、保育、育肥一般采用双列与多列式，从操作的方便性来看以双列式为最优。

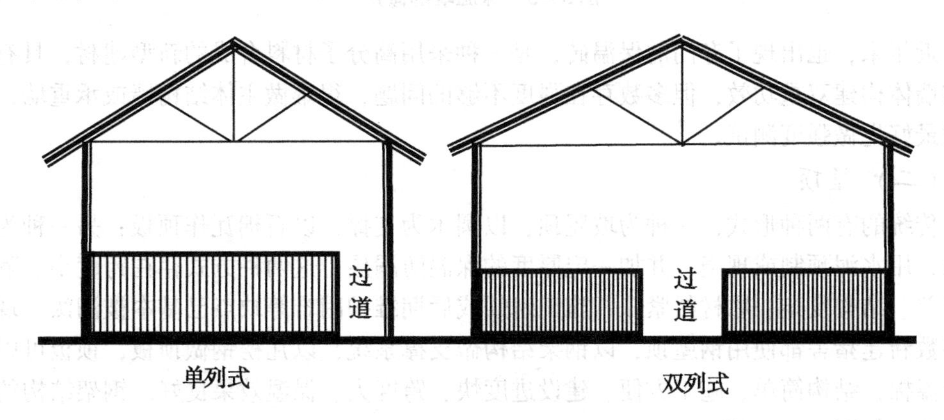

图3－2　猪栏排列形式

二、猪舍建筑的构造

一个完整的猪舍，主要由墙壁、屋顶、地面、门、窗、粪尿沟、地下风道、隔栏等部分构成。

（一）墙壁

要求坚固、耐用，保温性好。地面以上一定高度内为猪只能够接触到的部分，也可能经常进行冲洗消毒，对坚固耐用程度有特别要求，一般为砖砌墙，水泥勾缝，水泥砂浆抹面，高度0.8～1.2m（公猪舍1.2m，母猪舍1～1.1m，育肥舍0.9～1m，保育舍0.8m）。也可配合粪坑的做法，地下基础部分与地上要求坚固耐用的部分全部采用水泥现浇。

为了减小外部环境对猪舍内环境的干扰，智能化猪舍墙壁常常要做保温设计，首先，在墙壁的用材上就应该考虑保温。如砖砌墙，地下基础部分一般要求使用实心砖，地上部分最好用多孔砖（水泥压制或页岩、黏土烧制）；其次，还应做专门的保温层设计。图3－3为几种常用的保温墙的做法，夹心砖墙一般用于严寒地区，其他几种方式根据实际情况选用。

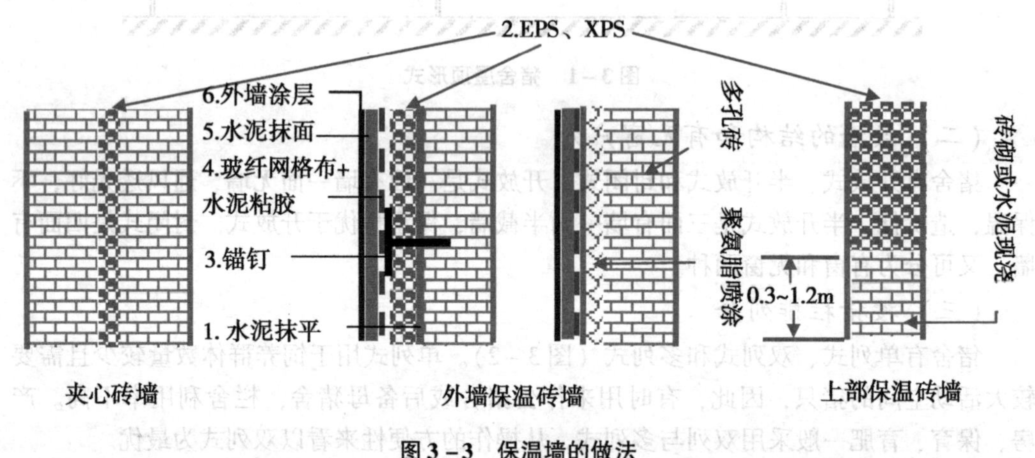

图3－3 保温墙的做法

近年来，也出现了专门的保温砖，是一种采用高分子材料合成的新型建材，具有保温与墙体构建双重功效，但多数存在强度不够的问题，很难做主体结构墙或承重墙，使用时最好先做强度测试。

（二）屋顶

传统的有两种形式，一种为坡屋顶，以圆木为支撑，以石棉瓦作顶板；另一种为平屋顶，用水泥预制或现浇，并加一定厚度的保温防漏层，这两种方式存在跨度小、隔热效果差、结构复杂、原材料紧张、施工麻烦或后期维护困难等缺点已基本被淘汰。现绝大多数新建猪舍都使用钢屋顶，以钢架结构做支撑系统，以瓦楞钢做顶板，顶板可以夹有保温棉，结构简单、施工方便、建设进度快、跨度大、保温效果良好。钢架结构的主要部件，如图3－4所示。

智能化猪场钢架结构屋顶常做保温设计，其做法可参看图3－5。

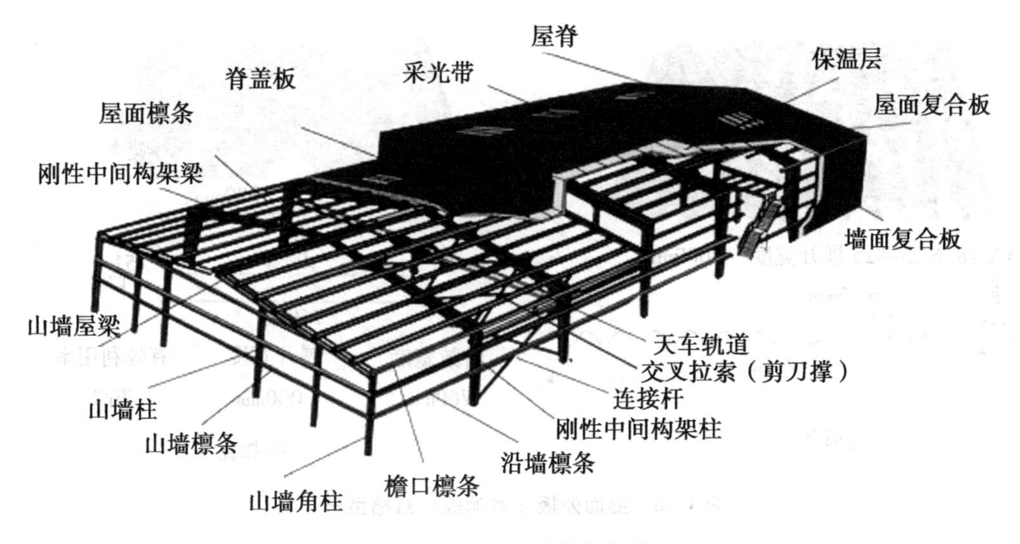

图 3-4　钢架结构各部件

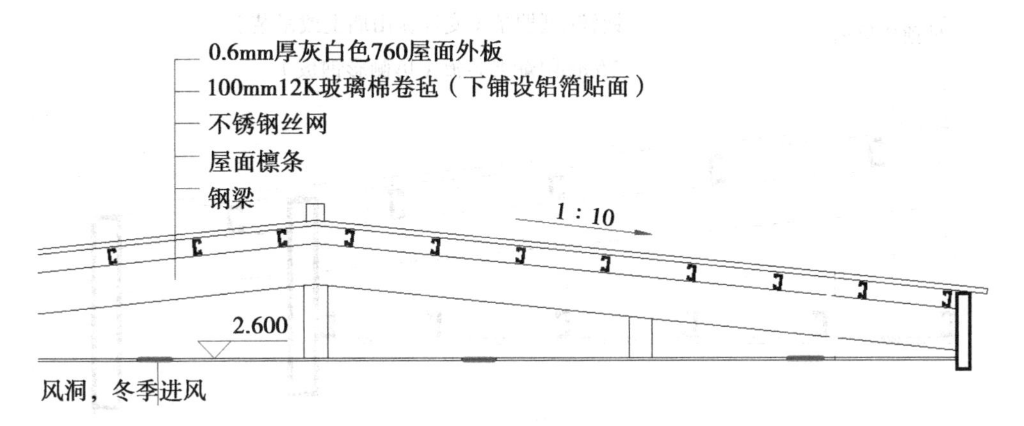

图 3-5　钢架结构保温屋顶做法

因为屋顶做了保温，为了杜绝渗漏，屋面外板一般会使用暗扣瓦，如图 3-6 所示。

（三）吊顶

吊顶能够隔热保温，从而减少能量消耗，同时，也可以通过吊顶通风窗的布置来规划风的流向，智能化猪舍各舍一般均要求吊顶。钢结构猪舍吊顶一般用 C 型檩条做骨架，再在下端覆盖夹芯板并以螺钉固定。C 型檩条骨架固定在两端山墙或用钢筋吊装在钢梁下，可参看图 3-7。

（四）地板

地板分两种：一种为实地板，要求坚固、耐用，渗水良好，素土夯实后上铺设碎石，再用混凝土浇注制作，如图 3-8 所示。

有的地面还要求做地暖，地暖管材埋管深度最好不超过 6cm，地暖管下还必须做隔热层，如图 3-9 所示。

另一种为漏缝地板（图 3-10）。哺乳母猪、哺乳仔猪和保育猪宜采用质地良好的

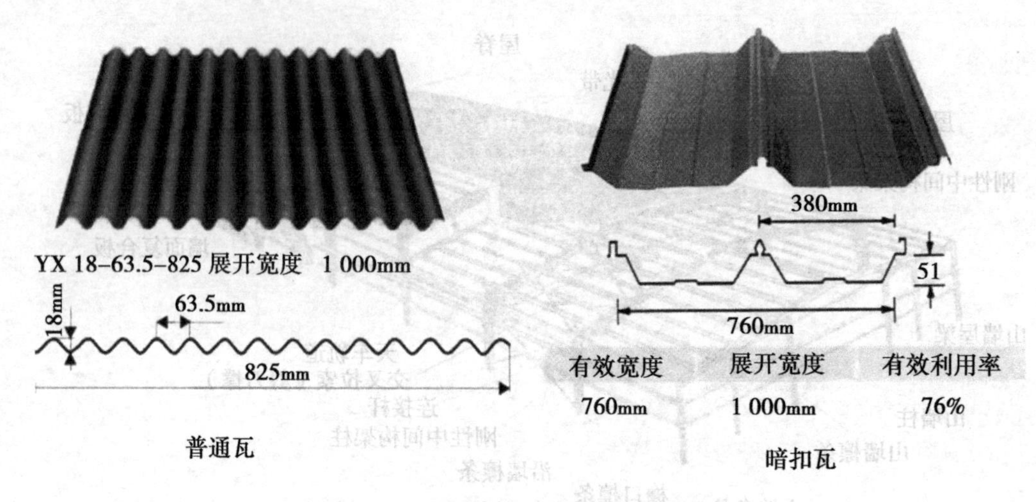

图 3-6 屋面外板（彩钢板）规格型号

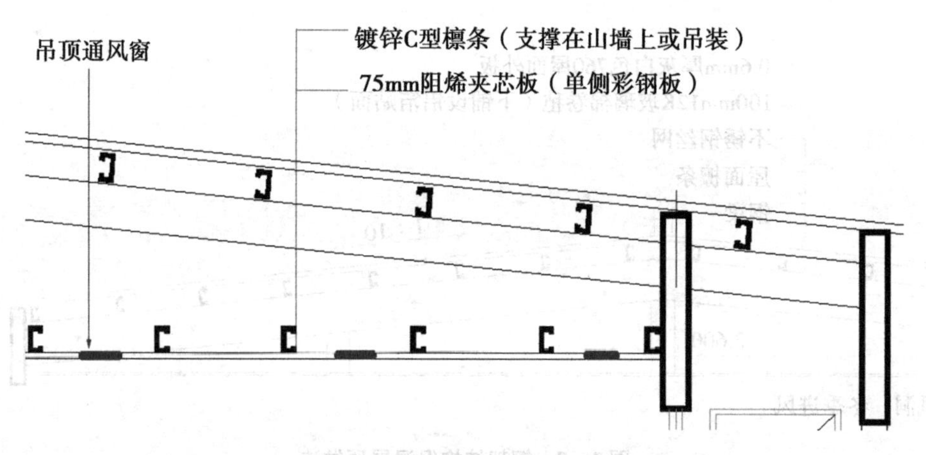

图 3-7 钢架结构吊顶做法

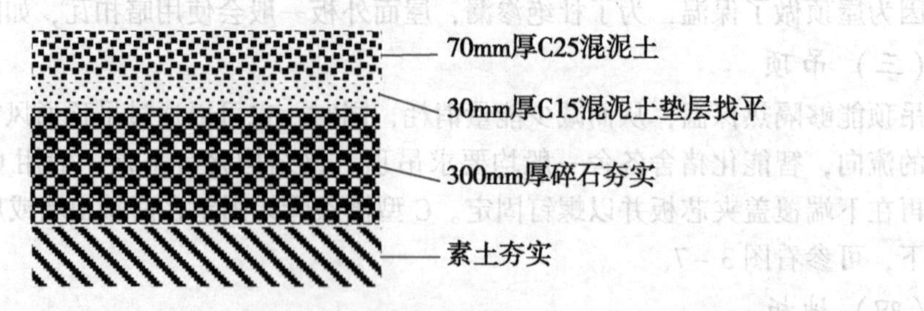

图 3-8 普通实地面做法

金属丝编织地板或耐腐蚀塑胶地板，生长育肥猪和成年种猪宜采用水凝漏缝地板，用钢筋混凝土倒模制作，混凝土规格一般要求 C30 以上。

漏缝地板应覆盖于粪水沟上方，漏缝地板的缝隙宽度以方便漏粪不卡蹄为准。因水泥漏缝地板一般放在土建施工部分，所以，在本章猪舍建筑中介绍，其他形式的漏缝地

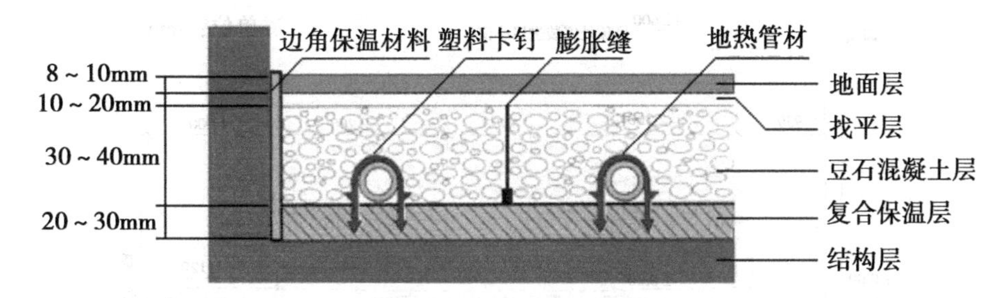

图 3－9　带地暖地面做法

规格：240cm×60cm×10cm　　规格：250cm×60cm×8cm

图 3－10　两种不同规格的水泥漏缝板

板将在“第四章　养猪设备”中详细介绍。

（五）粪尿沟

根据沟上面是否加盖板可分为漏缝沟和敞沟，也可根据侧面是否倾斜分为斜坡沟与垂直沟。敞沟较浅一般不超过 50cm，如配怀舍限位栏采用人工清粪时在限位栏尾端外做的明沟，或者保育和产房采用高架床水冲粪时，栏下做成的双斜面明沟。漏缝沟一般较深，多数为垂直沟，水泡粪或机械干清粪时多用，如育肥舍和母猪群养时做的漏缝沟。粪尿沟的宽度应根据舍内面积和猪的饲养类型和饲养方式设计，一般不低于有 30cm 宽。水泡粪工艺时，粪沟下还要埋设排污管，通过漏粪塞控制其排空。可参看图 3－11。

猪粪的机械干清一般使用刮板式粪尿自动分离方式，粪沟底板做成“V”形，在“V”形沟中间最低处埋设一条圆形粪尿分离管。整条粪沟 1% 左右的坡度，两条“V”形底板保持 1%～2% 的坡度，这样猪尿水能够自动流出到舍外的尿水收集总管内，有利于排氨和粪尿的后续处理。这种“V”形粪沟要配筋现浇并抛光，或用水磨石地面。可参看图 3－12。

（六）地下风道

水泡粪设计时，由于粪水在坑中有一段停留时间，会发酵产生氨气、甲烷等有害气体，如果让其进入舍内，将危害猪只健康，因此，一般需要做地下风道，再通过地沟风机将有害气体排出舍外。地下风道与粪沟的连接关系，可以参看图 3－13。

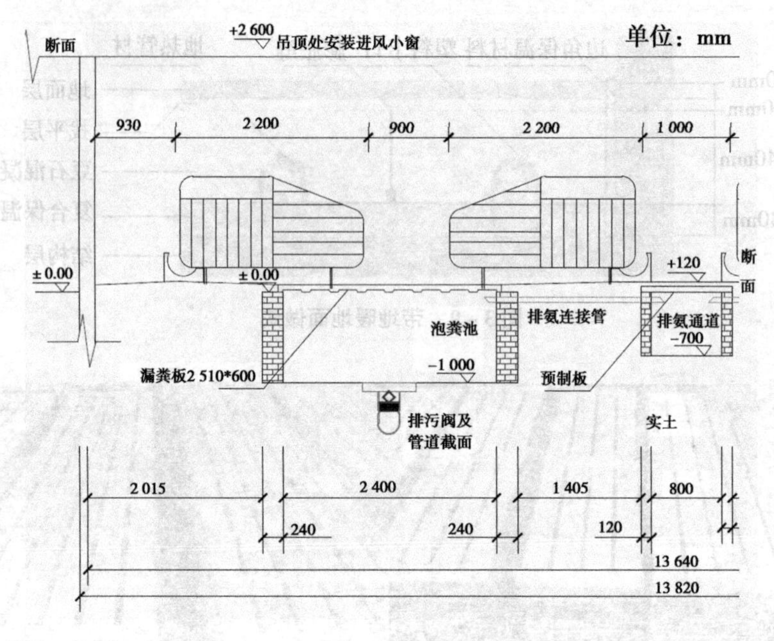

图 3－11　限位栏母猪舍粪沟立面（粤湘养猪设备公司供图）

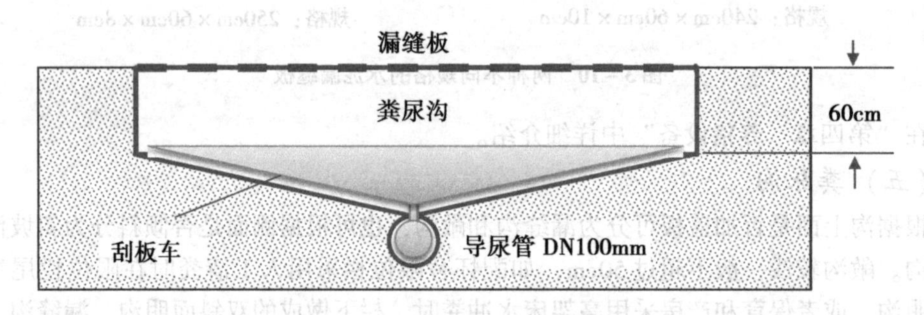

图 3－12　机械干清用的“V”形粪尿沟

(七) 门

门分为两种：一种是供人或人猪混合通行的门，如走廊两端进出各栋的门、走廊通各单元的门，高 1.8～2.3m，宽 0.9～1.5m，单开或双开门（1.2m 宽度以上），门的材质为镀锌板、不锈钢或塑钢，考虑到隔热保温推荐用塑钢门；另一种主要是供猪通行的栏门，高度和宽度与各栏相适应，高 0.5～1.3m，宽 0.4～0.9m，材质为镀锌管、钢筋或 PVC 板。

(八) 窗

窗主要用来通风与采光，特别是配怀母猪舍，采光的好坏会直接影响母猪的发情与配种。窗的面积一般由窗与地面比例来确定，窗地比可参看本章第一节表 3－5，为地面的 1/10～1/15。考虑到猪的活动，一般窗的下框距地面应达到 1.1m 以上，窗的高度只能在吊顶以下，如果吊顶下边距地为 2.6m，则窗的高度不能超过 1.5m，实际设计中一般窗距地高度和本身高度均设计为 1.2m。窗的宽度根据窗地比和实际情况确定，猪

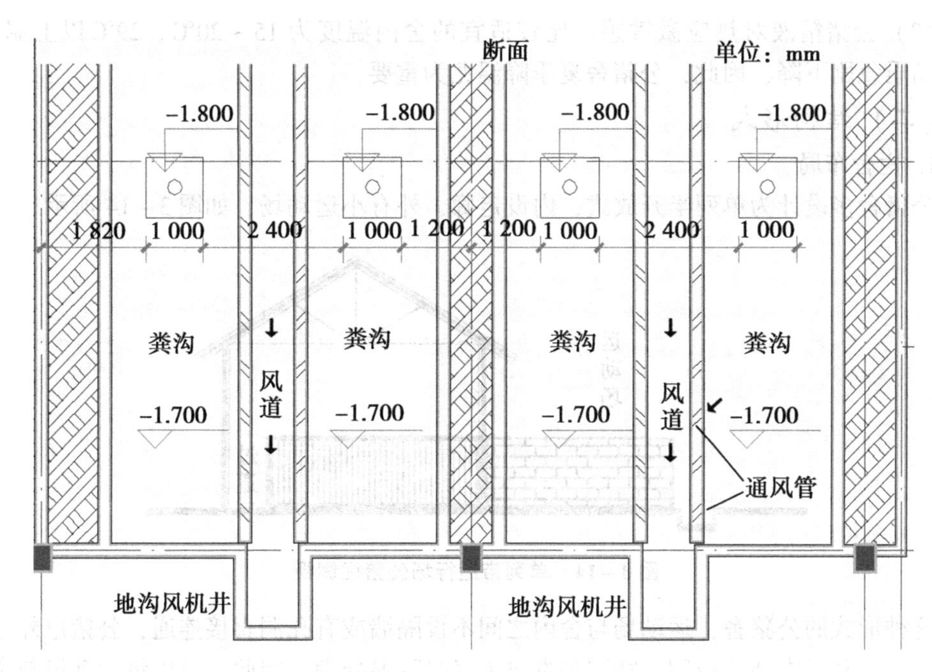

图 3-13　地下风道与粪沟平面（江苏牧羊供图）

舍为南北朝向，南面尽量开大窗，北面开小窗。如需要经常采用自然通风，窗户应使用平开或折叠窗。窗的材质为塑钢或铝合金，塑钢的防腐与保温性能更好，玻璃最好使用双层中空玻璃（空隙有 6mm、9mm、12mm 3 种）以增强其保温性能。

（九）猪栏

除通栏猪舍外，在一般密闭猪舍内均需建隔栏。隔栏材料大致为 3 种，砖砌墙、钢栅栏或 PVC 板。前两者适合饲喂较大猪只时使用，PVC 板中空有骨架，适合用来做保育猪和仔猪隔栏或栏门。砖砌墙施工不够灵活，比较占地方，也不利于通风，智能化猪舍已经很少采用。因此，各种猪栏的形式与结构，主要在“养猪设备”部分进行介绍。

第三节　猪舍建筑的类型与要求

猪舍的建筑，首先要符合养猪生产工艺流程，其次要考虑各自的实际情况。长江以南地区以防潮隔热和防暑降温为主，黄河以北则以防寒保温和防潮防湿为重点，华中地区，冬季寒冷与夏季炎热时间基本相等，防寒与保暖并重，要全面考虑。

一、公猪舍

（一）设计要点

（1）公猪不能群养，宜单栏饲养，否则易出现咬架或性怪癖。

（2）公猪对运动要求高，否则，肢蹄疾病易发，精液品质下降，利用年限降低，因此，需要较宽大的栏圈，10～15m²/只较合适，此外，还应设置专门的户外运行场。

(3) 公猪精液对热应激敏感，比较适宜的舍内温度为 15～20℃，29℃以上温度，精液品质急剧下降，因此，公猪舍夏季降温尤为重要。

(二) 结构形式

1. 栏舍布局

公猪舍多设计为单列半开放式，内设走廊，外有小运动场，如图 3－14 所示。

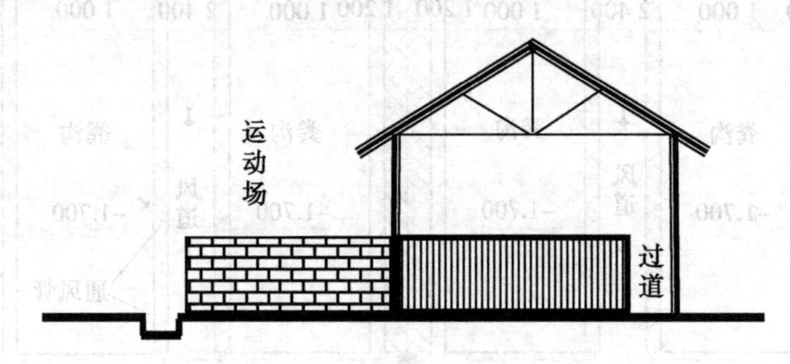

图 3－14 单列带运行场公猪栏侧视

这种形式的公猪舍，运动场与舍内之间不设隔墙或有孔洞直接连通，公猪户外运动方便，但不利于内环境控制，特别是炎热天气时降温处理。因此，可以将运动场与舍内用隔墙分开，变成封闭式猪舍，再在隔墙上做一扇门与运动场连通，炎热季节关好门窗，用水帘降温，其他季节将门打开，让公猪自由出入，运动与降温两个方面都得到兼顾。目前，一些养猪发达国家，如美国，公猪舍一般不设运动场，公猪使用一年后淘汰，减少了栏舍上的投入和操作上的麻烦，是一种可取的方法。

为了采精等操作方便，公猪舍常常需要配套有采精室，测定室，贮藏室等，如图 3－15 所示。

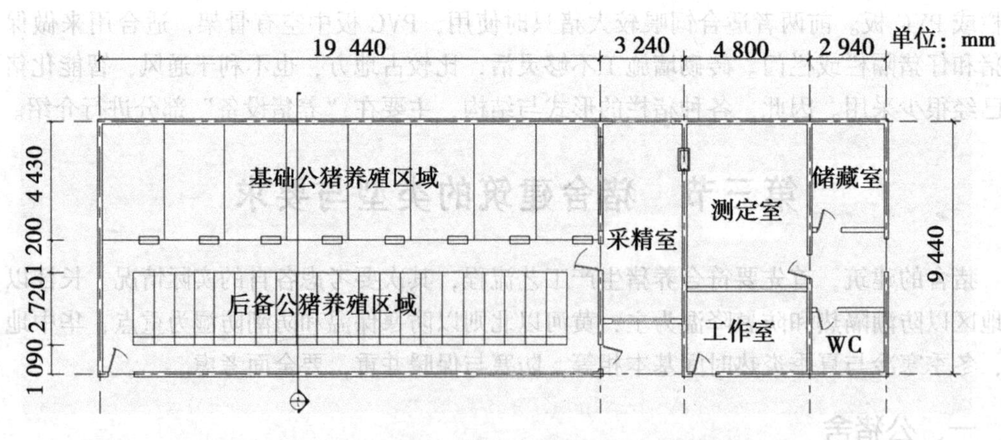

图 3－15 1 000 头母猪规模场公猪舍平面布局

2. 环控

舍内安装水帘风机降温装置，夏季水平纵向通风，风速可达 1.5m/s，还可结合喷雾装置；冬季垂直通风，风速为 0.2～0.3m/s。其他季节横向或自然通风。

3. 地面

栏圈内 2/3 为漏粪板，1/3 为防滑实地。运动场泥地或草地对公猪运动更好。

二、空怀、妊娠母猪舍

由于人工授精技术的普及，一般不设专门的空怀待配母猪舍（通常又称配种舍），空怀待配母猪与妊娠母猪同舍，通常直接称为配怀舍。

（一）设计要点

（1）由于配怀舍饲养密度较高，夏季降温比冬季保暖问题更为突出，必须保证有充足的通风量及水帘面积。

（2）一定的运动对提高母猪繁殖性能很有好处，因此要求能够给予母猪较宽的活动场地，最好能够群养，但群养也带来一些相应问题：第一，查情配种难度加大。空怀母猪分布于群体中，发情鉴定困难，配种操作比较麻烦，漏配风险加大。另外，疫苗注射等也相对困难。第二，群养需要混群，混群母猪易相互咬架，断奶空怀时混群尤为严重。因此，比较理想的方式是空怀母猪采用限位饲养，怀孕母猪采用群养，这样断奶母猪转入本舍后不混群，限位饲养，避免了咬架，同时发情鉴定，配种操作均较方便，母猪确认怀孕后，再转入大栏混群，这时，母猪因怀孕变得较温顺，更易混群。

（3）一定的自然光照可以刺激空怀母猪发情，因此，侧墙最好设置窗户。

（二）结构形式

1. 栏舍布局

配怀舍在进行栏舍布局设计时，如果采用前期限位后期群养工艺，则前期用限位栏，可做双列或四列，每两列尾对尾布局，每头猪占 1.32 ~ 1.5m^2；后期用大栏，双列布局，要求平均每头猪占地面积不低于 2.2m^2。圈栏的结构有实体式、栏栅式、综合式 3 种，为了通风方便，尽量采用后两者。舍温要求 15 ~ 20℃，风速为 0.2m/s。以下配栏舍布局图 3 – 16、图 3 – 17 可供参考。

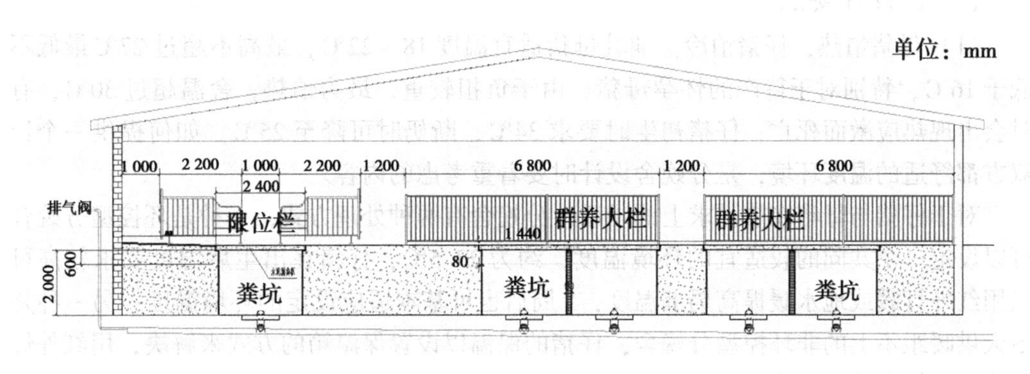

图 3 – 16 配怀舍纵轴立面

2. 环控

舍内安装水帘风机降温装置，夏季水平纵向通风，冬季垂直通风，其他季节横向或垂直通风。

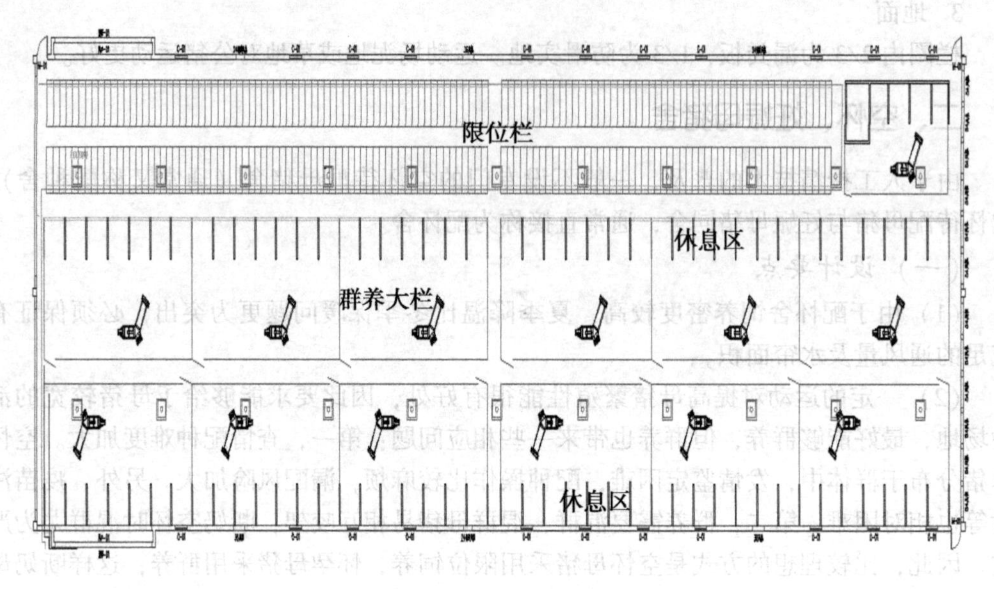

图 3－17　配怀舍平面布局

3. 地面

限位区地面后 1/3 应使用漏缝地板，群养大栏区地面使用漏缝地板，建议预留 1/3～1/2 为实地作为其休息区。实地面区往漏粪板方向降坡，坡度不要大于 1/45，地表作拉毛防滑处理。

三、分娩哺育舍

分娩哺育舍简称分娩舍，存在两种截然不同的猪只，母猪与仔猪，对环境要求差异较大，母猪又分成待产和哺乳两种情况，要求也有所区别，情况相对复杂。

（一）设计要点

（1）母猪怕热，仔猪怕冷。哺乳母猪适宜温度 18～22℃，最高不超过 27℃最低不低于 16℃，特别对于待产的怀孕母猪，由于负担较重，最为怕热，舍温超过 30℃，有时会出现热应激而死亡；仔猪初生时要求 34℃，断奶时可降至 25℃。如何提供一个让双方都舒适的温度环境，是分娩舍设计时要着重考虑的内容。

对于仔猪与母猪在热需求上的矛盾，分娩舍有两种处理方式，一种是环控型分娩舍可以设定一个共同的较适宜的环境温度，约为 23.5℃，仔猪在出生后温度要求较高可以用红外灯暖或地水暖提高局部温度，1 周后也可基本适应设定的环境温度；另一种是冬天供暖跟不上的非环控型分娩舍，仔猪的保温以设置保温箱的方式来解决，用红外灯暖或地暖提高箱内温度。

针对待产的怀孕母猪，为防止其热应激，可再加滴水降温装置，每头母猪可独立控制。带仔哺乳母猪不要滴水，否则易引起仔猪腹泻。

（2）哺乳仔猪受风能力弱，风速冬季不要超过 0.15m/s，夏季不要超过 0.4m/s。栏舍设计时特别要求多点进风，如走廊进风窗与吊顶进风窗要尽可能多并均匀分布，由电脑自动控制开合大小，或者采用屋顶弥散式进风方式。栏舍上使用不透风的 PVC 围栏等也有利于保护仔猪。

(3) 为了环控与转运仔猪的方便，宜用平装产床（床面与过道持平），不宜用高床。

（二）结构形式

1. 栏舍布局

采用分隔单元设计，如以周为单位生产，提前 1 周进舍，3 周断奶仔猪不留栏，1 周空栏消毒，则至少需要 5 个单元。分娩栏为 2 的倍数列，每 2 列母猪尾对尾排列。如图 3－18、图 3－19 所示。

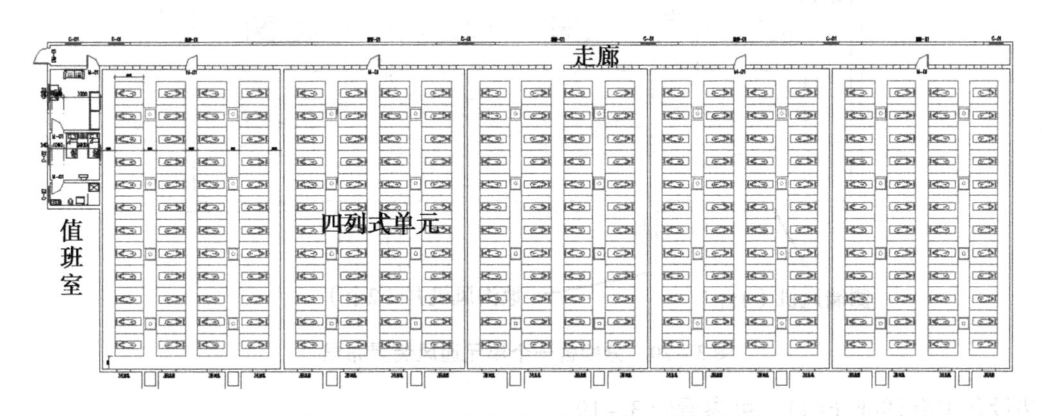

图 3－18　1 000 头母猪规模场分娩舍平面布局

（说明：每单元 4 列共 48 头，总计 5 单元，其中，1 个单元空置消毒，4 个单元使用，同时容纳母猪 48 ×4 =192 头）

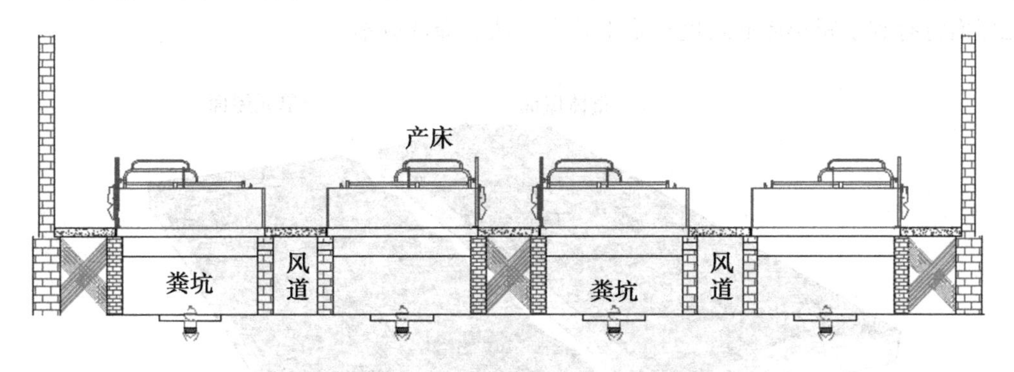

图 3－19　分娩舍一单元侧视（4 列式）

2. 环控

水帘风机降温，走廊外墙为水帘，内墙设置进风窗，夏季水平纵向通风，主要通过走廊进风窗进风，冬季垂直通风，通过吊顶通风窗进风，其他季节横向或垂直通风（图 3－20）。

3. 地面

风道上为水泥现浇板，走廊为实地，其他为产床的漏粪板，以钢梁支撑（后续养

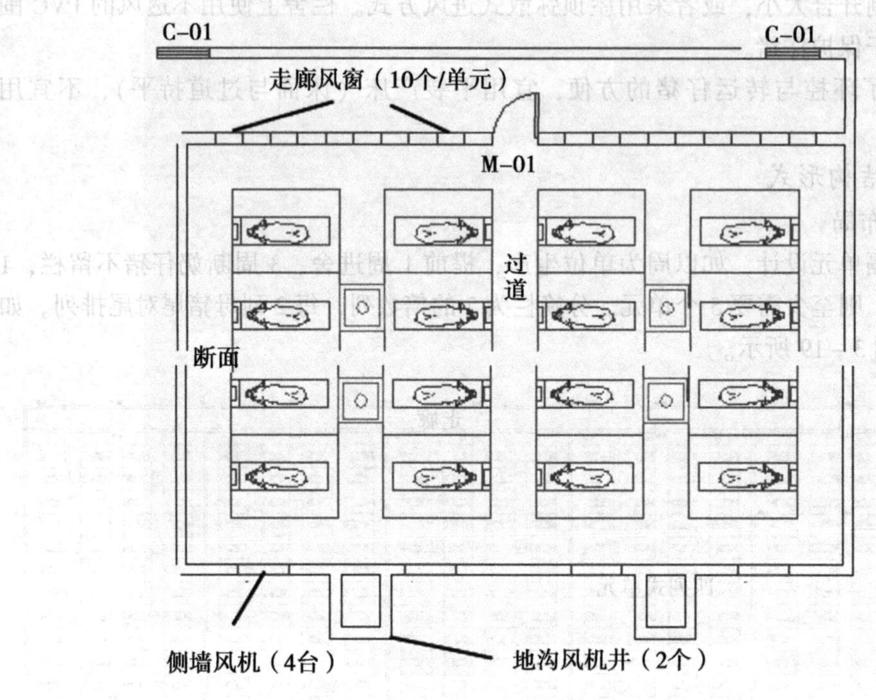

图 3－20　分娩舍一个单元通风装置布局

猪设备中有详细介绍），可参看图 3－19。

4. 屋面

分两种布局形式，整体屋面和单元层面，例如整栋分娩舍可做成一个屋面，也可按单元分成若干个屋面，外观呈“M”形，如图 3－21 所示。显然，将整体屋面分解成单元屋面将有利于减小屋面跨度和施工难度，从而降低成本。

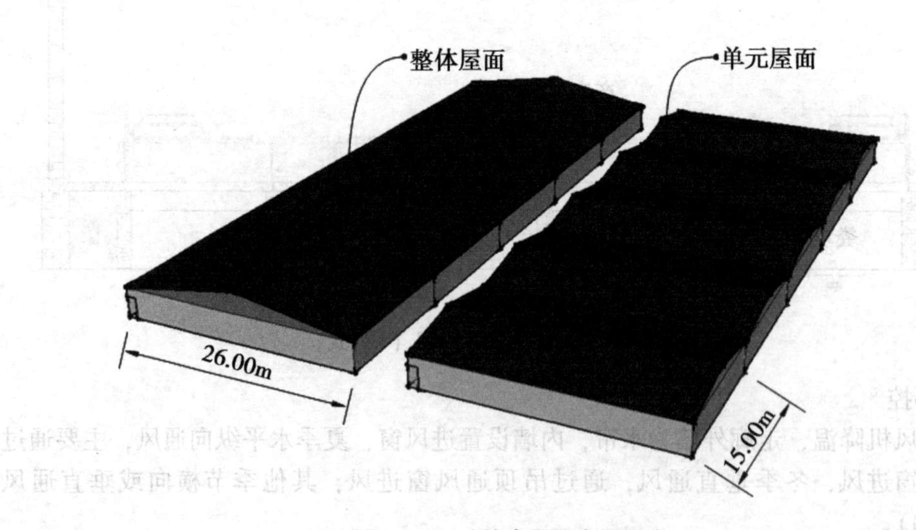

图 3－21　分娩舍屋面布局形式

四、仔猪保育舍

（一）设计要点

（1）保育猪的最适温度为20～25℃，最高不能高于28℃，最低不能低于16℃，温度要求逐渐降低，要特别注意前3d的温度，尽量保持与产房一致。最好有专用的躺卧区，躺卧区不宜采用漏缝板，应采用实地，以方便安装地暖，但实地面积不宜超过1/3，否则，很难保证清洁卫生，夏季尤为明显。

（2）保育猪受风能力较弱，风速冬季不要超过0.2m/s，夏季不要超过0.6m/s。栏舍设计时与分娩舍相似，要求多点进风，如走廊进风窗与吊顶进风窗要尽可能多并均匀分布，由电脑自动控制开合大小。

（3）现阶段生猪饲养工艺往往有较长的保育期（6～8周），如果采用高床，仔猪转入与保育猪转出均很不方便，建议保育栏与地面相平，保育舍与产房和育肥舍有专用的转入转出通道，各舍地面之间尽量不要有高差。

（二）结构形式

1. 栏舍布局

与分娩舍相似，采用分隔单元设计，如以周为单位生产，保育期定为7周，则需要8个单元。栏位采用双列式。如图3－22、图3－23所示。

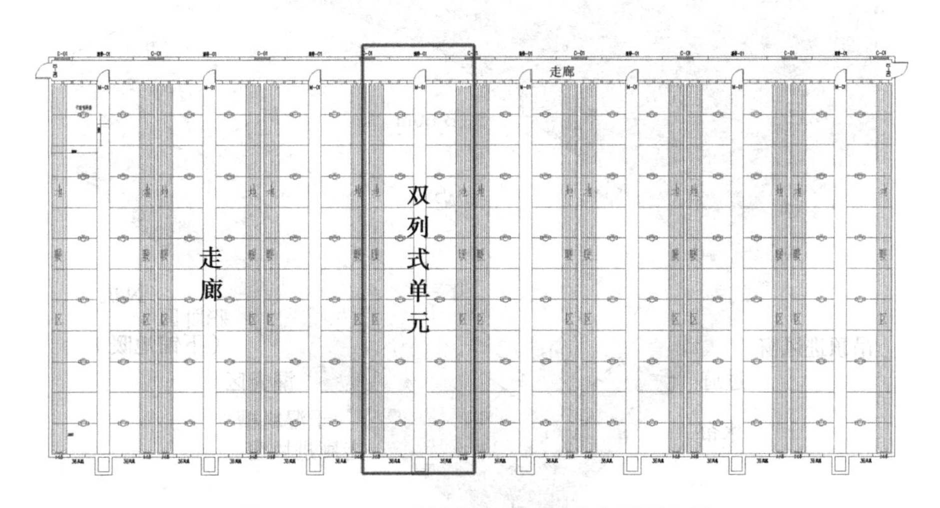

图3－22　1 000头母猪规模场保育舍平面布局

料槽可以摆放在两个栏之间隔板位置，最好不放躺卧区，以免影响不采食的猪只的休息，可以参看图3－24、图3－25。

2. 环控

通风与分娩舍相似，水帘风机降温，走廊外墙为水帘，内墙设置进风窗，夏季水平纵向通风，主要通过走廊进风窗进风，冬季垂直通风，通过吊顶通风窗进风，其他季节横向或垂直通风。

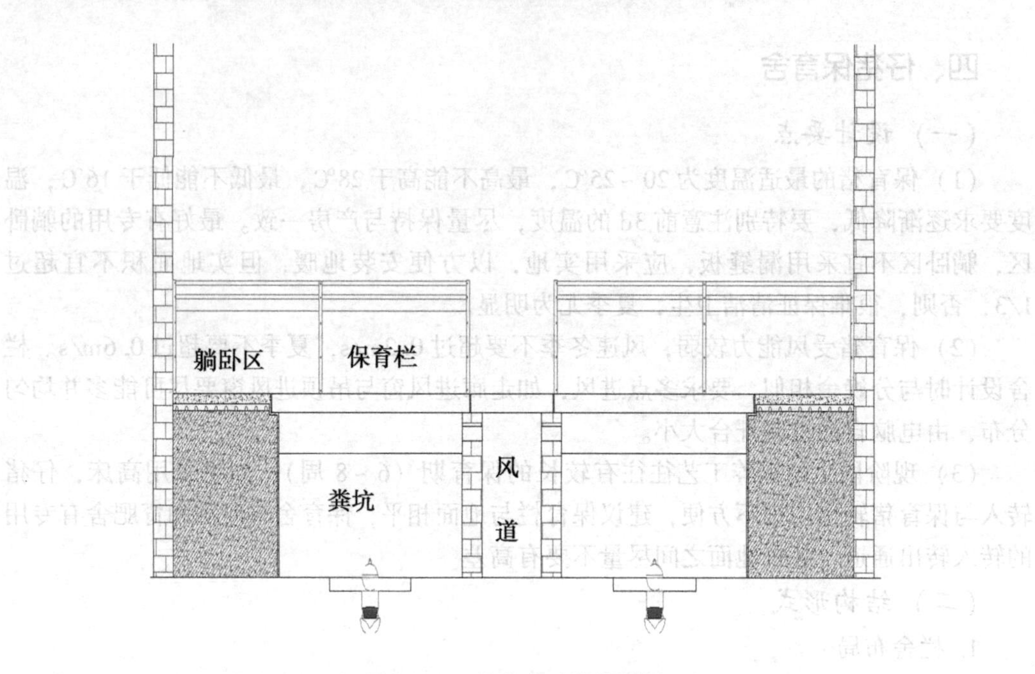

图 3－23 保育舍一单元侧视

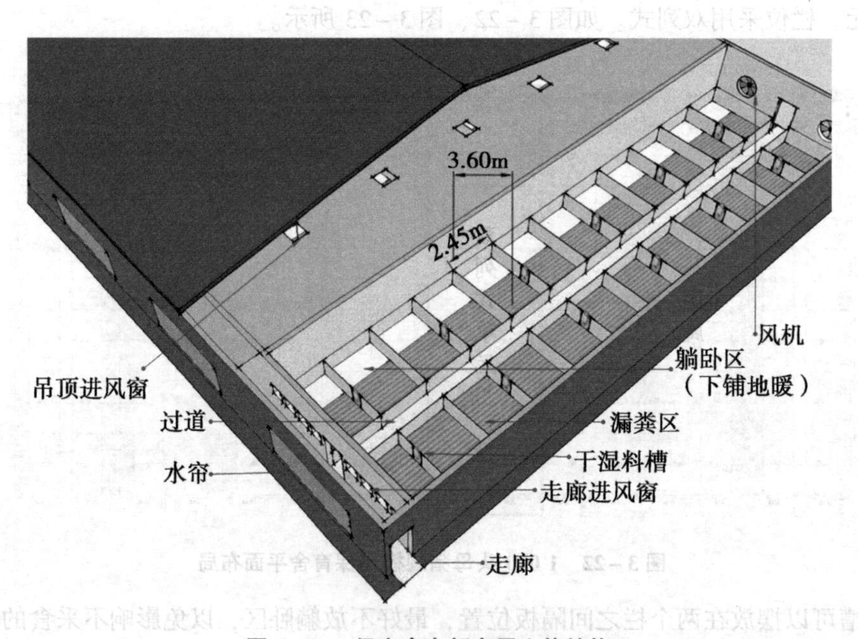

图 3－24 保育舍内部布局立体结构

3. 地面

如图 3－26 所示，保育舍 1/3 保留为实地作为躺卧区，下铺设地水暖或地电暖，另 2/3 为漏缝板。风道上为水泥现浇板，作为过道使用。

4. 屋面

与分娩舍相似，为了减小跨度，也可按单元做“M”形屋面。

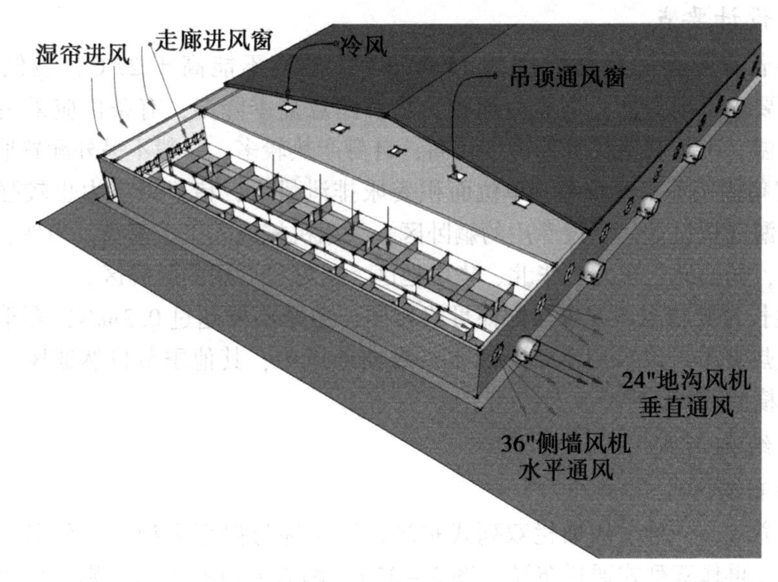

图 3－25　保育舍通风模式

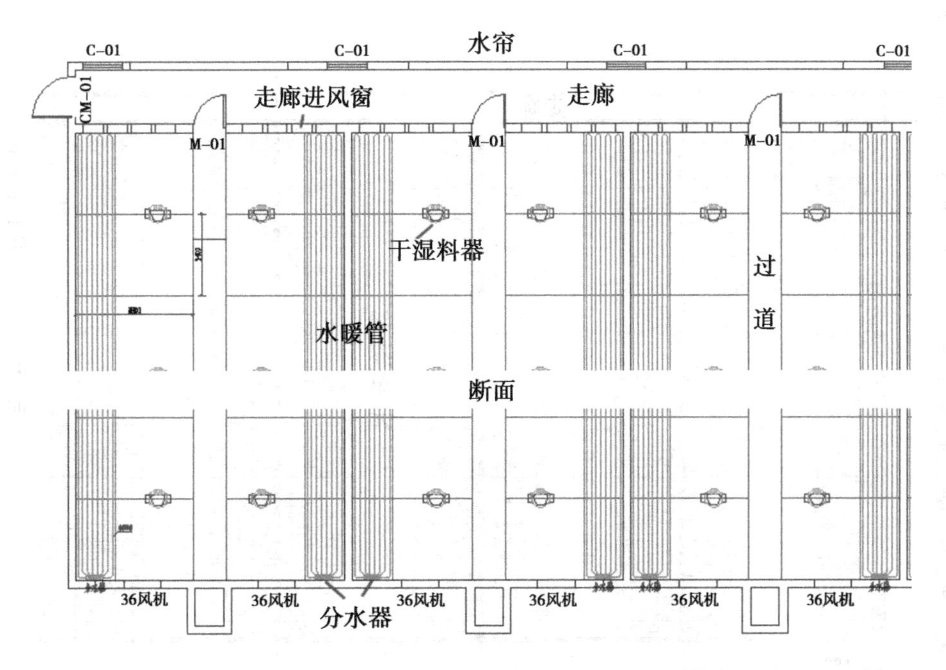

图 3－26　保育舍水暖通风装置布局

五、生长育肥舍和后备母猪舍

生长育肥猪和后备母猪除饲养后期要求有所不同，其他基本相同，因此，这两种猪舍设计基本一致。

（一）设计要点

（1）生长育肥猪的最适温度为 15～23℃，最高不能高于 27℃，最低不能低于 13℃，温度要求逐渐降低，饲养后期较怕热，注意夏季降温，有条件应采用封闭式猪舍，湿帘降温。由于肥猪栏饲养密度较高，自身产热较多，一般不另外配置取暖设施。

（2）肥猪栏饲养密度较高，单位面积粪尿排泄量大，猪只抵抗力也较强，华南地区宜采用全漏缝板设计，不设专用的躺卧区，采用机械或人工干清粪。当然，严寒时间较长的地区，如西北、东北、华北、华中地区，最好设专用的躺卧区。

（3）生长育肥猪风速要求与配怀母猪相同，冬季不要超过 0.3m/s，夏季不要超过 1.0m/s。炎热夏季可以采用湿帘降温水平纵向通风中，其他季节自然通风，严寒地区冬季可采用横向通风。

（二）结构形式

1. 栏舍布局

有两种方式，一种采用通栏双列式布局；另一种与保育舍相似，采用分隔单元设计，每个单元再作双列式通栏布局（图 3－27）。两者并没有本质区别，后者一个饲养单元相当于前者一栋猪舍，但前者可以做成开放式、半开放式，后者一般只能做成封闭式。

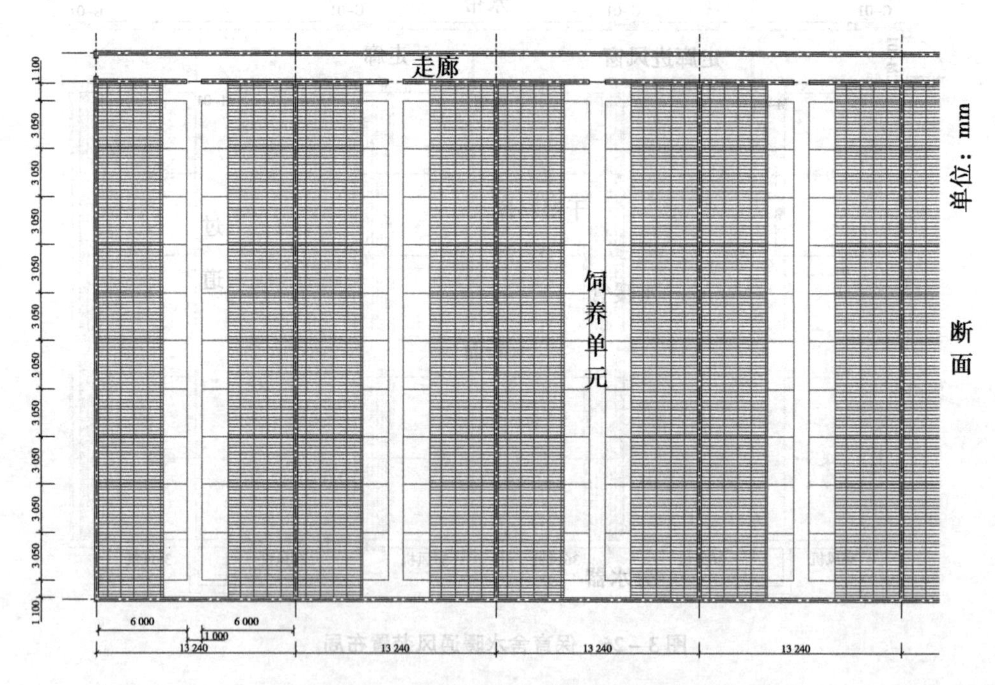

图 3－27 封闭式育肥舍分隔单元布局

料槽可以摆放在两个栏之间隔墙位置，自动喂料时可以放漏缝区，人工饲喂放靠近走廊的躺卧区（图 3－28、图 3－29）。

2. 环控

封闭式猪舍与保育栏相似，降温用水帘风机，走廊外墙为水帘，内墙设置进风窗，

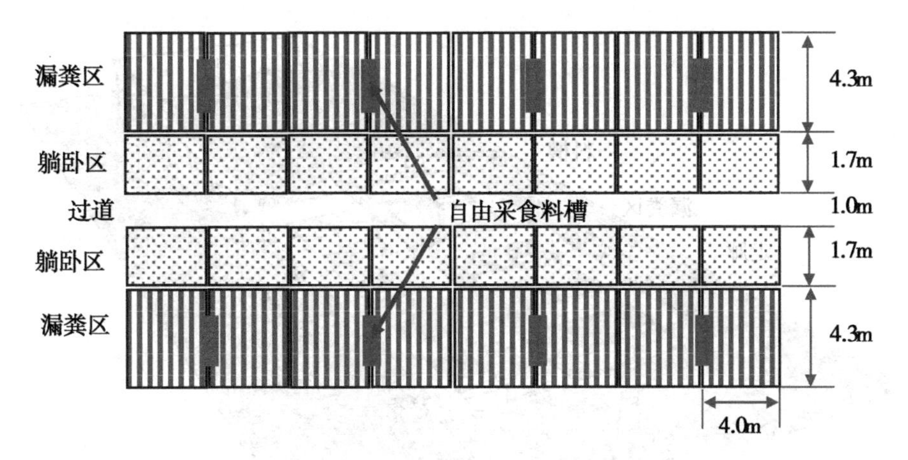

图 3－28　育肥舍双列式通栏布局

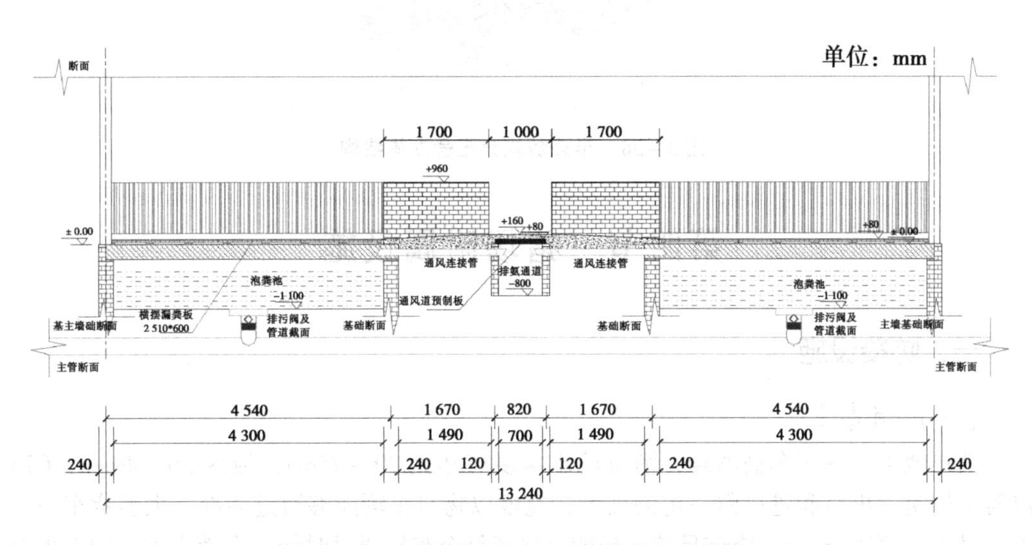

图 3－29　育肥舍侧视（一个饲养单元或整栋）

夏季水平纵向通风，主要通过走廊进风窗进风，冬季垂直通风，通过吊顶通风窗进风，其他季节横向或垂直通风。

南部地区或中部地区半开放式育肥舍可以采用卷帘控制自然通风方式，即在猪舍南北侧墙上半部分不砌墙用卷帘代替，冬季将卷帘放下，夏季全部收起，其他季节根据气温和猪只状况由人工控制卷帘的收放高度（图 3－30）。

3. 地面

躺卧区占 1/4～1/3，混凝土地面，其他为水泥漏缝板，缝隙宽度以 2cm 较合适。

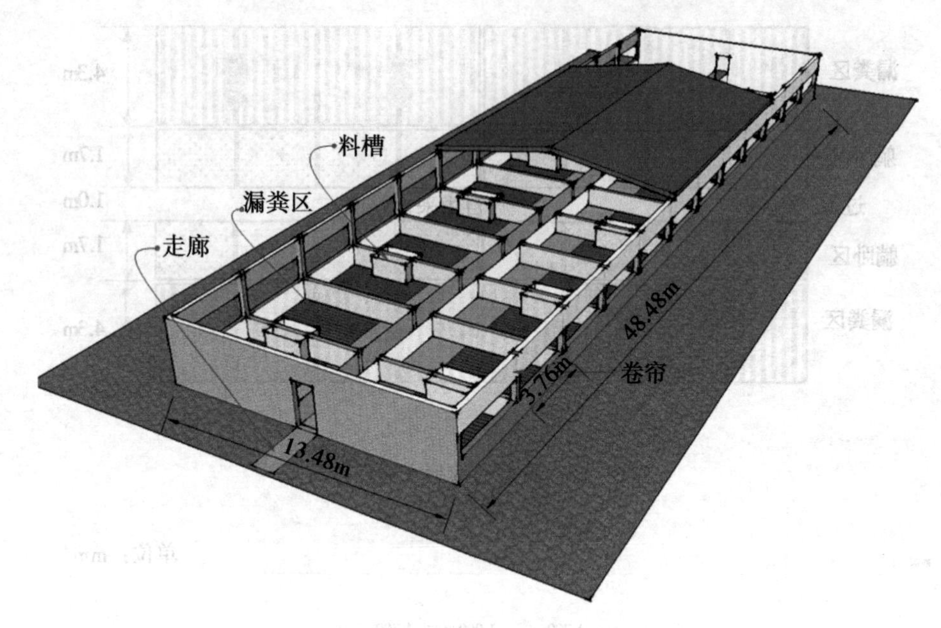

图 3－30　半开放式育肥舍立体结构

第四节　猪场附属设施

一、防疫设施

（一）消毒池

消毒池主要用于车辆消毒，消毒药水深度应达到 20～25cm，池深 30～40cm，C25 混凝土构筑，出口和进口留一定的坡度，宽度以物料车辆能够通过为准，大型货车一般不超过 3m，宽度 5～8m 应该足够，长度以保证每个车轮通过时能完全消毒到，即至少超过车轮的周长。如较大的轮胎为 295/80R22.5，轮胎周长为 $[(295\times80\%\times2)+(22.5\times25.4)]\times3.14=3\ 277$mm，即 4m 以上长度应该能满足需要。

消毒池至少应分为二级，进大门为一级消毒池，进生产区为二级消毒池。

（二）消毒通道

消毒通道主要用于人员消毒，现多采用喷淋设备进行消毒，人行消毒通道长度一般为 3m，宽度为 1.2m，高度 2.2m。

（三）消毒室

消毒室主要用于人员消毒，多采用紫外线进行消毒，面积大致 $10m^2$，因紫外线对人体伤害较大，猪场较少使用，多数情况下采用喷淋消毒。

（四）沐浴更衣室

沐浴更衣室位于行政区与生产区之间，主要用于进入生产区的人员消毒，种猪场较多用。最好分 3 区进行设计：除衣间、沐浴间、穿衣间，即实际上为 3 间房，穿衣间中一切物品由猪场自备。在进行设计时，最好将外来人员与场内职工的消毒方式与进入通道进行分开，如图 3－31 所示。

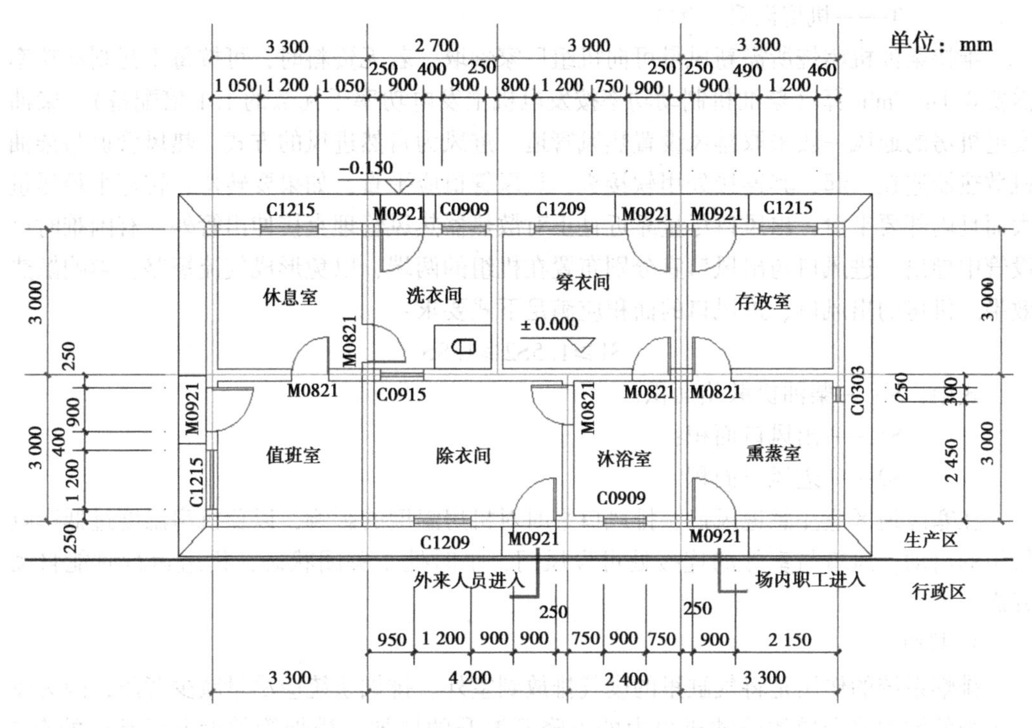

图 3－31 沐浴消毒室平面（江苏牧羊供图）

二、供电、供暖及给水设施

（一）发电房

发电房的配置，首先应该计算整个场的总负荷，再按总负荷的 120% 的负荷配备发电机组，再根据发电机组的要求配置发电房的面积。

参照标准：JGJ16—2008《民用建筑电气设计规范》。

建设要求：

1. 柴油发电机房的选址

（1）进风、排风、排烟方便。

（2）尽量远离生产区以免噪声影响猪生产。

（3）宜靠近建筑物的变电所，这样便于接线，减少电能损耗，也便于运行管理。

2. 通风

柴油发电机房的通风问题是机房设计中要特别注意解决的问题，机组的排风一般应设热风管道有组织地进行，不宜让柴油机散热器把热量散在机房内，再由排风机抽出。机房内要有足够的新风补充。柴油机在运行时，机房的换气量应等于或大于柴油机燃烧所需新风量与维持机房室温所需新风量之和。维持室温所需新风量由下式计算：

$$C = 0.078PT$$

式中，C——需要的新风量（m^3/s）；

P——柴油机额定功率（kW）；

T——机房温升（℃）。

维持柴油机燃烧所需新风量可向机组厂家索取，若无资料时，可按每千瓦制动功率需要 $0.1m^3/min$ 算（柴油机制动功率按发电机主发电功率千瓦数的 1.1 倍配备）。柴油发电机房的通风一般采取排风设置热风管道，进风为自然进风的方式。热风管道与柴油机散热器连在一起，其连接处用软接头，热风管道应平直，如果要转弯，转弯半径尽量大而且内部要平滑，出风口尽量靠近且正对散热器热风管理直接伸出管外，有困难时可设管中导出。进风口与出风口宜分别布置在机组的两端，以免形成气流短路，影响散热效果。机房的出风口、进风口的面积应满足下式要求：

$$S1 \geqslant 1.5S2 \geqslant 1.8S$$

式中，S——柴油机散热面积；

S1——出风口面积；

S2——进风口面积。

在寒冷地区应注意进风口、排风口平时对机房温度的影响，以免机房温度过低影响机组的启动。风口与室外的连接处可设风门，平时处于关闭状态，机组运行时能自动开启。

3. 排烟

排烟系统的作用是将气缸里的废气排放到室外。排烟系统应尽量减少背压，因为废气阻力的增加将会导致柴油机出力的下降及温升的增加。排烟管敷设方式常用的有 2 种：①水平架空敷设，优点是转弯少、阻力小，缺点是增加室内散热量，使机房温度升高；②地沟内敷设，优点是室内散热量小，缺点是排烟管转弯多，阻力相对较大。排烟管应单独引出，尽量减少弯头。排烟温度在 350 ~ 550℃，为防止烫伤和减少辐射热，排烟管宜进行保温处理。排烟噪声在机组总噪声中属最强烈的一种，应设消音器以减少噪声。

4. 基础

基础主要用于支撑柴油发电机组及底座的全部重量，底座位于基础上，机组安装在底座上，底座上一般都采取减震措施。

应按机组要求设置混凝土基础。底角螺丝可预埋，也可以等机组到达后在用电钻打孔安装。

5. 机房接地

柴油发电机房一般应用 3 种接地。

①工作接地：发电机中性点接地；

②保护接地：电气设备正常不带电的金属外壳接地；

③防静电接地：燃油系统的设备及管道接地。各种接地可与建筑的其他接地共用接地装置，即采用联合接地方式。

6. 燃油的存放

机房内需设置 3 ~ 8h 的日用油箱。

（二）配电室

一个猪场的用电，包含动力电，如饲料机组、风机、抽水机、料线等，也有照明用电，如办公及舍内照明等，还有智能控制、信息传输用电，如环控、网络、监控等弱电系统。强电系统应有专用的配电室，到各栋或各区还有配电箱；弱电系统另设控制或信息中心。

执行标准：

GB 50052—2009《供配电系统设计规范》。

GB 50053—1994《10kV 及以下变电所设计规范》。

GB 50054—2011《低压配电设计规范》。

GB 50055—2011《通用用电设备配电设计规范》。

GB/T 50065—2011《交流电气装置的接地设计规范》。

建设要求：

（1）配电室应靠近电源，并应设在灰尘少、潮气少、振动小、无腐蚀介质、无易燃易爆物及道路畅通的地方。

（2）配电室和控制室应能自然通风，并应采取防止雨雪侵入和动物进入的措施。

（3）配电室布置应符合下列要求。

①配电柜正面的操作通道宽度，单列布置或双列背对背布置不小于 1.5m，双列面对面布置不小于 2m；

②配电柜后面的维护通道宽度，单列布置或双列面对面布置不小于 0.8m，双列背对背布置不小于 1.5m，个别地点有建筑物结构凸出的地方，则此点通道宽度可减少 0.2m；

③配电柜侧面的维护通道宽度不小于 1m；

④配电室的顶棚与地面的距离不低于 3m；

⑤配电室内设置值班或检修室时，该室边缘距配电柜的水平距离大于 1m，并采取屏障隔离；

⑥配电室内的裸母线与地面垂直距离小于 2.5m 时，采用遮栏隔离，遮栏下面通道的高度不小于 1.9m；

⑦配电室围栏上端与其正上方带电部分的净距不小于 0.075m；

⑧配电装置的上端距顶棚不小于 0.5m；

⑨配电室内的母线涂刷有色油漆，以标志相序；以柜正面方向为基准，其涂色符合表见表 3－6 规定；

表 3－6 母线涂色

相别	颜色	垂直排列	水平排列	引下排列
L1（A）	黄	上	后	左
L2（B）	绿	中	中	中
L3（C）	红	下	前	右
N	淡蓝	—	—	—

⑩配电室的建筑物和构筑物的耐火等级不低于3级，室内配电沙箱和可用于扑灭电气火灾的灭火器；

⑪配电室的门向外开，并配锁；

⑫配电室的照明分别设置正常照明和事故照明。

(4) 配电柜应装设电度表，并应装设电流、电压表。电流表与计费电度表不得共用一组电流互感器。

(5) 配电柜应设电源隔离开关及短路、过载、漏电保护电器。电源隔离开关分断时应有明显可见分断点。

(6) 配电柜应编号，并应有用途标记。

(7) 配电柜或配电线路停电维修时，应挂接地线，应悬挂“禁止合闸、有人工作”停电标志牌。停送电必须由专人负责。

(8) 配电室应保持整洁，不得堆放任何妨碍操作、维修的杂物。

(三) 锅炉房

猪场的锅炉主要为燃煤（油）或燃气低温热水锅炉，锅炉房的设计能够满足这一类型的锅炉安装、运行、维护即可。

执行标准：GB 50041—2008《锅炉房设计规范》。

建设要求：

(1) 锅炉房宜为独立的建筑物。

(2) 宜选燃料及热力输送方便的地方修建。

(3) 全年运行的锅炉房应设置于总体最小频率风向的上风侧，季节性运行的锅炉房应设置于该季节最大频率风向的下风侧，并应符合环境影响评价报告提出的各项要求。

(4) 锅炉房通向室外的门应向室外开启，锅炉房内的工作间或生活间直通锅炉间的门，应向锅炉间内开启。

(5) 锅炉房应配置2台以上锅炉以方便检修时供暖。

(四) 水塔

猪场多使用地下水作为饮用水，一般需要修建水塔以方便供水。

水塔按其结构分两部分：水柜和支撑部分。按水柜形式可分为圆柱壳式和倒锥壳式水塔。也可将水塔按建筑材料分为钢筋混凝土水塔、钢水塔、砖石支筒与钢筋混凝土水柜组合的水塔。

丘陵山地的地区可以按地势在高处直接修建贮水池，即不需要支撑部分；平原地区靠近水源修建水塔。水塔的容量按生产工艺，参照表1－7进行估算，用水高峰能保证1d的用水量，其他由专业部门设计修建。

三、污水处理设施

(一) 污水沉淀池

污水沉淀池是应用沉淀作用去除水中悬浮物的一种构筑物。沉淀池在废水处理中广为使用。它的模式很多，按池内水流方向可分为平流式、竖流式和辐流式3种（图3－32）。

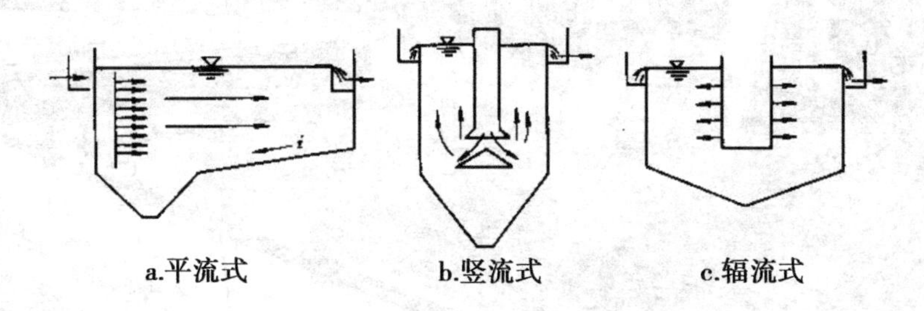

图3－32 3种沉淀模式

平流式沉淀池：平流式沉淀池多用混凝土筑造，也可用砖石圬工结构，或用砖石衬砌的土池。平流式沉淀池构造简单，沉淀效果好，工作性能稳定，使用广泛，但占地面积较大。若加设刮泥机或对比重较大沉渣采用机械排出，可提高沉淀池工作效率。由进、出水口、水流部分和污泥斗3个部分组成。池体平面为矩形，进口设在池长的一端，一般采用淹没进水孔，水由进水渠通过均匀分布的进水孔流入池体，进水孔后设有挡板，使水流均匀地分布在整个池宽的横断面。沉淀池的出口设在池长的另一端，多采用溢流堰，以保证沉淀后的澄清水可沿池宽均匀地流入出水渠。堰前设浮渣槽和挡板以截留水面浮渣。水流部分是池的主体。池宽和池深要保证水流沿池的过水断面布水均匀，依设计流速缓慢而稳定地流过。池的长宽比一般不小于4，池的有效水深一般不超过3m。污泥斗用来积聚沉淀下来的污泥，多设在池前部的池底以下，斗底有排泥管，定期排泥。

竖流式沉淀池：池体平面为圆形或方形。废水由设在沉淀池中心的进水管自上而下排入池中，进水的出口下设伞形挡板，使废水在池中均匀分布，然后沿池的整个断面缓慢上升。悬浮物在重力作用下沉降入池底锥形污泥斗中，澄清水从池上端周围的溢流堰中排出。溢流堰前也可设浮渣槽和挡板，保证出水水质。这种池占地面积小，但深度大，池底为锥形，施工较困难。

辐流式沉淀池：池体平面多为圆形，也有方形的。直径较大而深度较小，直径为20～100m，池中心水深不大于4m，周边水深不小于1.5m。废水自池中心进水管入池，沿半径方向向池周缓慢流动。悬浮物在流动中沉降，并沿池底坡度进入污泥斗，澄清水从池周溢流入出水渠。

大型沉淀池的防渗处理：沉淀池渗漏污染会严重威胁地下水系统，一旦污染治理相当困难，沉淀池如果为了防渗全部用钢筋混凝土硬化，成本很高。因此，一种新的处理方式能够解决这个问题，即采用高密度聚乙烯（HDPE）土工膜进行处理，寿命超过50年，对挖掘出的沉淀池进行平整后（平整要求较高）就可以铺设，接缝部位可以用热熔方式焊接，建设成本不到钢筋混凝土方式的30%（图3－33）。其最新执行国家标准：GB/T 17643—2011。

（二）沼气工程设施

沼气工程的主体设施有进料调节池、发酵罐、贮气罐等，如图3－34所示。

图 3-33 铺设 HDPE 膜的沉淀池

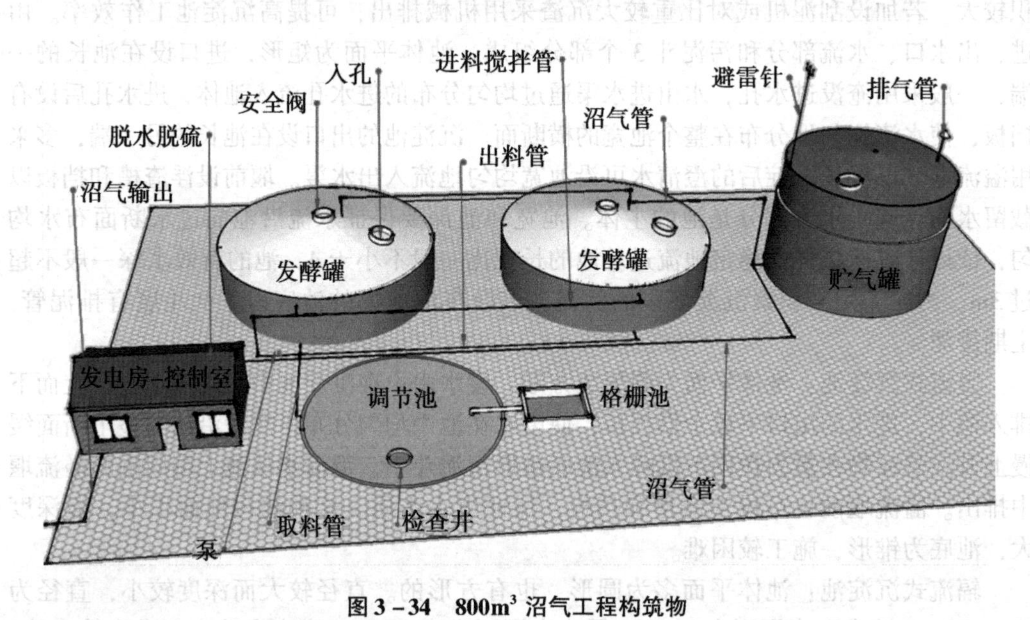

图 3-34 800m^3 沼气工程构筑物

（说明：CSTR 厌氧方式，发酵罐半地下式 400m^3 ×2 个，调节池地下式 100m^3，贮气罐地上式 150m^3）

1. 格栅集料池

砖石或砖混结构，主要用来去除污水中的较粗的异物，100m^3 的调节池配 10m^3 格栅集料池即可。

2. 进料调节池

砖混结构，800m^3 的发酵罐配置 100m^3 调节池即可。

3. 发酵罐

地上式厌氧消化装置宜采用钢筋混凝土结构或钢结构（碳钢焊制、搪瓷钢板拼装、钢板卷制等）；地下式或半地下式厌氧消化装置宜采用钢筋混凝土结构；削球形池拱盖的矢跨比（即矢高与直径之比。矢高指拱脚至拱顶的垂直距离）一般在（1∶4）~（1∶6）；反削球形池底的矢跨比为1∶8左右（具体的比例还应根据池子大小、拱盖跨度及施工条件等决定）。800m^3有效容积，每天处理水量约100t，HRT=8，容积产气率=0.4m^3/m^3·d，则每天产气量约为320m^3。

4. 贮气罐

有湿式低压储气装置、干式低压储气设备（钢制、红泥塑料、高分子复合材料制作）、中高压钢制储气罐等。800m^3的发酵罐配置有效容积为200m^3贮气罐即可。湿式低压储气贮气罐池墙一般为钢混结构，壁厚200mm，内外水位的高差即为沼气的压强，一般为3 000~5 000Pa。如图3-35所示。

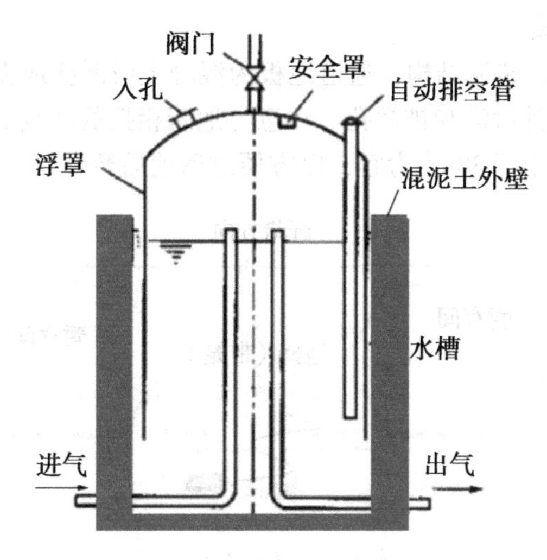

图3-35　变容湿式贮气罐

以上钢筋混凝土结构的发酵罐等设施，造价高，防渗漏处理施工难度大。与上述沉淀池用PE膜防渗类似，如果池顶部也用PE膜覆盖起来并与底部的膜进行热熔焊接而形成一个密封体，即成为一个“HDPE膜完全混合厌氧反应器（CSTR）”，俗称“黑膜发酵”。这种形式的反应器投资建设成本低，耐冲击负荷能力强，是一种值得推广应用的新技术。

四、饲料仓储设施

集团化养殖公司有专用的饲料厂对各猪场进行饲料配送，不必再配套建设饲料仓储设施。中小型养殖场则需要配套建设饲料加工车间，应该主要包含3个部分：原料仓库、饲料加工间、饲料暂存间。

（一）原料仓库

1 000头母猪规模场，饲料日消耗量可达30t，如果备齐1周的料，则至少需要空间30×7/0.55=381m^3，即约需要400m^3，考虑到春节等长假饲料原料的调运问题，约需要准备2周的原料，则约需要800m^3有效容积的原料仓库，专业饲料厂一般使用散装原料，可设专门的散装料原料仓，其空间大小可以根据日生产量和配方进行估算。砖混加钢屋架构筑，注意地面防潮。

（二）饲料加工间

这个主要根据饲料生产工艺和设备进行配置，由于混料过程配料仓较高，需要构建较高的加工间，可以由设备厂家进行设计。

（三）饲料暂存间

饲料暂存间主要根据生产流程和生产量进行配置。可以使用室外料塔来暂存加工好的饲料，这样暂存间可以省略或比较小。

五、产品销售设施

（一）赶猪通道

宽度0.9～1.5m，砖混结构，通道地板为混凝土或漏缝地板，在通道内下方或外边应做好通道冲洗用的排污沟和排污孔。注意与地磅相接的两端的通道，一般都要拓宽作暂存通道，以每间不小于30m^2为宜，以方便过磅前后暂存猪只。如图3－36所示。

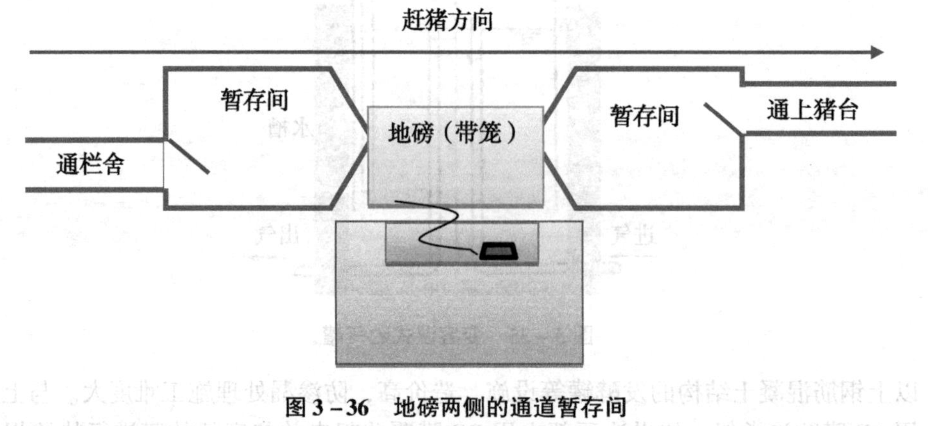

图3－36　地磅两侧的通道暂存间

（二）过磅房

能安放过磅设备并进行简单的登记即可，8～10m^2。

（三）上（卸）猪台

可以使用专用的高度可调的上猪设备（图3－37），也可以地面砌筑上猪台，设定3～4个高度的通道（图3－38）。

第五节　知识拓展

绿色高效覆膜存储塘——新型粪肥熟化方案

绿色高效存储池的功能实现主要是运用了覆膜工艺，在存储池内安装有特制的浮动膜、底膜、安全膜，其中，粪污存储功能主要由底膜实现，它确保粪污不污染地下水和土壤，浮动覆膜能够根据粪污量改变而漂浮在粪污表面，能有效实现雨污分离及消除不良气味，减少粪肥中的氮损失。设置的安全膜、报警系统及安全井则进一步确保粪污存

图 3-37 液压式上（卸）猪台

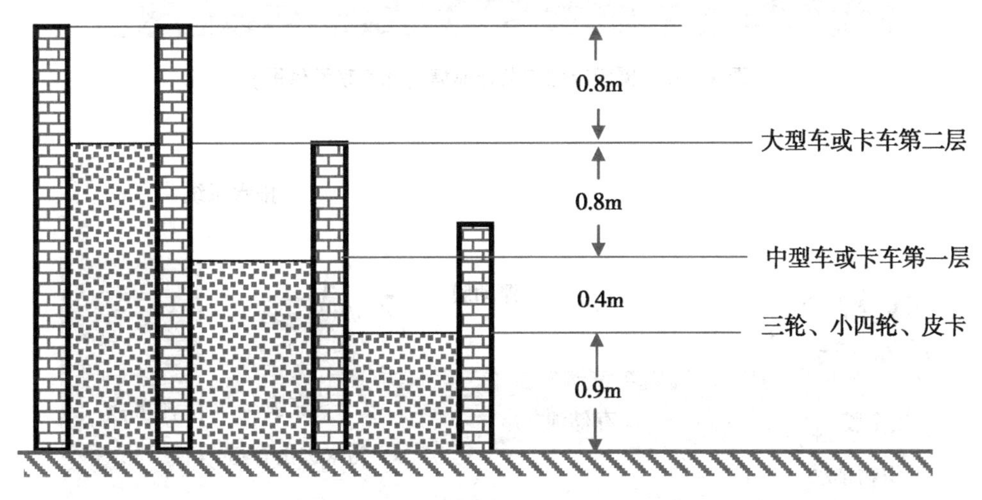

图 3-38 地上砌筑的上（卸）猪台

储工作系统的安全可靠（图 3-39）。

污水存储在底膜和浮动膜之间的空间里，随着进入的粪污水量不断增加，浮动膜会慢慢浮起。另外，在浮动膜上设置有用于抽取雨水的排水泵，通过人工开启抽水泵能及时将雨水抽取出去（图 3-40）。

采用覆膜存储工艺，存储一定的周期并熟化后，粪污可以被粪肥抛洒车送至农田实现循环利用。这种工艺是粪肥熟化、存储的首选模式，覆膜存储池具有以下优势。

（1）减少存储过程中的氮损失。与自然存储相比，带顶部浮动膜覆盖的存储能有效减少粪肥存储过程中的氮损失，最大化地保存粪污肥效。

（2）雨污分离、气味小。覆盖存储过程中可实现雨污分离，避免雨水混入造成存储容积需求增大；同时，覆膜存储可明显减少存储过程中的气味。

（3）单体可实现大容积存储。可实现混凝土工程和其他结构所难以实现的大容积带盖式存储，最大单体容积可达到 25 000m^3。

（4）施工快捷、工程费用低。可就地挖坑覆膜，安装施工周期短，单池覆膜 3～5d 即可完成。在成本支出方面要远远低于传统的防水材料，经过实际测算采用这种存储工

图3-39　覆膜存储工艺存储塘（北京京鹏供图）

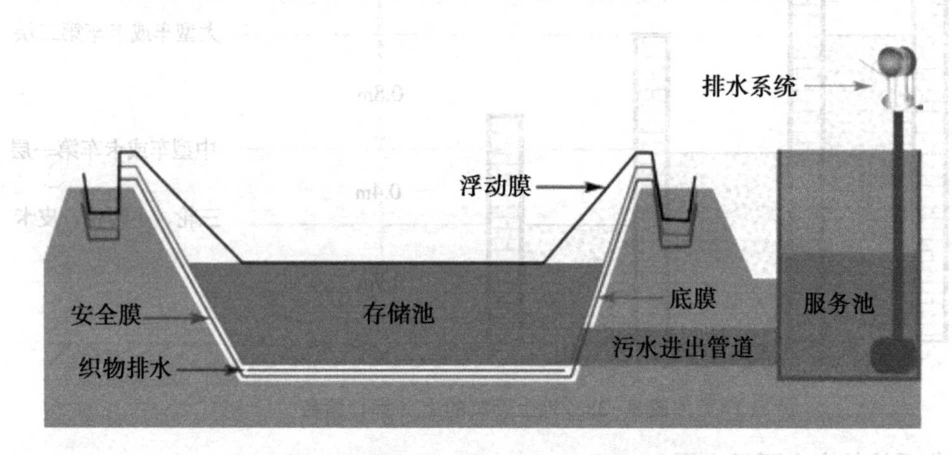

图3-40　覆膜存储工艺存储塘（北京京鹏供图）

艺的要比传统的存储工艺节约成本50%左右。

（5）材料性能可靠、安装技术专业。材料防渗系数高、耐老化性强，安装人员持证上岗，确保材料安装后的成品能达到其可靠的防渗效果。防渗膜有很强的抗老化、抗紫外线分解能力，即使裸露在外的浮动膜使用寿命也可达30年。

第四章　养猪设备

知识目标

（1）了解各设备系统的组成、原理及使用方法。

（2）了解各设备系统相关生产标准。

技能目标

（1）能识读各种显示设备。

（2）能熟练操纵各种饲养、环控及管理设备。

生产标准引用

标准名称	参考单元
GB/T 17824.1—2008《规模猪场建设》	全部
GB/T 17824.3—2008《规模猪场环境参数及环境管理》	4
GB 18596—2001《畜禽养殖业污染物排放标准》	3.1、3.2
GB/T 8162—2008 结构用无缝钢管 GB/T 3091—2008 低压流体输送焊接钢管 GB/T 13793—2008 直缝电焊钢管 GB/T 21835—2008 焊接钢管尺寸及单位长度重量	部分
JB/T 10294—2001 湿帘降温装置	全部
JB/T 7985—2002《小型锅炉和常压热水锅炉技术条件》	部分
GA 868—2010《分水器和集水器》	全部
GB/T 8478—2008 铝合金门窗、GB/T 8484—2008 建筑外窗保温性能分级及检测方法	部分
GB 50015—2009《建筑给水排水设计规范》	部分
GB 50028—2006 城镇燃气设计规范	部分
GB 16410—2007 家用燃气灶具标准	5.1
GB/T 3606—2001 家用沼气灶	3.3

第一节　饲养设备

一、围栏设备

（一）围栏设备国家标准

在 GB/T 17824.1—2008 中有关于各类型猪栏的规格参数，如表 4－1 所示，可作参考。实际应用中由于饲养方式的不同，各猪栏的规格有较大差异。

表 4－1　猪栏基本参数　　　　（单位：mm）

猪栏种类	栏高	栏长	栏宽	栅格间隙
公猪栏	1 200	3 000～4 000	2 700～3 200	100
配种栏	1 200	3 000～4 000	2 700～3 200	100
空怀妊娠母猪栏	1 000	3 000～3 300	2 900～3 100	90
分娩栏	1 000	2 200～2 250	600～650	310～340
保育猪栏	700	1 900～2 200	1 700～1 900	55
生长育肥猪栏	900	3 000～3 300	2 900～3 100	85

注：分娩母猪栏的栅格间隙指上下间距，其他猪栏为左右间距

（注：摘自 GB/T 17824. 1—2008）

（二）围栏设备用材

1. 板材

一般为 PVC 或其他高分子材料，有个别位置可能用到不锈钢板。PVC 板材一般采用 PVC 层压板，属 PVC 硬板，质量执行标准为 GB/T 4454—1996，光滑质轻易清洗，耐腐蚀。围栏用 PVC 采用双层中空带骨架设计，用长 × 高 × 厚来表示其规格，如图 4－1 所示。

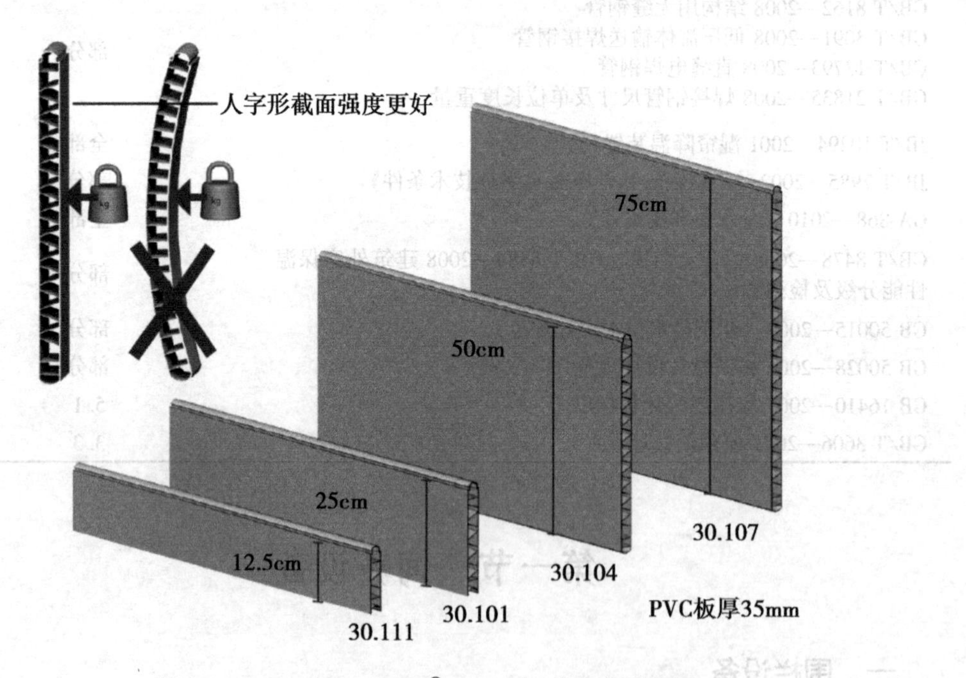

图 4－1　CLEAN-O-FLEX® PVC 板（青岛华牧供图）

2. 管材

一般使用镀锌无缝钢管，有圆管和方管之分，主要用来做围栏的骨架或栅栏。质量

执行标准为：

GB/T 8162—2008 结构用无缝钢管。

GB/T 3091—2008 低压流体输送焊接钢管。

GB/T 13793—2008 直缝电焊钢管。

GB/T 21835—2008 焊接钢管尺寸及单位长度重量。

使用热镀锌，禁用冷镀锌管，最好为整体热镀，镀层厚度不小于 80um。

圆形管材的规格主要用直径与厚度来确定。直径根据所属管材的材质不同，其意义也不一样，金属管道如钢管，铁管等所指的管直径是指内径，而 PE 管，PPR 管等都是指外径，标注上 DN 指内径，DE 指外径，我们常说的 4 分管，6 分管，1 寸管是英制的标准，4 分管是 G1/2（4/8）英寸的俗称，6 分管也就是 G3/4（6/8）的意思，常用管材对照尺寸，如表 4 - 2 所示。

表 4 - 2　常用管材英制与国标尺寸对照

统称（英制）	口径	外径（mm）	国标厚度（mm）	统称（英制）	口径	外径（mm）	国标厚度（mm）
4 分	DN15	22	2.75	2 吋	DN50	60	3.5
6 分	DN20	27	2.75	2.5 吋	DN65	76	3.75
1 吋	DN25	34	3.25	3 吋	DN80	89	4
1.2 吋	DN32	42	3.25	4 吋	DN100	114	4
1.5 吋	DN40	48	3.5	5 吋	DN125	140	4

方管较之圆管有四面，更方便用螺丝吃紧，也常用来做围栏骨架，如保育的 PVC 围栏骨架、产床前脚支架等。其规格主要由边长（A）与厚度（S）来确定，如表 4 - 3 所示。

表 4 - 3　常用无缝方形钢管的尺寸规格

基本尺寸 A	基本尺寸 S	截面面积 F/(cm^2)	理论质量 G/(kg/m)	惯性矩 Jx = Jy/(cm^4)	截面系数 Wx = Wy/(cm^3)
单位（mm）					
40	2.5	3.64	2.86	8.68	4.34
	3	4.29	3.37	9.98	4.99
	3.5	4.90	3.85	11.16	5.58
	4	5.49	4.31	12.21	6.11
	5	6.58	5.16	13.98	6.99
	6	7.55	5.93	15.34	7.67
50	4	7.09	5.56	25.56	10.22
	5	8.58	6.73	29.81	11.93
	6	9.95	7.81	33.35	13.34
	7	11.21	8.80	36.23	14.49
	8	12.35	9.70	38.51	15.41

3. 线材

镀锌圆钢，常用作围栏的栅栏，圆钢强度低，但塑性比其他钢筋强，且具有更好的光洁度。一般用直径表示其规格，如8mm、10mm、12mm等，镀层厚度不小于80um。

（三）漏缝地板

1. 水泥漏缝板

主要用于公母猪和育肥猪，其他猪只较少使用，在第三章中已经进行了介绍。

2. 铸铁地板

主要用于产床，也可用于保育栏与育肥栏。由球墨铸铁浇注成型，表面略粗糙可以防滑倒，中间有肋以增加强度，两边有咬口以方便固定于专用的地梁上（图4－2）。球墨铸铁地板强度高，较耐腐蚀，但热传导较塑料地板快，仔猪慎用。

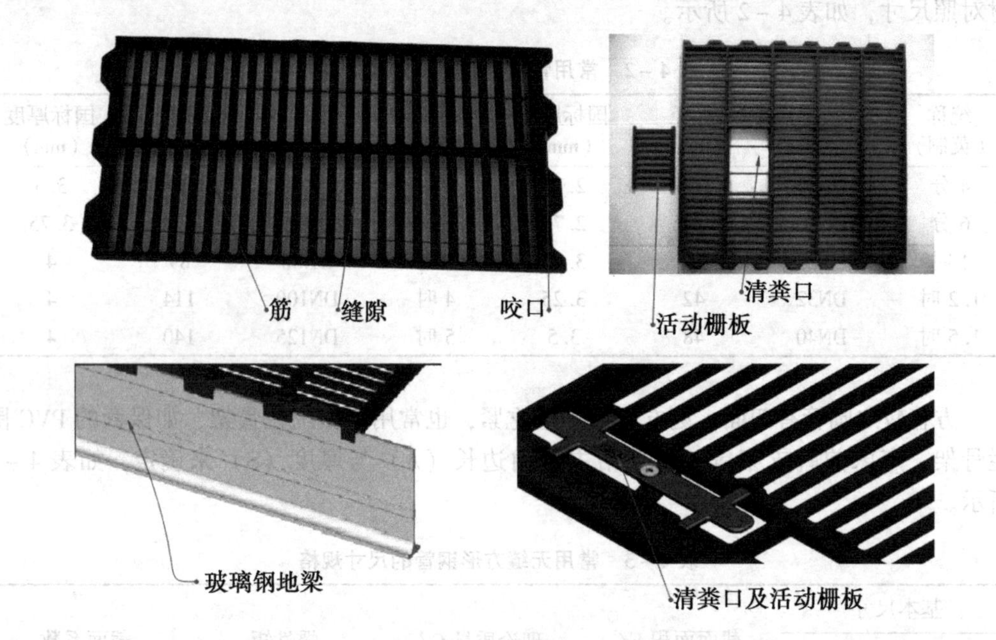

图4－2 铸铁地板构造

以下表4－4为用于整体铺设的铸铁地板的规格及标准重量。

表4－4 铸铁地板各种规格

产床		保育及育成栏		育肥栏	
筋10mm/缝隙10mm/清粪口40mm		筋12.5mm/缝隙12.5mm/清粪口40mm		筋30mm/缝隙30mm/清粪口40mm	
尺寸	重量	尺寸	重量	尺寸	重量
（80×40）cm	9.7kg	120×40cm	14.0kg	160×40cm	27.4kg
（90×40）cm	10.2kg	140×40cm	16.8kg	200×40cm	28.2kg
（100×40）cm	12.0kg	160×40cm	19.8kg		

（续表）

产床		保育及育成栏		育肥栏	
筋 10mm/缝隙 10mm/清粪口 40mm		筋 12.5mm/缝隙 12.5mm/清粪口 40mm		筋 30mm/缝隙 30mm/清粪口 40mm	
尺寸	重量	尺寸	重量	尺寸	重量
（110×40）cm	13.8kg	200×40cm	26.4kg		
（120×40）cm	14.2kg				
（140×40）cm	17.0kg				
（160×40）cm	20.0kg				

有的母猪产床在前端使用一块防肩伤铸铁地板，如图 4-3 所示。

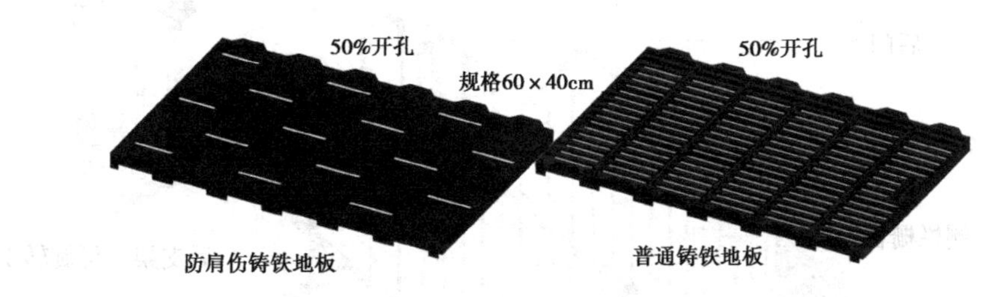

图 4-3　防肩伤铸铁地板

3. 塑料地板

结构与铸铁地板相似，强度比铸铁地板稍低，但不传热，对小猪有利，一般用于产床和保育栏。有（宽 20cm、60cm）×（长20cm、40cm、50cm）等规格。

（四）母猪限位栏

（1）主要部件。侧栏、前门（或前栏杆）、后门、安装支架，如图 4-4 所示。

（2）规格参数。可参考表 4-5。

表 4-5　限位栏主要部件规格参数

技术指标	规格参数
可以用长度	190～200cm/200～210cm（有的不可调）
高度	113.3cm
宽度	55～75cm（根据猪的品种调整，长大二元内空 60cm，大白 62cm 即可）
前支架柱子	40mm×40mm×4mm
后部支撑	25mm 实心圆钢
支架高度	前 15.8cm，后约 17.8cm（地面降坡后前后持平）
顶部镀锌管径	33.7mm×2.65mm
底部镀锌管径	33.7mm×2.65mm

（续表）

技术指标	规格参数
中部栅栏	12mm 实心圆钢
定位栏后门	33.7mm×2.65mm
材质	热镀锌
供水系统	1 吋（1 吋 =2.54cm）不锈钢管
进水管	1/2 吋不锈钢管、不锈钢乳头，两个定位栏共用一个饮水乳头
食槽	单体或通体食槽，304 以上不锈钢厚度≥1mm 或水泥聚合物制作

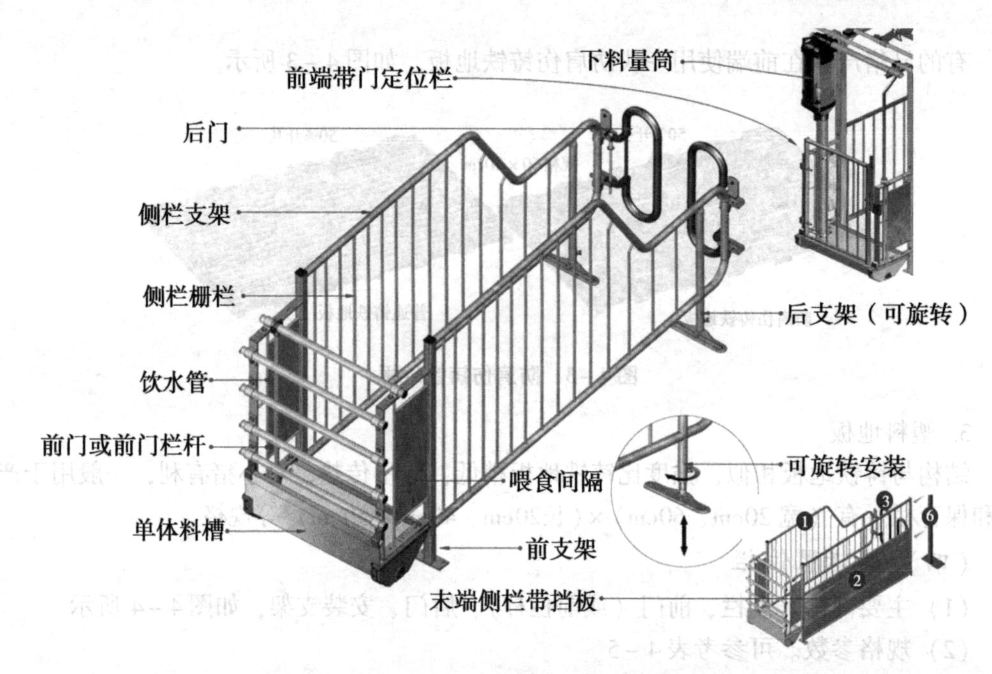

图 4－4　母猪限位栏各部件（青岛华牧供图）

（3）注意事项。

① 前面栏门用途不大，母猪驱赶时多喜欢退出，因此，前端直接用栏杆更合算。改为栏杆后，前端过道可以设计较窄，如 60cm，也可节约空间。

② 使用通体食槽比单体食槽成本更低，安装更加简捷，通体食槽配合水位控制器，猪只统一饮水，可以强制母猪吃干粉料，有利于充分咀嚼消化（当然也存在扬尘弊端），也不存在维护更换饮水器的问题（图 4－5）。

③ 门拴要尽量简单实用，要做防拱开设计，即使外面有其他猪也不可能拱开，如图 4－6 所示。

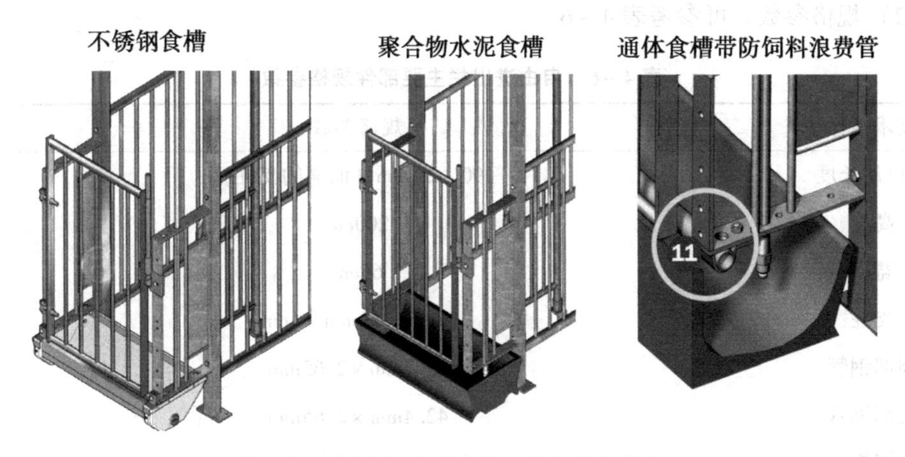

图 4-5　母猪限位栏食槽（青岛华牧供图）

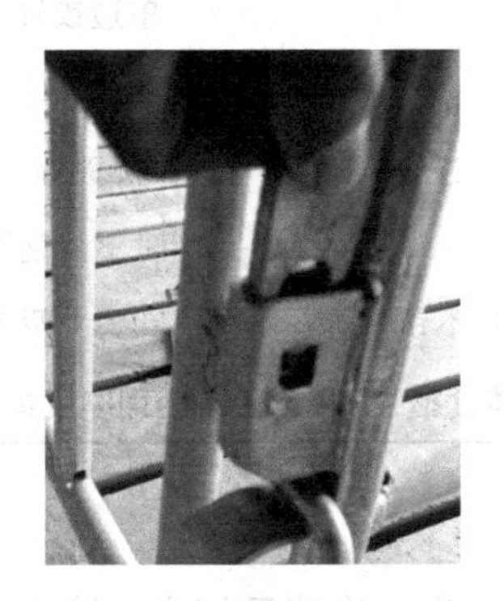

图 4-6　母猪限位栏门栓

（五）母猪自由进出栏

（1）主要部件。与限位栏相似，包括侧栏、前门（或前栏杆）、安装支架等，主要不同是配置了一个带自锁装置的活动后门，用于全程半限位饲养，如图 4-7 所示。

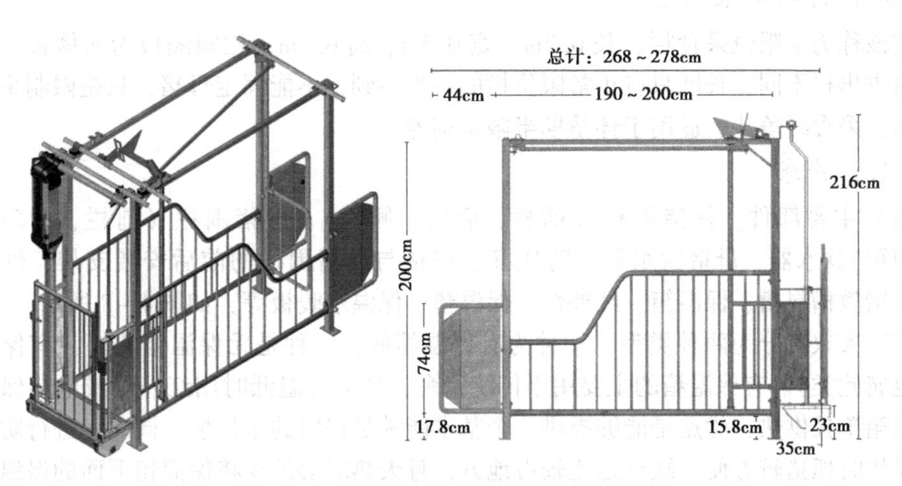

图 4-7　母猪自由进出栏（青岛华牧供图）

（2）规格参数。可参考表4－6。

表4－6　自由进出栏主要部件规格参数

技术指标	规格参数
可以用长度	190～200cm（前面的支柱）
高度	200cm
宽度	65cm
支柱	50mm×50mm×4mm
顶部钢管	33.7mm×2.65mm
底部钢管	42.4mm×2.65mm
栅栏	14mm实心圆钢
前后门	单边铰轴
自锁系统	2m高度
材质	热镀锌
供水系统	1吋不锈钢管
进水管	1/2吋不锈钢管、不锈钢乳头，两个定位栏共用一个进水管
食槽	单体食槽，304以上不锈钢厚度≥1mm或水泥聚合物制作

（3）注意事项。

① 后栏门可以由母猪自动开启，进猪后锁定，防止其他母猪干扰，但前面栏门不会自动开启，母猪只能自动退出。如个别母猪不会使用，应进行辅导训练。

② 母猪断奶后即可进入装配此设备的栏舍饲喂，栓上后门即可对母猪进行配种等操作。

（六）母猪半限位栏

应该称为半限位采食栏，长0.7m、宽0.5m、高0.8m，栏间隔板为实体板。与上述自由进出栏不同，长度只有正常限位栏的一半不到，不能固定母猪，只是限制采食槽位，防止采食时争斗，适用于怀孕期半限位饲养。

（七）产床

（1）主要部件。仔猪围栏（前栏、后门、侧栏）、母猪围栏（前栏、后门、侧栏）、仔猪饮水器、母猪饮水器、防压杆、仔猪与母猪围栏的前后安装支架、母猪料槽、仔猪教槽料槽、保温箱、红外灯、保温垫、保温水暖板等，如图4－8所示。

产床大致可分为两种类型，一种为有保温箱的，一种是无保温箱的（只有保温箱盖的也属此类）。有保温箱的主要用于传统猪舍，冬天舍温低时用红外灯或电热保温板为保温箱单独供热，优点是能够提供一个基本能满足仔猪的小环境，同时，进行防疫注射等操作时抓猪较方便；缺点是比较占地方，且天热时必须要将保温箱下面的保温板拆掉，否则，保温箱会成为小猪的排泄场所，极不卫生；还有就是如果保温箱温度适宜而

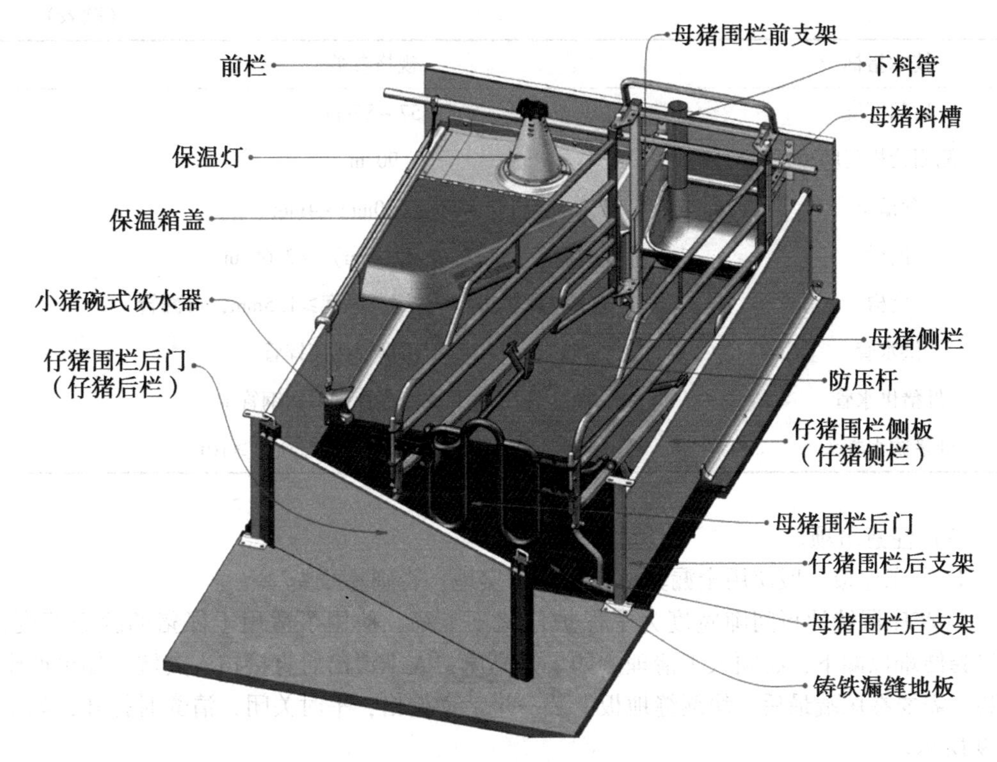

图4－8　产床各部件（青岛华牧供图）

外部较冷，仔猪因为怕冷会减少吃奶次数。

环控型猪舍一般使用无保温栏的产床，仔猪在出生后温度要求较高，可以用红外灯暖加地面铺设保温板或地水暖提高局部温度，1周后也可基本适应设定的环境温度，克服了有保温箱产床的不足。

（2）规格参数。各厂家差异较大，表4－7可供参考。

表4－7　产床主要部件规格参数

技术指标	规格参数
围栏长度	260cm、270cm
围栏宽度	160cm、170cm、180cm
围栏高度	50cm
U形包边	1.5mm不锈钢或镀锌钢
围板	35mm×500mm
小猪躺卧区宽度	80～90cm
小猪躺卧区面积	0.7～0.8m^2
产栏长度	200～210cm
前栏宽度	52～61cm

（续表）

技术指标	规格参数
后门宽度	57 ~ 85cm
侧面猪栏高度	90cm
食槽架	40mm × 40mm × 4mm
侧栏	（33.7cm、42.4cm） ×2.65cm
食槽	容量 21L，304 不锈钢，厚度≥1.5mm，可翻转
供水管	1 吋不锈钢管或镀锌管
母猪供水管	1/2 吋不锈钢水管，不锈钢管卡
母猪饮水乳头	不锈钢饮水乳头，流量每分钟≥10L

（3）注意事项。

① 产床地板一般使用全漏粪，尽量不留实地，否则易藏粪。

② 产床漏缝地板间隙宽度为了保护仔猪不卡蹄，使用了适用于仔猪的缝隙宽度，母猪粪便难以漏下，必须人工清理。如果是高床，人工清出后直接扫入粪坑，如果产床平装，需要在尾端最后一块漏缝地板上装一个活动栅格，平时关闭，清粪时打开，如图 4 –9 所示。

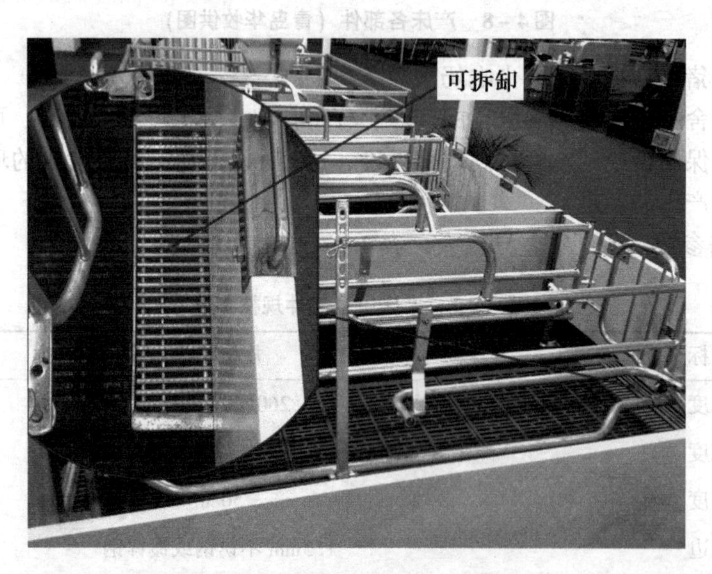

图 4 –9　平装产床配置活动栅格

③ 与限位栏相似，母猪赶离产床时也采用退出方式，产床前端不需要门，有的前面过道也不设置，母猪直接头对墙。因为省略了过道与前门，需要配置可翻转母猪食槽以方便清洗。

④ 产床的母猪围栏部分按其摆放角度有两种安装方式：正装与斜装（图 4 –10）。欧式产床斜装较多。斜装产床仔猪在一边活动哺乳，这一边空间较大，可以配置比较大

的保温盖板。正装仔猪在两边活动，某一边的空间较窄，如果设置保温盖板，则比较小。

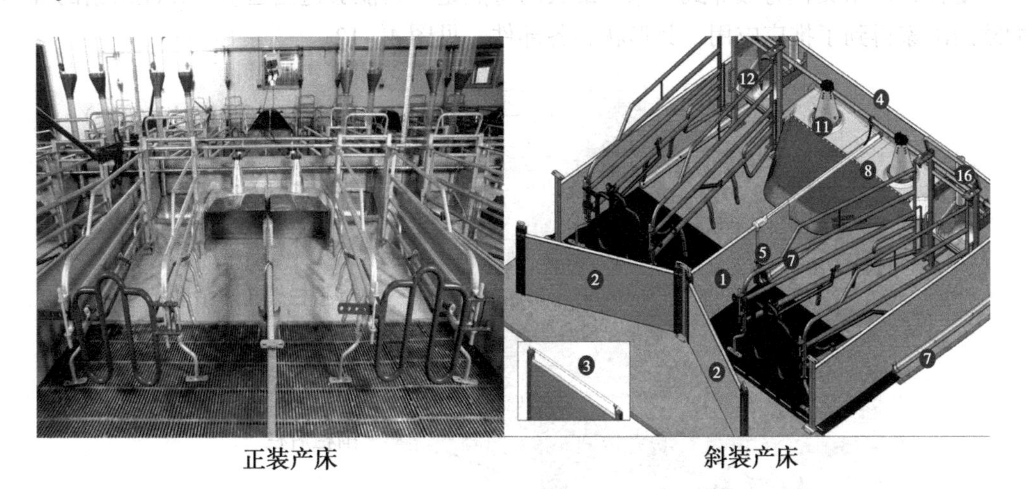

正装产床　　斜装产床

图 4－10　产床摆放方式

⑤ 产床的仔猪围栏部分可以使用金属栅栏或 PVC 围板，前者对母猪通风有利，后者对仔猪避免穿堂风（包括自然和炎热天气人工通风时产生的）有利，如图 4－11 所示。

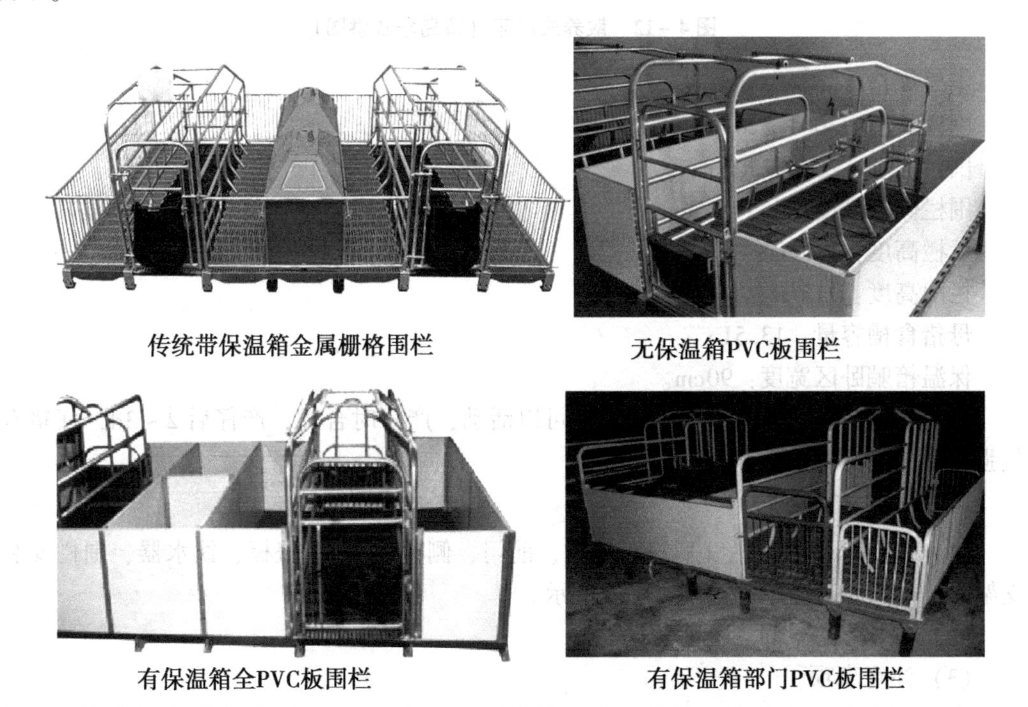

传统带保温箱金属栅格围栏　　无保温箱PVC板围栏

有保温箱全PVC板围栏　　有保温箱部门PVC板围栏

图 4－11　多种形式产床

一般来讲，传统有保温箱的产床仔猪用金属栅栏，环控型猪舍用围栏板较好，有的将仔猪 PVC 围栏的前 1/6 部分用金属栅栏代替，则仔猪与母猪都得到照顾。

(八) 复合式产床

复合式产床又称为散养式产床，最大的特点是母猪能够适当运动，在注重猪的福利的欧洲国家得到了推广应用，其形状和各部件，见图4-12。

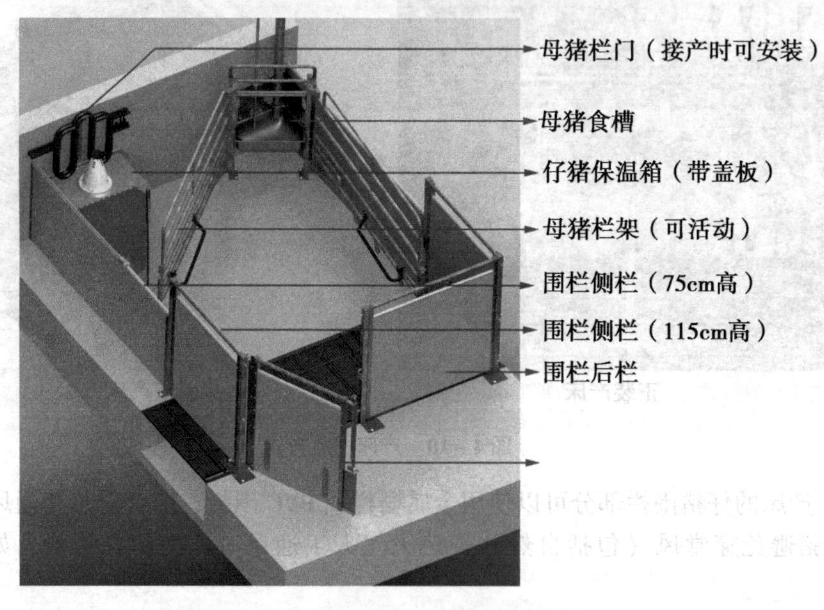

图4-12　散养式产床（青岛华牧供图）

主要规格。

围栏长度：300～320cm；

围栏宽度：200～230cm；

围栏侧栏高度：75～115cm；

后栏高度：115cm；

栏门高度：115cm；

母猪食槽容量：13.5L；

保温箱躺卧区宽度：90cm。

母猪栏架与前述产床基本相似，但可以活动，产仔时合拢，产仔后2～3d，仔猪有较强活动力时又可以打开。

(九) 保育栏

(1) 主要部件。围栏（后栏、前栏、前门、侧栏）、保温盖板、饮水器、围栏安装支架等，构造相对简单，如图4-13所示。

(2) 规格参数。可参看表4-8。

(3) 注意事项。

① 为了保持栏舍清洁，躺卧区应比漏粪区小，约占1/3，按经验躺卧区靠墙，漏粪区靠走廊更好，躺卧区最好设置地暖。

② 干湿料槽设置于漏粪区较好。

图 4－13　保育栏各部件（青岛华牧供图）

使用液态料的保育栏在食槽部位有少许区别，其他基本相同，如图 4－14 所示。

表 4－8　保育栏主要部件规格参数

PVC 板或 PVC 和栅栏组合		不锈钢栅栏	
高度	75cm、100cm	高度	75cm、100cm
长度（安装后）	最大 380cm	长度	最大 250cm
长度（未安装）	最大 500cm	立柱	35mm × 35mm × 1.5mm
U 形包边	1.5mm 不锈钢	外框结构	28mm × 1.5mm
PVC 板厚	35mm	内衬	19mm × 1.25mm
塑料塞子	包边开口处均配有相应的塞子	内衬管间距离	60mm、85mm
连接螺丝	双边圆头不锈钢螺丝		
保温盖板	外形圆角处理，厚度为 15mm 的 PVC 板 铰轴连接处有配套的密封橡胶		

（十）育肥栏

（1）主要部件。与保育栏相似，包括围栏（前栏、前门、侧栏）、饮水器、围栏安装支架等，如图 4－15 所示。

（2）规格参数。栏高 100cm，一般为长方形，如 3m × 5m、4m × 6m，栅栏间隙 85mm。单片栏板最大长度能达到 380cm，所有的设备应配有安装所需要的紧固件和地脚，长度在 250cm 以上栏板都要配有带地脚的加强支架。

（3）注意事项。

① 地板：华南地区宜采用全漏粪，其他应设置一定实地作躺卧区。

② 肥猪栏的面积：根据出栏猪大小和饲养数量决定，150kg 以上出栏，每头猪约占

图 4-14　液态料保育栏（青岛华牧供图）

图 4-15　育肥栏各部件（青岛华牧供图）

1.2m^2，150kg 以下出栏，大致按 1m^2/只估算面积，群体数量以 30 头以下为宜，自由采食，料槽几乎不占面积，如果其他形式，料槽可能要占据 1~2 头猪的位置。如果按一个保育栏转一个肥猪栏的方式转运猪群，则肥猪栏的面积按保育栏的饲喂头数计算。下面举例说明。

产房 1 单元 48 个栏（1 000头母猪规模，3 周断奶）→保育 1 单元 24 个栏，则每栏 2 窝，计 24 头→肥猪栏 1 单元 24 个栏，按 1m^2/只估算面积，则 4m×6m 规格较合适，如为双列式育肥舍，则每个单元规格为长：12×4=48m，宽 6×2+1=13m。

③ 围栏：可以使用砖墙或钢栅栏，传统和欧式钢栅栏一般使用垂直栅栏，栅栏间隙不能随着猪的生长而增宽，即不方便做成下窄上宽，必须适应最小的猪只的宽度。美式钢栅栏一般用横向栅栏，栅栏间隙从地面往上不断增宽，适合各阶段生长育肥猪，节

约用材，如图 4－16 所示。

图 4－16　美式育成育肥栏（摄自美神种猪场）

两种栅栏的间隙如下图 4－17 所示：

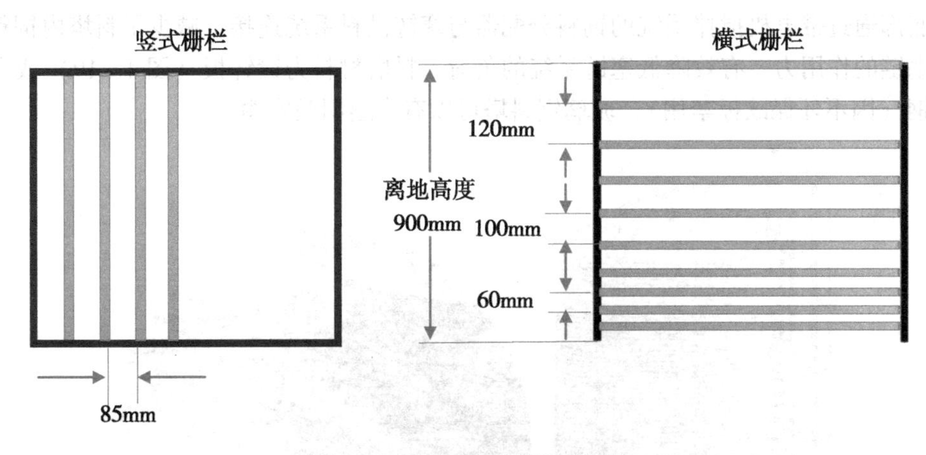

图 4－17　育成育肥栏栅栏间隙

与使用液态料的保育栏相似，使用液态料与使用固态料的肥猪栏不同之处也主要在食槽上，如图 4－18 所示。

二、给料设备

自动料线减少了猪生产过程中 50% 以上的劳动时间，也大大降低了劳动强度。就动力系统而言，固态料线相对复杂，但管理要求较低，因此，比液态料线的普及要广泛得多，下面主要以固态料线所包含的设备来叙述。

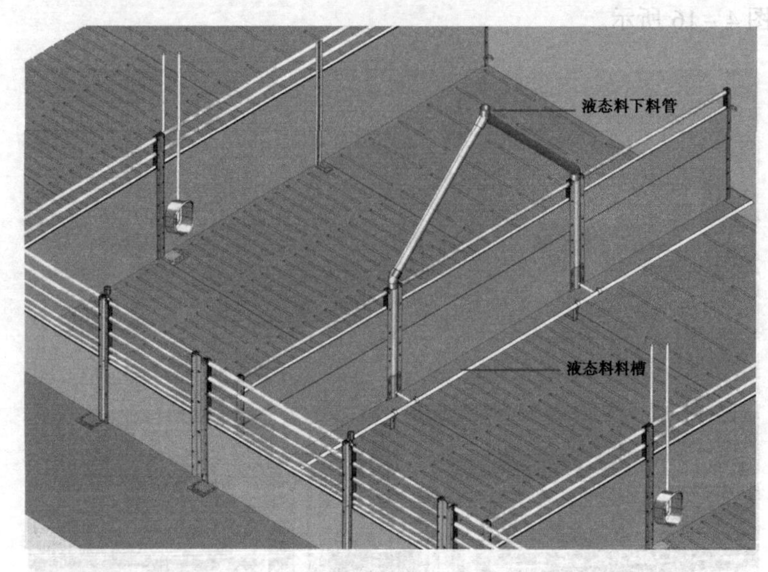

图 4－18　液态料育肥栏（青岛华牧供图）

（一）料塔

料塔分 3 部分：上椎、下椎、料塔波形板，板厚为不低于 1.2mm。立柱板厚为一般为 2.5mm。上下椎连接件板厚为 1.5mm。设有爬梯，塔盖可由下部连动装置开启，料塔底部通过带电机搅拌系统的饲料分配器与塞链供料系统连接，减少了料塔内饲料流动对塞链的作用力，有效降低塞链系统的负荷。料塔材料为镀锌板（图 4－19）或者用玻璃钢（因不环保欧标禁用），玻璃钢料塔可以有半透明观察窗。

图 4－19　料塔

常用料塔的规格参数，见表 4－9。

表4－9　料塔技术参数

型号	容积（m^3）	高度	直径	热镀锌层厚度（g/m^2）	料塔层数	支腿形式
3T	5.15	4.3	2.14	275	1	4立柱
5T	8.10	5.11	2.14	275	2	4立柱
8T	11.03	5.93	2.14	275	3	4立柱
10T	15.22	6.7	2.03	275	4	4立柱
13T	20.92	8.5	2.03	275	6	4立柱
15T	22.29	5.8	3.05	275	2	6立柱
18T	28.81	6.7	3.05	275	3	6立柱
20T	30.99	8.3	2.65	275	5	6立柱

（二）输料系统

输料系统负责将料输送到各饲喂点，由于智能化猪场各栏舍往往采用单元布局，如果用一根料线输送，转折很多，故障率增加，而且一旦一个位置出问题，会造成整个料线系统瘫痪。因此，一般会将料线输送系统分成两部分，一部分称为输料总线或室外料线，负责将料输送到各饲养单元，一般为直线输送，可以用绞龙，也可以用链盘；另一部分称为单元内部料线或室内料线，负责将料输送到各饲喂点，一般为转折循环输送，只能用链盘，如图4－20所示。

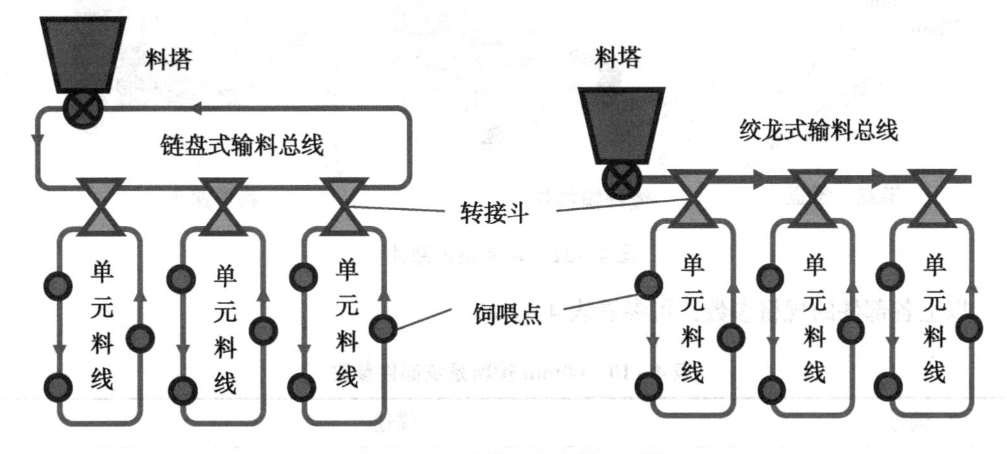

图4－20　总线式组合输料系统

输料系统由下料器、输料管、链盘或绞龙、转角轮、驱动器、料位感应器等构成（图4－21）。总线与单元料线之间还设有缓冲转接斗。

1. 下料器

分单线和双线器，又称饲料分配器，是整个料线的核心部分，能够均匀的分配饲料，对于维护设备稳定，保证料线的正常运行，使用寿命方面起了至关重要的作用。

2. 输料管

镀锌或PVC管，外径一般为60mm。

3. 链盘或绞龙

输料管内带动饲料用，前者用于室内输送，后者一般用于室外直线输送。

4. 转角轮

料线转折时用，300m 料线 12 个转角，每加一个转角减 10m 料线，每个驱动器最多带 24 个转角。

5. 驱动器

为绞龙和链盘在系统中拉动提供动力。

6. 料位感应器

为驱动器自动运转提供控制信号，通常安装在最后一个出料口后面的料管上。

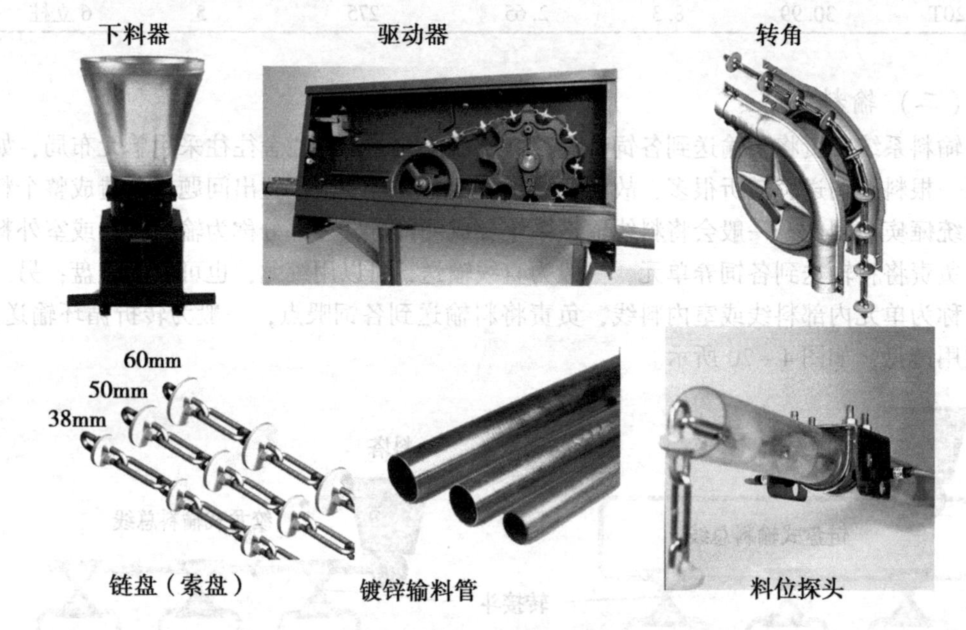

图 4－21　输料系统部件

以上各部件的规格参数，可参看表 4－10。

表 4－10　60mm 输料系统部件参数

编号	描述
84.900	驱动器，粉末喷涂（或不锈钢）380v，1.5kW
84.222	饲料分配器，粉末喷涂
86.187	转角，规格 60mm
86.092	输料管，6m 长镀锌 60mm 管
86.076	铰链，包含连接扣
85.027	紧固轮，60mm 管
	零部件
86.100	料管连接管箍
86.029	铰链连接扣

（续表）

编号	描述
86.239	转角的转珠和轮
86.265	滚珠轴承
85.040	饲料分配器防雨罩
86.242	驱动器防雨罩

（三）下料装置和喂料器

1. 下料装置

下料装置包括下料配量器、下料三通、下料管等，负责将料落到食槽中，一般为塑料制品，限位栏下料管下部一般用镀锌管；下料配量器用于母猪的定时定量饲喂，容量一般为8L，通过拉索（球式）或拉杆（翻板式）控制放料（图4－22）。

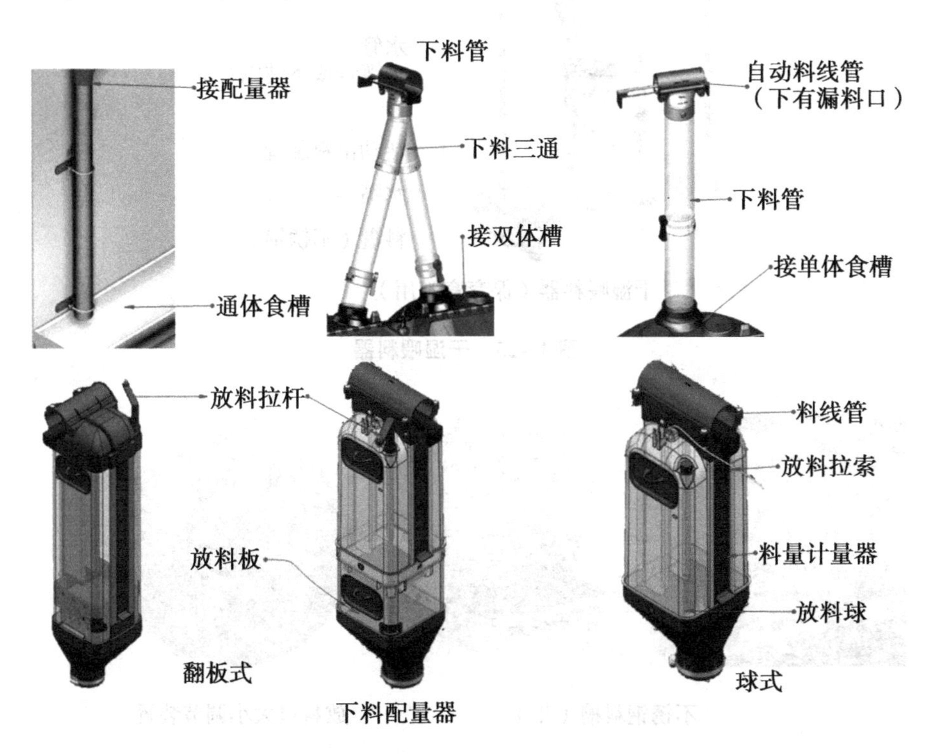

图4－22　下料管及下料配量器（青岛华牧供图）

2. 干湿喂料器

喂料器形式多样，有的喂料器与饮水器组合做成干湿喂料器，猪只在吃料时可以将料与水进行适当混合，能够避免粉尘提高采食量，主要用于保育与育肥猪，如图4－23所示。

3. 干式喂料器

除干湿喂料器外还有多种形式的其他料槽，有的用不锈钢制作（图4－24），也有用复合的混凝土制作（图4－25），简单实用抗腐蚀。各厂家生产的料槽在形状规格上均有一些差异，以表4－11的参数可以参考。

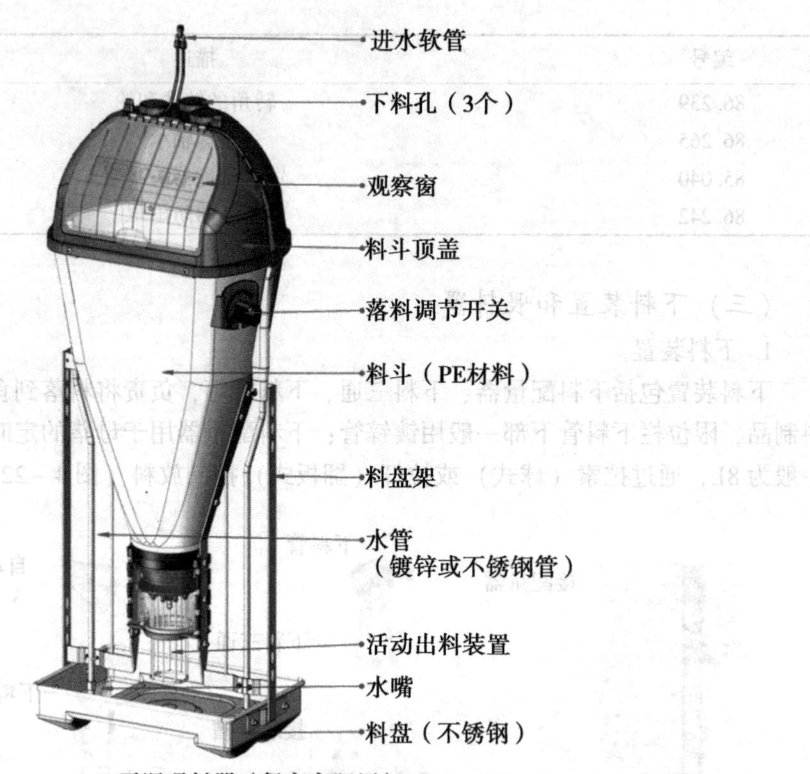

干湿喂料器（保育育肥用）

图 4－23　干湿喂料器

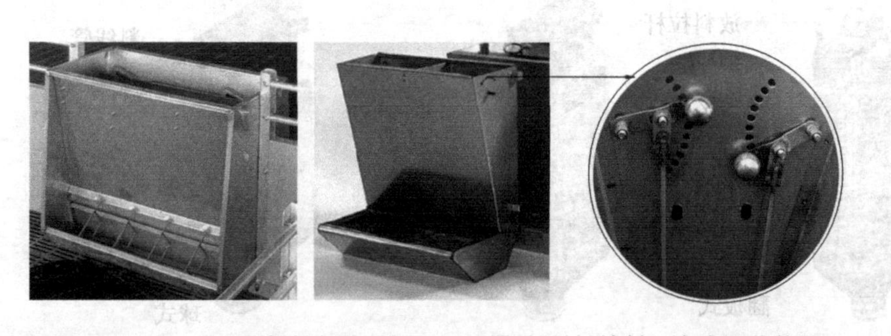

不锈钢料槽（斗）　　放料口大小调节装置

图 4－24　不锈钢料槽

表 4－11　不锈钢食槽规格参考

货号	描述	每米的容积	高度	上面的宽度	下面的宽度
96.084	适用于前面是栅栏的限位栏	32.5L	14.3cm	32.5cm	11.5cm
96.085	适用于前开门的限位栏	32.5L	14.3cm	32.5cm	11.5cm
96.102	双面食槽，用于育成猪，育肥和后备母猪	49L	14.5cm	49.7cm	20cm
96.108	单面食槽，用于育成猪，育肥和后备母猪	24.5L	14.5cm	24cm	7cm
96.105	双面食槽，用于保育	38L	12cm	43cm	20cm
96.112	单面食槽，用于保育	16L	12cm	20cm	6cm

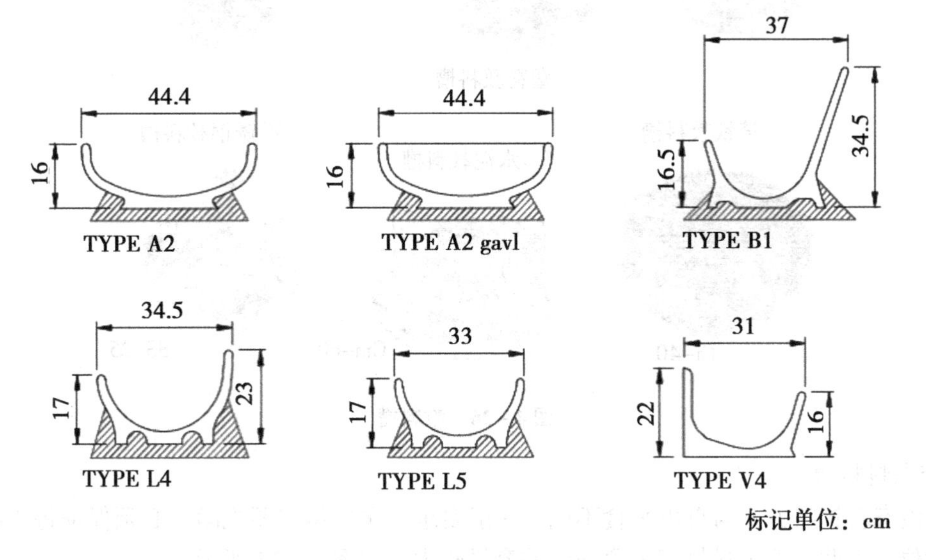

图 4－25　水泥料槽形状规格参考（青岛华牧供图）

4. 教料槽

主要用于仔猪的诱饲，以铸铁、不锈钢或塑料制成（图 4－26），一般通过弹簧挂扣在产床地板上，或者利用自身重量，让仔猪不容易翻倒，如铸铁槽可直接放置在地板上。

以上教料槽规格，见表 4－12。

表 4－12　规格参考

货号	描述	容量
90.011	仔猪塑料教料槽	5L
90.012	小塑料教料槽，包含螺栓、螺母和支架	1 L
96.061	塑料教料槽，用于喂奶和干料，直径 25cm，易固定在地板上	1.5 L
96.063	同上，直径 39cm	4.5 L

(续表)

货号	描述	容量
SS-25	直径25cm，不锈钢	1.5 L
Ci-40	直径40cm，铸铁，适合哺乳期较长或断奶后留栏的较大仔猪	5 L
Cm-60	同上，直径55～60cm，水泥	6 L

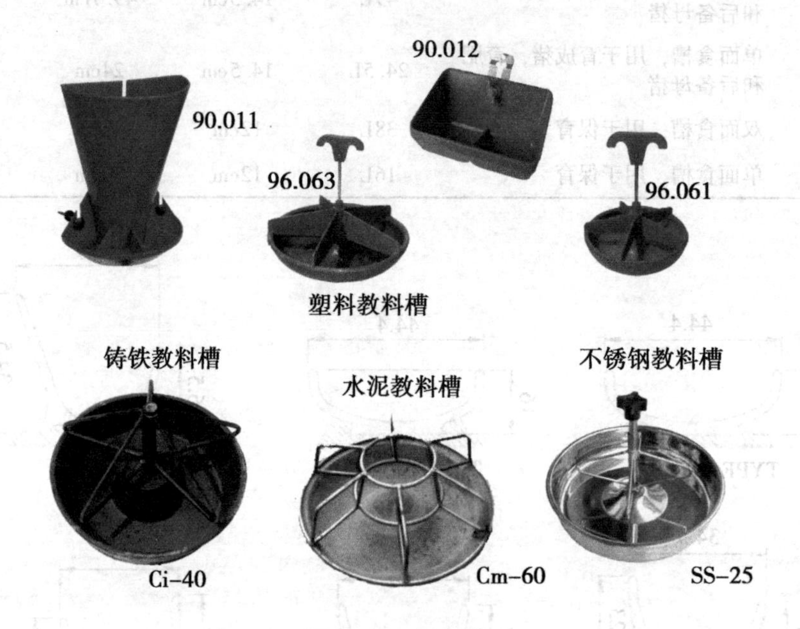

图4－26　教料槽

5. 液态料料槽

液态料饲喂方式与自由采食不同，一般要求一次放料需要吃净，必须保证每头猪有采食位，因此，液态料料槽采食部位的容量较大，如图4－27所示。

各阶段猪液态料料槽的规格，可参看表4－13。

表4－13　液态料料槽规格参数

适用类型	保育猪	育成及育肥猪	后备母猪
食槽长度（cm）	118～600	150～600	150～600
隔板离地高度（cm）	75	100	115
食槽宽度（cm）	43	48	48
食槽高度（cm）	12	14.4	14.4
容量（L/m）	38	49	49

6. 终端混合液态料饲喂器

与干湿料槽相似，但采用了机械研磨，有更好的均匀度，并引入了智能控制，如料位控制、放料时间控制、浆料温度控制等。这个不需要液态料线支持，可与固态料线结合，也可手工加料，特别适合饲喂转入保育舍的断奶仔猪。每台饲喂规模不超过40头。

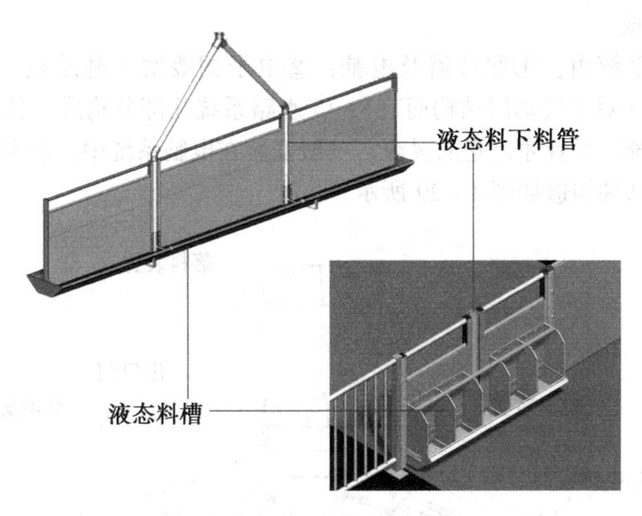

图 4－27 液态料料槽

其结构如图 4－28 所示。

图 4－28 HHIS-仔猪液态料饲喂器（河南河顺供图）

（四）智能饲喂站

1. 智能化母猪电子饲喂站（ESF）

该设备的关键作用就是可以针对每头猪按设定的饲喂曲线控制下料量，实现精确饲喂，避免了人为饲养的随意性，能够很好地控制母猪的膘情，增加母猪的运动量。

（1）设备构成。

电子饲喂站系统由：①服务器及电脑；②电子饲喂站（基站）；③电路及通信系统；④气路系统（对于气动门结构而言）；⑤水路系统几部分构成。核心部件为饲喂站和配套的软件系统，后者才是它的灵魂，一般安装在电脑系统中，前者只是一个执行的机电设备，具体部件构造如图 4－29 所示。

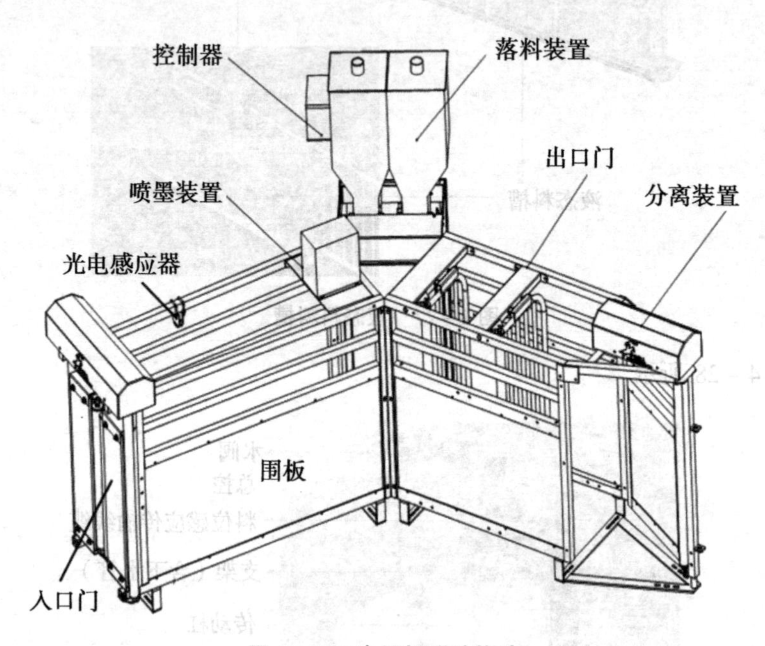

图 4－29　电子饲喂站构造

（2）工作过程。

① 耳标配备：需要给每头母猪打上 RFID 电子耳标，耳标内存有唯一标志号码，与母猪一一对应，相当于母猪的“身份证”；

② 母猪进站：饲喂开始入口门自动开启，母猪进入饲喂站，安装在走道侧壁上的光电传感器感应到母猪后，关闭入口门，直到饲喂完成才能开启，其他的猪只能等待；

③ 耳标识别：食槽处配置有感应器，系统对进入站内的佩戴了 RFID 射频耳标的猪只进行自动识别，如母猪耳标脱落则会进行记录，并通知管理者进行处理，但会拒绝给该母猪放料，即母猪如果没有耳标，相当于没有“身份证”，会处于挨饿状态；

④ 精确下料：获取母猪的身份信息并进行处理信息后，开始投料（50～100g/次），间断性地分多次投完 1d 的料，1d 内母猪可以多次进入，但饲喂总量不变；

⑤ 称重及数据记录：对进入的母猪进行称重，并对进食时刻、进食用时、进食量进行记录，主机管理系统能够根据这些反馈的数据修正饲喂量；

⑥ 母猪出站：母猪进食完成，通过双重退出门退出，饲喂过程结束，入口门自动开启，允许其他猪只进入；

⑦ 异常处理：针对出现异常的母猪，例如，临产、发情、生病、需要注射疫苗的母猪，可进行喷墨或者分离处理（需要装配分离门）。

（3）主要厂商。

国外厂商：

德国 Mannebeck － InterMAC 系统；

荷兰 Nedap － Velos 系统；

美国 Osborne － Team 系统；

大荷兰人 CallMatic2；

谷瑞 APSchauer；

丹麦 Skiold-ESF；

奥地利 Schruer – Compident 系统。

国内厂商：

上海或河南河顺 － HHIS；

深圳润农；

四川通威；

广东广兴。

（4）技术参数。见表 4 – 14。

表 4 – 14 母猪电子饲喂站系统技术参数

序号	设备名称	主要技术参数
1	荷兰 NedapVelos 智能化母猪电子饲喂站系统	钢材按照欧盟标准 EN10025-2III 和 EN10210/10219-1/2， 热镀锌按照欧盟标准 ENISO1461 不锈钢材料为 AISI304（美国钢铁学会标准） 独立饲喂站（带出口）： 入口宽度 58cm，总长 3. 36m，总宽 1. 76m. 托盘包装尺寸，长 2. 4m，宽 0. 7m，高 1. 75m，重 400kg. 工作环境： 温度：－10℃ ~ +45℃ 湿度：最高 45℃/93% 防护等级：IP65 供电：230 或 110 伏 输入电压（使用 Nedap 适配器）：24 ~ 28 伏 VDC（6A） 供水：管内径 25mm，最小压力 1. 5Pa 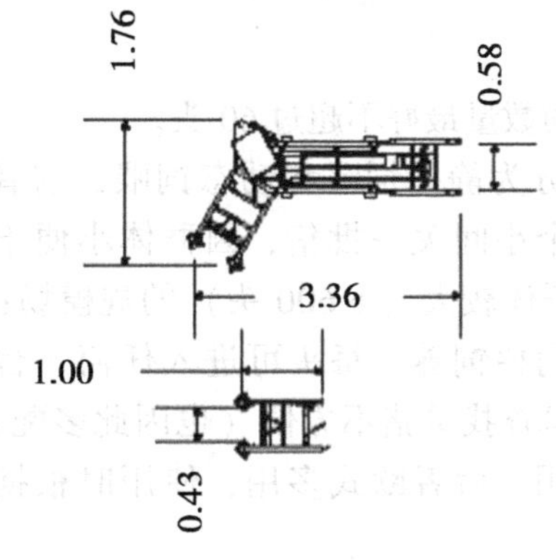

（续表）

序号	设备名称	主要技术参数
1	荷兰 NedapVelos 智能化母猪电子饲喂站系统	Velos 系统数据处理器（VPU）基于 IP 网络设计，用于数据的存储和处理 一套系统可以由不限量的 VPU 组成，每台 VPU 最多可以同时带 16 台 ESF 工作，可以无限量增加 VPU 数量 一台饲喂站每次只能允许一头母猪采食，最多可以饲喂 65 头母猪，猪栏面积 1.8～2m^2/头，通过 RFID 无线射频识别信号来饲喂妊娠母猪，做到定量饲喂。
2	深圳市润农科技有限公司母猪电子饲喂站系统	1. 型号名称：9ZMQ-50 2. 外形尺寸：3 100mm×1 920mm×1 865mm 3. 饲料种类：≤2 种 4. 每个饲喂站群养母猪能力：≤50 头 5. 每次投料量：60～120g 6. 每次投料计量精度：±10g 7. 识别装置识别距离：≤400mm 8. 识别装置识别率：≥99% 9. 中央控制单元的数量：≥1 个 10. 每个中央控制单元控制点的总和：≤16 个 11. 群养系统功率：≤500w 12. 电源电压：24VDC±5%
3	奥地利 Schruer 公司的 Compident 母猪智能化管理系统	1. 每台饲喂站可饲喂 60～85 头母猪。 2. 母猪重量在 130～300kg。 3. 单台饲喂站的耗气量：大约 15L/min 4. 气缸操作最大压力：6bar 5. 食槽进水管压力：（3±0.5）Pa 6. 食槽进水流量：5L/min 7. 颗粒饲料的要求：达到直径 4mm，长度 25mm 8. 140L 料箱一次下料：大约 100g/hub 9. 20L 或 70 辅助料箱：大约 2kg/min 10. 6L 添加剂料箱：大约 0.6kg/min

注：以上参数分别由上海睿保乐、深圳润农、北京京鹏提供

（5）注意事项。

① 一台饲喂站饲喂母猪的数量最好不超过 60 头。

② 饲喂站的饲喂方式可分为静态饲喂和动态饲喂，前者是将栏舍分成小间，一个小间只放一台饲喂站，每个小间关一批猪，因群体小便于查找母猪，但必须严格按周生产全进全出，适合于群体较大（>600 头）的规模场；后者一个大舍不分小间配多台饲喂站，各阶段母猪同栏饲养，每头可进入任何一台饲喂站进食，不要求全进全出，可以减少劳动量，但查找母猪不方便（也因此多配置分离门），需要更高的管理水平。前者美式猪场多用，后者欧式多用，使用时根据实际情况选择，目前国内以静态饲喂居多。

③ 饲喂站分机械门和气动门，有的可以根据客户喜好选用，各有优缺点，气动门需要配备空压机和压缩空气输送管，稍显复杂。

④ 容易受到雷击一直是饲喂站面临的棘手问题，安装时必须做好避雷设计，室外信号线最好埋地尽量不架空走线，尽量使用屏蔽线。电源总控加装绝缘变压器也能有效防止雷电冲击。

⑤ 要考虑好故障应急处理方案，保证易损部件的备用件。

⑥ 厂家对异常的快速处置能力也是采购设备时重点考虑的因素，厂家必须提供详尽的人员培训方案和售后服务承诺。

⑦ 母猪训练至关重要。许多猪场缺乏后备母猪的训练经验和方法，导致智能饲喂站无法达到预期效果。后备母猪在第一次人工授精前就应接受训练，至少应在简单训练站内接受2～4周的训练，然后再转入正常的智能饲喂站内继续接受2～4周的训练，在完成所有训练后再进行配种，转入大群内饲养。为了训练母猪的方便，一般都需要配备简单版的训练站，如图4－30所示。

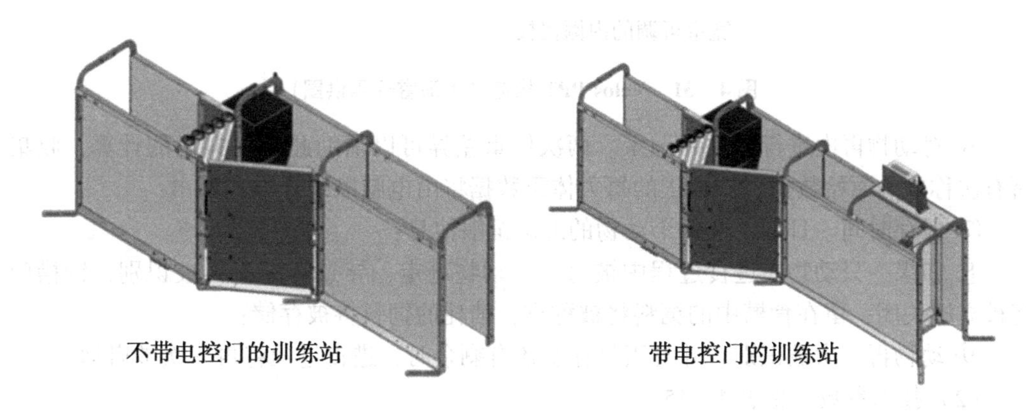

图4－30　母猪训练站（斯高德供图）

电控门说明：可手动设置为恒开，这时相当于不带门的训练站；也可自动，当猪位于传感器下方，后门经过设置的延迟时间后会关闭。经过设置好的延迟时间后，后门将会再次开放。

2. 生长性能测定站（PPT）

生长性能测定站简称为测定站，主要用来检测生长育肥猪的生长性能，反映父母代种猪后代的生长性能，为种猪的选育选配提供依据，也可以进行饲料、药物等的生长试验。测定站实际上是母猪饲喂站保留其称重和采食记录部分的简化版，即只对每头猪的采食进行记录，多数情况下并不进行定量控制，因此，结构与功能相对简单（图4－31）。

（1）工作过程。

① 当日粮还存在时，饲喂会被激活，在饲料槽上方的挡板开口处，动物将被识别；

② 如果被识别，将对动物进行称重并记录；

③ 料槽挡板开口将开启，动物可以接触到饲料；

④ 在进食期间，料槽与称重计分离，以免损坏称重传感器；

⑤ 进食结束后，料槽挡板关闭（由传感器控制），料槽回到称重计上称量饲料余下重量。

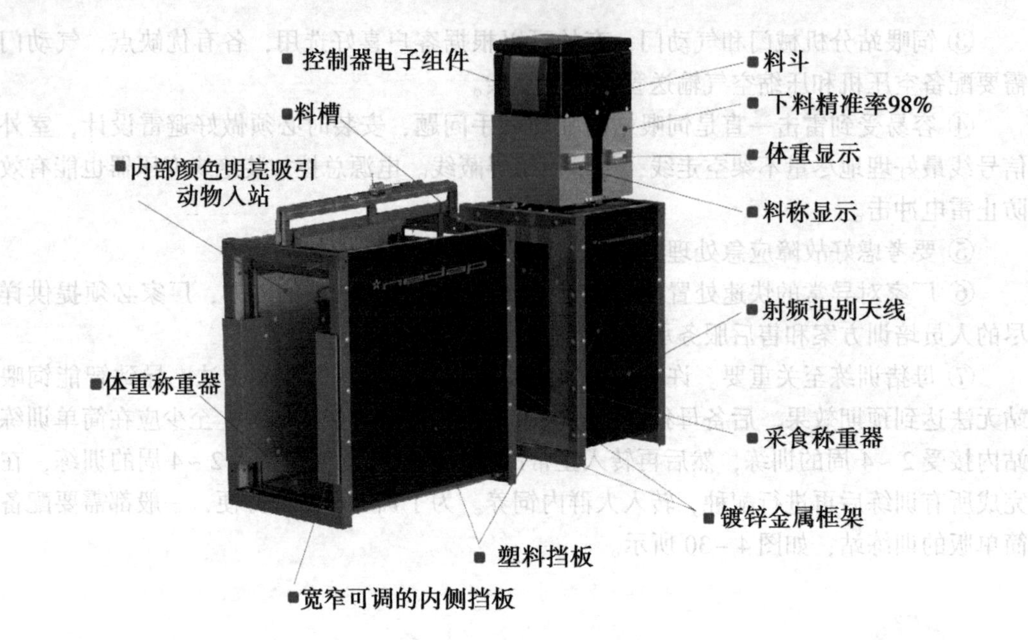

图 4－31　Velos PPT 构造（上海睿保乐供图）

⑥ 对动物再次进行称重并记录。两次体重差异可以辅助此次耗料量的计算，收集所有次称重的原始数据后，真正的每天体重数据将由电脑以统计方式算出；

⑦ 保存时间、日期以及每个动物的准确饲喂信息；

⑧ 如果一只动物在进食过程中被另一只动物赶走，导致耳标不再被识别，饲槽门将被立即关闭，留在食槽中的饲料将被称重，消耗的饲料将被存储；

⑨ 动物再一次被识别、并且当日存量还有剩余时，进食过程将再一次被启动。

（2）技术参数。见表 4－15。

表 4－15　Velos 与润农测定站系统技术参数

序号	设备名称	主要技术参数
1	NedapVelos 种猪性能测定站系统	型号规格：1 677cm × 687cm × 1 803mm（长 × 宽 × 高） Velos 产品工作电压：220V 整机功率：80W 设备寿命：15～20 年 猪场测定数据：备份电脑 饲料称精确度：1.8 克最大载重量 20kg 体重秤准确度：18 克最大载重量 400kg D1 精确等级：OIMLR60 IP68 防护等级：N60529 电子耳标识别率 100%，感应距离 20～25cm Velos 系统数据处理器（VPU）基于 IP 网络设计，用于数据的存储和处理 一套系统可以由不限量的 VPU 组成，每台 VPU 最多可以同时带 12 台 PP 工作，可以无限量增加 VPU 数量 一台种猪测定站最多同时测量 15 头猪（体重在 15～400kg），猪栏面积 0.8～1m²/头，通过 RFID 无线射频识别信号计算猪的采食量，增重及生长趋势图

（续表）

序号	设备名称	主要技术参数
1	NedapVelos 种猪性能测定站系统	PPT 种猪测定系统还配备了准确率高达 98% 的饲料下料系统，精确度超过 99% 的采食量记录系统，误差为 0.1kg 的体重记录系统 测定站一次允许一头猪进入进行采食，测定站内挡板可以根据测定猪的体重增长相应进行调试，保证猪体重的测量准确性，猪进入测定站，系统自动识别其耳号 ID，记录对应猪的体重，采食量及逗留时间
2	深圳市润农科技有限公司肥猪生长性能测定站系统	型号名称：9ZXC-240 测定站尺寸：1 892mm × 755mm × 1 642mm 体重测量范围：30 ~ 170kg 每个测定站群养测定能力：≤15 头 饲料测定偏差：≤ ±5g 体重测定偏差率：≤ ±1% 给料装置正确率：≥99% 识别装置识别距离：≤150mm 识别装置识别率：≥99% 每个系统控制单元控制点的总和：≤240 个 每个测定站功率：≤80w 电源电压：24VDC ±5%

注：以上参数分别由上海睿保乐和深圳润农提供

3. 发情检测站

一种电子查情系统设备，其主要原理是将检测站置于待配母猪栏中，在站内关一头试情公猪，封闭起来，只通过嗅洞与母猪接触（图 4 – 32），发情母猪会追寻公猪气味通过嗅洞与公猪接触，从而被系统记录下来，系统可以根据接触次数再参考采食量等指标，判定母猪是否发情。由于发情行为比较复杂，个体差异较大，准确率比不上人工判断，实际生产中应用普及率不高。生产中可以以人工查情为主再辅以电子查情，以便于发现隐性发情的母猪。

图 4 – 32　发情检测站（深圳润农供图）

三、供水设备

（一）水线

按功能和布局位置可大致分为取水管路、输配水管路、各栏舍用水管路3部分。对于最大日用水量500m³的养殖场，取水管路DN100～125，输配水管路DN150～200应该够用，各栏舍用水管路包括主水路、过渡水路、分支水路、下水口等几部分，适用管径主水路DN40～50、过渡水路DN32、分支水路DN25、下水口DN15。水管管材多数使用PE管、PPR管或镀锌钢管，原则上保证动物充足舒服地饮水。可参看GB 50013—2006《室外给水设计规范》和GB 50015—2009《建筑给水排水设计规范》。

（二）饮水器

1. 鸭嘴式饮水器

鸭嘴式饮水器以前各阶段猪均使用，现在多用于大猪如肥育猪等，其他情况使用水碗，鸭嘴式饮水器由阀体、阀杆和弹簧等构成，材质多为不锈钢，其结构可参看图4－33。

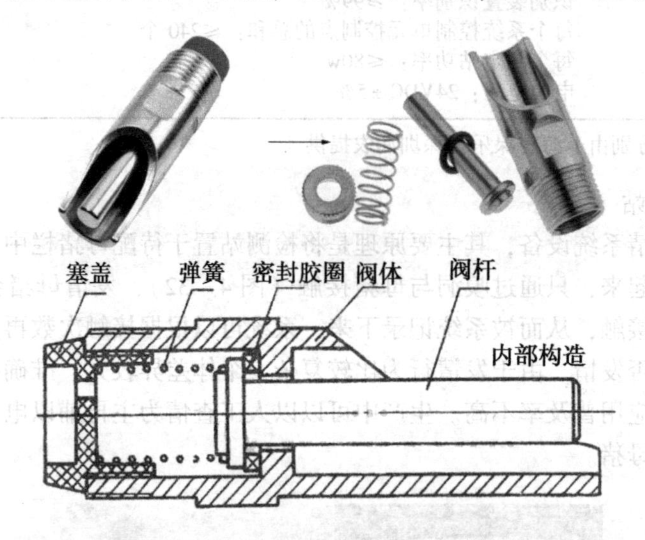

图4－33　鸭嘴式饮水器及其构造

各阶段猪的身高与饮水量不同，因此，饮水器的安装高度与要求的流速不一样，可参见表4－16。

表4－16　自动饮水器的水流速度和安装高度

适用猪群	水流速度（mL/min）	安装高度（mm）
成年公猪、空怀妊娠母猪、哺乳母猪	2 000～2 500	600
哺乳仔猪	300～800	120
保育猪	800～1 300	280
生长育肥猪	1 300～2 000	380

注：摘自GB/T 17824.1—2008：表10

生产中要特别注意使用干料饲喂的哺乳母猪饮水器的流速，可以用按压饮水器1min看流出水量大小来测定，如果不足，在排除饮水器自身原因后应考虑适当增加水压。

2. 水碗

水碗形式的饮水器可以节约用水，特别是配合饮水加药时具有明显优势。水碗由不锈钢碗和内部的按压式水嘴构成，为防止割伤，碗边应作卷边设计（图4－34）。

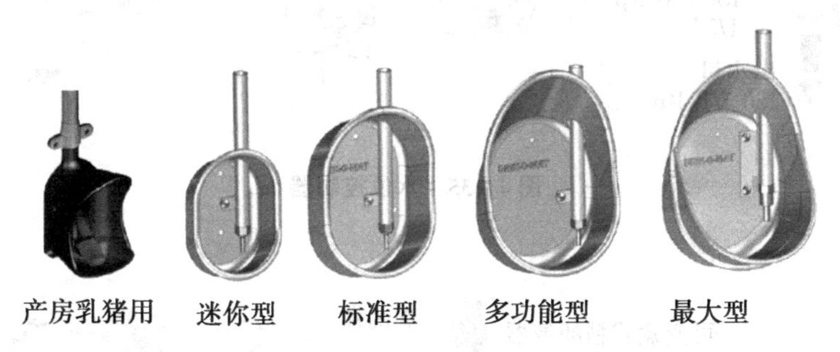

图4－34　水碗

以上各水碗的安装高度，可参见表4－17。

表4－17　水碗的安装高度

描述	适用对象	猪头数	安装高度
产床用饮水碗	仔猪	1窝	5cm
迷你型	保育猪	30	12cm
标准型	育肥猪	30	25cm
多功能型	育成猪和后备母猪	30头保育猪 20头育肥猪 10头母猪	12cm 12cm 35cm
最大型	母猪	10	35cm

说明：安装高度是指从地板到水碗卷边最底部，饮水碗安装在32mm。供水管的配件含：32-1/2”-32mm三通、8mm-1/2”连接头2个、8mmPE管2.3m

（三）水位控制器

通体食槽等可能会用到水位控制器，以便猪只随时能够充足饮水，如图4－35所示。

（四）加药器

产房与保育舍可能会用到饮水给药，现市面上有专用的加药装置，集减压、过滤、混合于一体，使用方便，如图4－36所示。

四、饲料加工及其配套设备

饲料加工工艺主要包括原料接收与初清、粉碎、配料混合、打包四个工段，包含的主要设备有粉碎机、混料机、提升机、输送机、配料仓、配料称、料位器、喂料器、风机、除尘器等，核心设备为粉碎机和混料机。

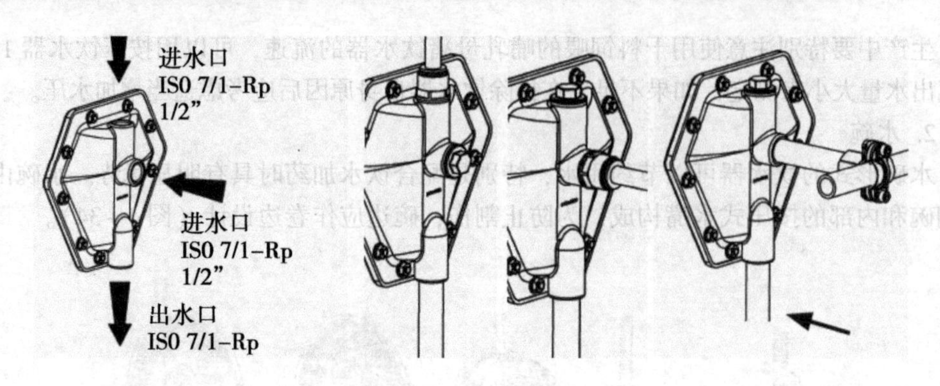

图 4-35　水位控制器

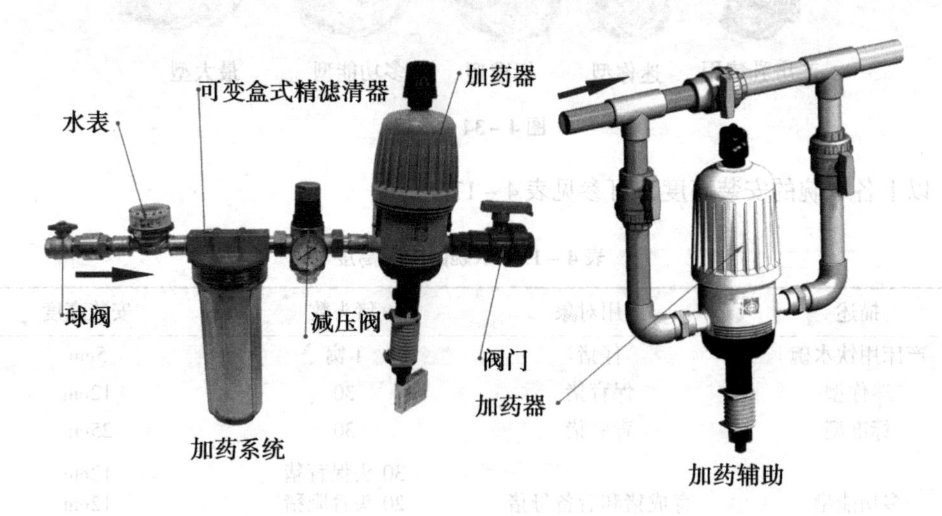

图 4-36　加药装置

（一）饲料粉碎机

1. 粉碎机的分类

（1）对辊式粉碎机。该机是一种利用一对作相对旋转的圆柱体磨辊来锯切、研磨调料的机械，具有生产率高、功率低、调节方便等优点，多用于小麦制粉业。在饲料加工行业，一般用于二次粉碎作业的第一道工序。

（2）锤片式粉碎机。该机是一种利用高速旋转的锤片来击碎饲料的机械。它具有结构简单、通用性强、生产率高和使用安全等特点，常用的有 9F-45 型、9FQ-50 型和 9FQ-50B 型等；养猪场主要被粉碎的原料是玉米，多使用此类型粉碎机，其形态构造如图 4-37 所示。

（3）齿爪式粉碎机。该机是一种利用高速旋转的齿爪来击碎饲料的机械，具有体积小、重量轻、产品粒度细、工作转速高等优点。

2. 饲料粉碎机的选择

（1）根据粉碎原料选型。粉碎谷物饲料为主的，可选择顶部进料的锤片式粉碎机；粉碎糠麸谷麦类饲料为主的，可选择爪式粉碎机；若是要求通用性好，如以粉碎谷物为

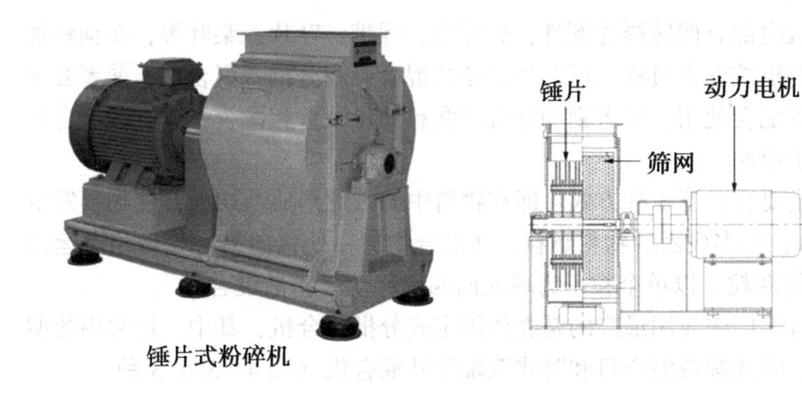

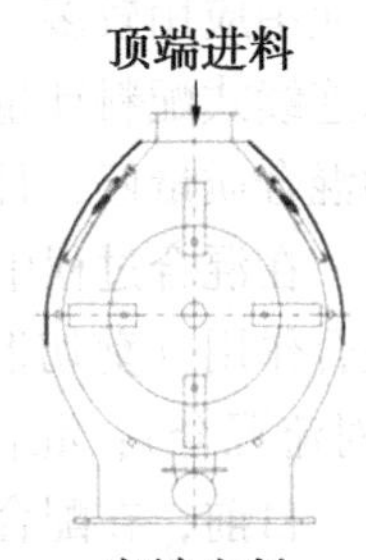

图 4-37　锤片式饲料粉碎机及其构造

主，兼顾饼谷和秸秆，可选择切向进料锤片式粉碎机；粉碎贝壳等矿物饲料，可选用贝壳无筛式粉碎机；如用作预混合饲料的前处理，要求产品粉碎的粒度很细又可根据需要进行调节的，应选用特种无筛式粉碎机等。

（2）根据生产能力选择。一般粉碎机的说明书和铭牌上，都载有粉碎机的额定生产能力（kg/h）。但应注意几点：①所载额定生产能力，一般是以粉碎玉米，含水量为储存安全水分（约13%）和 φ1.2mm 孔径筛片的状态下台时产量为准，因为玉米是常用的谷物饲料，直径 1.2mm 孔径的筛片是常用的最小筛孔，此时，生产能力最小；②选定粉碎机的生产能力略大于实际需要的生产能力，避免锤片磨损、风道漏风等引起粉碎机的生产能力下降时，不会影响饲料的连续生产供应。

（3）根据能耗选择。粉碎机的能耗很大，在购买时，要考虑节能。根据标准规定，锤片式粉碎机在粉碎玉米用 φ1.2mm 筛孔的筛片时，每度电的产量不得低于 48kg。目前，国产锤片式粉碎机的度电产量已大大超过上述规定，优质的已达 70～75kg/kWh。

（4）粉碎机的配套功率。机器说明书和铭牌上均载有粉碎机配套电动机的功率千瓦数。它往往表明的不是一个固定的数而是有一定的范围。

（5）应考虑粉碎机排料方式。粉碎成品通过排料装置输出有 3 种方式：自重落料、负压吸送和机械输送。小型单机多采用自重下料方式以简化结构。

（6）粉碎机的粉尘与噪声。饲料加工中的粉尘和噪声主要来自粉碎机。选型时应对此两项环卫指标予以充分考虑。如果不得已而选用了噪声和粉尘高的粉碎机应采取消音及防尘措施，以改善工作环境，有利于操作人员的身体健康。

（二）饲料混合机

对混合机的一般要求是：混合均匀度高，机内物料残留量少；结构简单坚固，操作方便，便于检视，取样和清理；有足够大的生产容量，以便和整个机组的生产力配套；混合周期应小于配料周期，应有足够的动力配套，以便在全载荷时可以启动，在保证混合质量的前提下，尽量节约能耗。

混合机又称搅拌机，种类很多。按混合机布置形式可分为立式混合机和卧式混合机。按其适应的饲料种类可分干粉料混合机、潮饲料混合机和稀饲料混合机。按其结构可分回转筒式和壳体固定式两大类。回转筒式混合机内部无搅拌部件，多用于药物混合；壳体固定式混合机内部有回转搅拌部件，如螺旋、螺带、叶片、桨叶等，在饲料加工业中应用较多。混合机按混合过程又可分为连续式混合机和分批式混合机，前者必须和连续式配料计量装置配合使用。后者则和分批式配料计量装置相配合，分批式混合机的混合质量好，且易于控制。

在混合过程中，主要有以下 3 种方式：即在物料中的彼此形成剪切面，使物料发生混合作用（剪切混合）；许多成团的物料颗粒，从混合物的一处移向另一处做相对运动（对流混合）；混合物的颗粒，以单个粒子为单元向四周移动（扩散混合）。

目前，在配合饲料工厂中应用最广的是壳体固定式分批混合机，其中，最常用的型式为立螺旋式混合机、卧式螺带混合机和卧式双轴桨叶混合机（图 4－38）3 种。

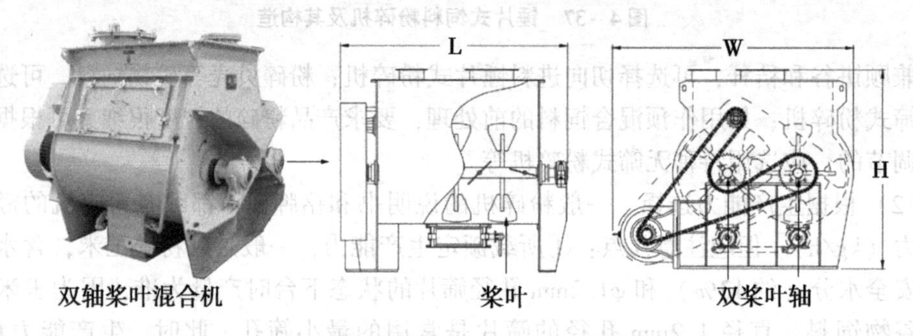

图 4－38　双轴桨叶混合机及其构造

（三）料罐车

用来将饲料转运到栏舍的料塔，实际上由料罐与卡车两部分构成，生产料罐的厂家一般不生产车，因此，多数都是组装的，有的是料罐厂家组装，有的可以直接由用户组装，需要上路运营的最好购买整车，场内自用可以组装（图 4－39）。

图 4－39　料罐车

料罐的主要参数，可参看如表 4－18 所示。

注意输料绞龙的电力来源，有的为机车直接提供电力，有的需要现场插接电力。显然前者更为方便，多数情况下整车才支持。对于绞龙的收放打料，最好支持遥控操作，并配备遥控器。

表4-18 电动绞龙散装饲料罐主要参数

型号 Model	BQSZC-2.5T（罐）	BQSZC-5T（罐）	BQSZC-8T（罐）	BQSZC-10T（罐）
罐体尺寸（L*W*H）	3.9×2.0×1.25	4.2×2.25×1.63	5.6×2.25×1.68	6.20×2.25×1.68
外形尺寸（L*W*H）	4.3×2.0×2.03	4.8×2.25×2.40	6.2×2.25×2.40	6.8×2.25×2.40
罐体容积（m^3）	5.5	12	15.60	18.40
箱体数量	2	2	3	3
额定功率（kW）	13.1	13.1	13.1	13.1
卸料速度（m^3/h）	30	30	30	30
最大输送高度（m）	≥6	≥6	≥6.5	≥7
最大输送距离（m）	≥5	≥5	≥5	≥5
输送能力（kg/min）	300~500	300~500	300~500	300~500
残留率（%）	≤0.22	≤0.22	≤0.22	≤0.22

注：以上表格数据来源于上海鑫百勤专用车辆有限公司

五、人工授精测孕设备

猪的人工授精包括采精、精液处理及检测、精液贮存、输精等过程，用到的仪器设备也比较多。近年来，对于母猪怀孕的检测也更加先进。

（一）假畜台

有时又称为假台畜，钢筋骨架裹以海绵帆布制成，倾斜角度与高度可调。

（二）显微镜

尽管可供选择使用的显微镜有多种，但必须应包括100倍，400倍和1 000倍物镜（油镜），一般实验室用的光学显微镜都能满足要求。

（三）电子秤

精液的体积是通过称其重量来间接测量的，这是当前测量精液体积最常用的方法。

（四）光密度仪

用来检测样本中精子的数量，由此可以更加精确地进行精液稀释，交稀释出尽可能多的精液头份数。但是光密度仪十分昂贵，且必须在使用前进行校准，因此，其通常仅用于大规模以及商业化精液生产中。

（五）水浴锅

用来控制稀释液的温度。

（六）精液贮存设备

贮存和运送精液所用的泡沫箱、恒温箱或者培养器。因为要维持17℃温度，市面上多数恒温箱一般由冰箱加温控电热器改造而来，高于17℃时冰箱工作，低于这个温度，电热器工作。

（七）净水制造系统

制造蒸馏水或反渗透水的设备仪器，确保使用高质量的是非常重要的，质量不好的水可降低贮精的活力。

（八）烘干设备

用来干燥和贮存所有采集和检测精液用的设备。

（九）测孕仪

市面上有A超和B超测孕仪（图4－40）。A超结构相对简单，通过回波形成声音，根据音调来判断是否怀孕；B超结构相对复杂，一般为手持式，由主机、线缆、探头构成，还配有耦合剂和充电器等配件，使用时通过回声成像，看到孕囊可确诊怀孕，准确率95%以上，应用相对广泛。B超可用于怀孕早期（28d）诊断。

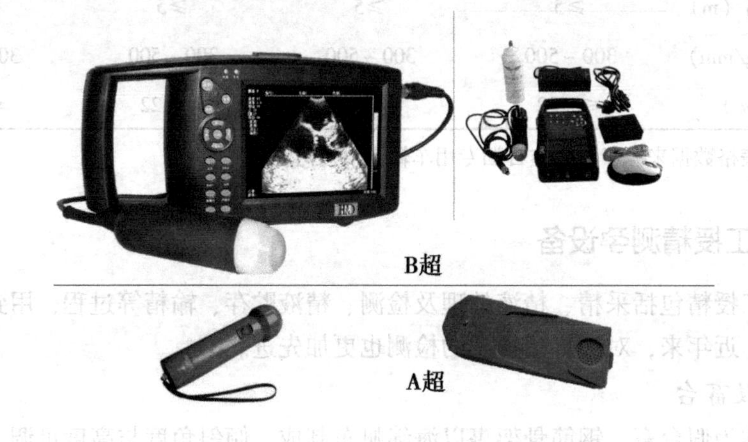

图4－40　超声测孕仪

第二节　环境控制设备

一、供暖设备

（一）热源设备

1. 锅炉

锅炉的主要工作原理是一种利用燃料燃烧后释放的热能或工业生产中的余热传递给容器内的水，使水达到所需要的温度或一定压力蒸汽的热力设备。

（1）锅炉类型。

①按锅炉用途分类：锅炉可以作为热能动力锅炉和供热锅炉。动力锅炉包括电站锅炉、船舶锅炉和机车锅炉等，相应用于发电、船舶动力和机车动力。供热锅炉包括蒸汽锅炉、热水锅炉、热管锅炉、热风炉和载热体加热炉等，相应地得到蒸汽、热水。热风和载热体等。

②按锅炉本体结构分类：主要分为火管锅炉和水管锅炉。火管锅炉包括立式锅炉和

卧式锅炉，水管锅炉包括横水管锅炉和竖水管锅炉。

③按锅炉用燃料种类分类：按锅炉用燃料种类分类为燃煤锅炉、燃油锅炉和燃气锅炉以及燃煤锅炉的升级技术，油气炉的替代产品——煤粉锅炉，煤气双用锅炉等。燃煤锅炉按燃烧方式可以分为层燃锅炉、室燃锅炉和沸腾锅炉。最新采用醇类作燃料的醇基燃料锅炉，对大气环境的几乎无污染。

④按锅炉容量分类：蒸发量小于20t/h的称为小型锅炉、蒸发量大于75t/h的称为大型锅炉，蒸发量介于两者之间的称为中型锅炉。

⑤按锅炉压力分类：2.5MPa以下的锅炉称为低压锅炉，6.0MPa以上的称为高压锅炉，压力介于两者之间的称为中压锅炉。此外，还有超高压锅炉、亚临界锅炉和超临界锅炉。

⑥按锅炉水循环形式分类：可以分为自然循环锅炉和强制循环锅炉（包括直流锅炉）。

⑦按装置形式分类：可以分为快装锅炉、组装锅炉和散装锅炉。此外，还有壁挂锅炉、真空锅炉和模块锅炉等形式。

养殖场独立供暖的锅炉主要为低温常压热水锅炉，燃烧原料可以为煤、气（天然气或沼气）、油，以燃煤或燃气居多，有的还设计成煤、气两用。

（2）主要部件。

锅炉本体由汽水系统（锅）和燃烧系统（炉）组成，汽水系统由省煤器、汽包、下降管、联箱、水冷壁、过热器、再热器等组成，其主要任务就是有效地吸收燃料燃烧释放出的热量，将进入锅炉的给水加热以使之形成具有一定温度和压力的过热蒸汽或热水。锅炉的燃烧系统由炉膛、烟道、燃烧器、空气预热器等组成，其主要任务就是使燃料在炉内能够良好燃烧，放出热量。此外，锅炉本体还包括炉墙和构架，炉墙用于构成封闭的炉膛和烟道，构架用于支撑和悬吊汽包、受热面、炉墙等。锅炉的构造，如图4－41所示。

（3）规格参数。

① 蒸发量（D）：蒸汽锅炉长期安全运行时，每小时所产生的蒸汽数量，即该台锅炉的蒸发量，用“D”表示，单位为吨/小时（t/h）。

② 热功率（供热量Q）：热水锅炉长期安全运行时，每小时出水有效带热量。即该台锅炉的热功率，用“Q”表示，单位为兆瓦（MW），工程单位为千卡/小时（kcal/h）。

③ 工作压力：工作压力是指锅炉最高允许使用的压力。工作压力是根据设计压力来确定的，通常用MPa来表示。

④ 温度：锅炉铭牌上标明的温度是锅炉出口处介质的温度，又称额定温度，通常用摄氏度即“℃”表示。

（4）技术标准。

JB/T 7985—2002《小型锅炉和常压热水锅炉技术条件》。

（5）注意事项。

① 养殖场宜采用常压热水锅炉，降低危险性，否则，需要特种行业资质的专业部门和专业人员进行安装、维护、改造。

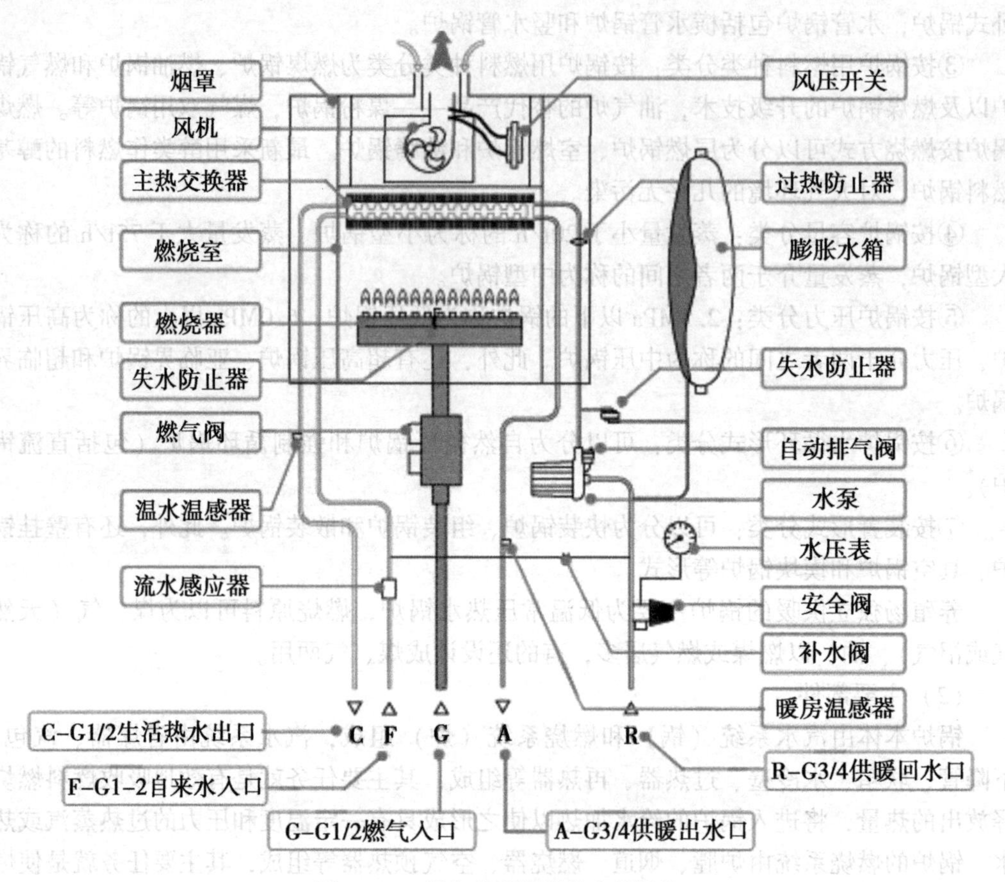

图 4－41　燃气热水锅炉的内部结构

② 尽量使用智能化程度高的锅炉。如配置进口品牌燃烧器和控制电脑，锅炉一键开机，全自动定时、定温运行，用户可以设定启、停炉时间，设置完成后，按照控制器指令自动吹扫，电子自动点火，自动燃烧，风油（气）自动比例调节，性能安全稳定，燃烧效果好。并有熄火保护装置，保证安全运行，而且不需专人值守，省事、省力。

图 4－42　水温机

③ 锅炉整机应配备过热保护（炉内水温超高时，燃烧器自动停止工作并蜂鸣报警）、二次过热保护（锅炉外壳温度超过 105℃时，自动切断二次回路）、防干烧缺水保护（炉水低于极低水位时，锅炉停止工作并发出蜂鸣报警）、锅炉漏电保护（控制系统检测到电器漏电、短路后，将自动切断电源）。

④ 不推荐使用燃煤锅炉。因其存在需要专人值守、环境污染、不方便自动控制等诸多不便，因

此，推荐使用燃气（含沼气）或燃油锅炉。

⑤ 作好停炉的保养。有干法和湿法两种，停炉 1 个月以上，应采用干保养法，停炉 1 个月以下可采用湿保养法。热水锅炉停用后，最好采用干法保养，放水必须放净，并用小火烘出潮气，然后加入生石块或氯化钙，按每立方米锅炉容积加 2 ~ 3kg，确保锅内壁干燥，这样就能有效地防止停用期间的腐蚀。

2. 模温机

模温机又叫模具温度控制机，是一种工业温度控制设备，因最初应用在注塑模具的控温行业而得名，根据其传热媒介的不同，分水温机和油温机两类，智能化猪场只用到前者。水温机（图 4 –42）又称为水循环加热器、运水式模温机、水循环温度控制机、水加热器、导热水加热器，与热水锅炉的功能相似，以热水为媒介，以热水泵为动力传送热力，但采用电加热的方式，温控范围为常温至 180℃。智能化猪场用它做热源设备，主要用来小范围供暖或冬天对饮用水进行循环加热。

（1）技术特点。

① 能在较低的运行压力下（<0.5MPa），获得较高的工作温度（≤180℃），降低了用热设备的受压等级，可提高系统的安全性。

② 水温均匀柔和，温度调节采用 PID 自整定智能控制，控温精度高（≤ ±1℃），可满足高工艺标准的严格要求。

③ 动力、加热、温控、调节、保护装置高度集成，体积小，占地少，安装方便，不需专设锅炉房。

④ 警报保护装置齐全，自动化程度高，不需要设专人操作看护，无运行的人工费用。

⑤ 闭路循环供热，热量损失小，节能无污染。

（2）规格参数。表 4 –19 为某厂家水温机参数，可以参考。

表 4 –19　某厂家水温机参数

项目	单位	LWM-05	LWM-10	LWM-20	LWM-30	LWMD-10
温控范围	（℃）	进水温度 +15℃ ~120℃				
控温精度	PID ±1℃					
电源	AC3Φ380V　50HZ　3P + E（5M）					
传热媒体	水					
冷却方式	直接冷却					
加热能量	（KW）	6	9	9/12	18/24	9 +9
泵浦马力	（HP）	0.5	1	2	3	1 +1
泵浦流量	（L/min）	95	165	236	315	165 +165
泵浦压力	（kg/cm^2）	2.0	2.2	2.4	3.0	2.2
电力消耗	（kw）	7	10	11/14	21/27	20

（续表）

项目	单位	LWM-05	LWM-10	LWM-20	LWM-30	LWMD-10
警报功能		缺相、缺水、超温、过载、反转				
冷却水管	(Inch)	1/2	1/2	1/2	1/2	1/2
热媒管	(Inch)	3/8 * 2	3/8 * 4	1	1	3/4 * 2
	(长)	760	800	800	930	800
外形尺寸（mm）	(宽)	280	325	325	360	650
	(高)	590	650	650	850	650
重量	(kg)	62	65	75	90	120

3. 太阳能热水系统

太阳能热水系统是利用太阳能集热器，收集太阳辐射能把水加热的一种装置，是目前太阳热能应用发展中最具经济价值、技术最成熟且已商业化的一项应用产品。太阳能热水系统以加热循环方式可分为：自然循环式太阳能热水器、强制循环式太阳能热水系统、储置式太阳能热水器 3 种。

太阳能热源系统主要由集热板、储水箱、水循环管道、辅助热源、控制器等构成，如图 4－43 所示。

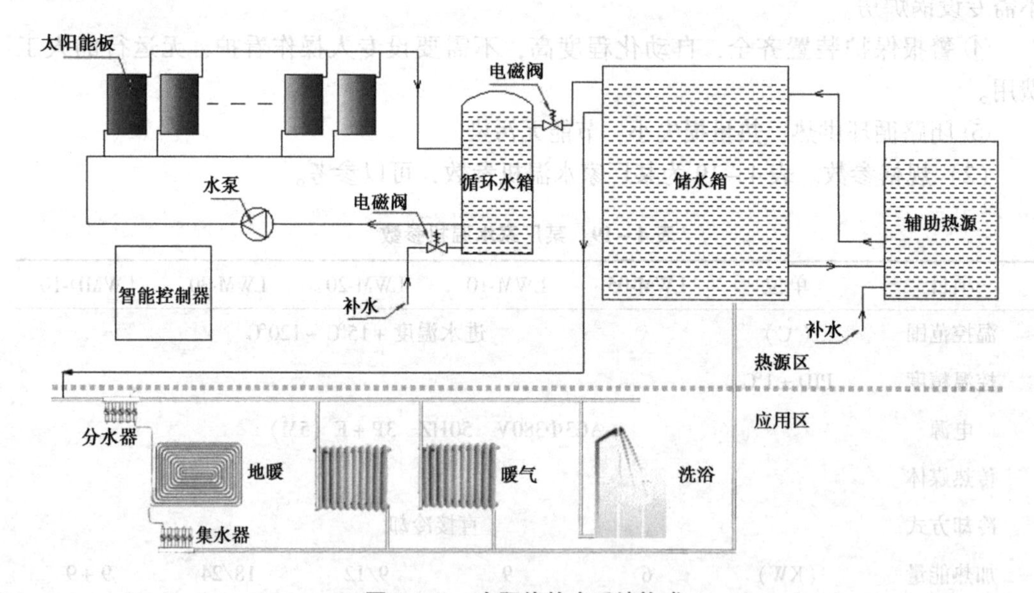

图 4－43　太阳能热水系统构成

其中，集热器是太阳能装置的关键部分，目前，应用较多的是平板型集热器（图 4－44）和真空管集热器，平板集热器结构简单、运行可靠、成本适宜，还具有承压能力强、吸热面积大等特点，最有利于实现太阳能系统与建筑结合；采用回流排空技术，平板集热器太阳能系统可以方便地解决防冻和防过热等技术难点，高效平板集热器在同等面积下比真空管可以提供更多热水。

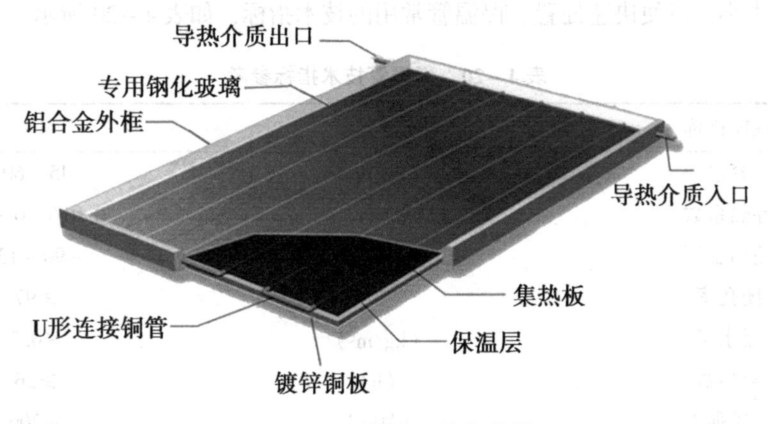

图 4-44　平板太阳能集热器

（二）输送设备

热力输送系统输送蒸汽或热水等热能介质。因其输送的介质温度高、压力大、流速快，在运行时会给管道带来较大的膨胀力和冲击力。因此，在管道安装中应解决好管道材质、管道伸缩补偿、管道支吊架、管道坡度及疏排水、放气装置等问题，以确保管道的安全运行。主要有循环泵、热力管道、分水器等部分。

1. 热水循环泵

热水循环泵又称 R 型热水泵，系单级单吸或两级单吸悬臂式离心泵。用于输送 250℃以下不含固体颗粒的高压热水之用。被输送热水最高温度为 250℃，泵最高进口压力为 5MPa；当热水温度不高于 250℃，泵进口压力不应大于 3MPa。

热水泵型号说明：

100R-37A

100 表示进口直径为 100mm

R 表示热水循环泵

37 表示泵设计扬程为 37m

A 表示叶轮外径改变

2. 热水管道

分为低温水管道（供/回水温度为 95℃/70℃）和高温水管道（供/回水温度为 150℃/90℃、130℃/70℃、110℃/70℃），为了减少热力输送过程中的损失，一般都使用保温管。保温管分两类，一类为钢套钢复合管，另一类为聚氨酯保温管。前者又分为内滑动型和外滑动型两种形式，内滑动型由输送介质的钢管、复合硅酸盐或微孔硅酸钙、硬质聚氨酯泡沫塑料、外套钢管、玻璃钢壳防腐保护层组成；外滑动型由工作钢管、玻璃棉保温隔热层、铝箔反射层、不锈钢紧固钢带、滑动导向支架、空气保温层、外护钢管、外防腐层组成；后者由工作钢管层、聚氨酯保温层和高密度聚乙烯保护层 3 层构成。聚氨酯保温管直埋技术为当今热力输送的流行技术，这种技术不需要砌筑庞大的地沟，只需将保温管埋入地下即可，并且在保温管预制时就在靠近工作钢管的保温层中埋设有报警线，一旦管道某处发生渗漏，通过警报线的传导，便可在专用检测仪表上报警并显示出漏水的准确位置和渗漏程度的大小，以便快速处置。保温管常用的技术指标，如表4－20所示。

表4－20　保温管技术指标参考

性能指标	单位	参数
容量	(kg/m^3)	45～60
导热系数	(W/m. k)	0.016～0.024
使用温度	(℃)	－90～120
闭孔率	(%)	≥97
吸水率	(kg/m^2)	≤0.2
氧指数	(h)	≥26
抗压强度	(MPa)	≥200

热水管道使用及配置时应注意如下几点。

① 配水立管的始端、回水立管末端应设阀门。

② 与配水或回水干管连接的分干管上，有3个及以上配水点时应设阀门，以避免局部管段检修时，因未设阀门而中断了管网大部分管路配水。

③ 与水加热器、热水贮水器、水处理设备、循环水泵和其他需要考虑检修的设备进出水口管道上，均应设置阀门，与自动温度调节器、自动排气阀及温度、压力等控制阀件连接的管段上，按其安装要求配置阀门。

④ 为防止热水管道输送过程中发生倒流或串流，应在水加热器或贮水罐的冷水供水管上，机械循环的第二循环回水管上，冷热水混合器的冷、热水进水管道上装设止回阀。当水加热器或贮水罐的冷水供水管上安装倒流防止器时，应采取保证系统冷热水供水压力平衡的措施。

⑤ 在上行下给式的配水横干管的最高点，应设置排气装置（自动排气阀或排气管），管网的最低点还应设置口径为管道直径的1/5～1/10的泄水阀或丝堵，以便泄空管网存水。对于下行上给式全循环管网，为了防止配水管网中分离出来的气体被带回循环管，应将回水立管始端接到各配水立管最高配水点以下0.5m处，可利用最高配水点放气，系统最低点设泄水装置。

⑥ 所有横管应有与水流相反的坡度，便于排气和泄水。坡度一般不小于0.003。

⑦ 横干管直线段应设置伸缩器以补偿管道热胀冷缩。为了避免管道热伸长所产生的应力破坏管道。

⑧ 在水加热设备的上部、热媒进出口管上、蓄热水罐和冷热水泥合器上，应装温度计、压力表。在热水循环管的进水管上，应装温度计及控制循环泵启停的温度传感器。热水箱应设温度计、水位计；压力容器设备应装安全阀，安全阀的泄水管应引至安全处且在泄水管上不得装设阀门。

3. 分水器或集水器

分、集水器（manifold）是热水系统中，用于连接各路加热管供、回水的配、集水装置。地暖、空调系统中用的分水器材质宜为黄铜，自来水供水系统户表改造用的分水器多为 PP 或 PE 材质。地板采暖系统中的，分集水器管理若干的支路管道，并在其上面安装有排气阀，自动恒温阀等，口径较小，多位于 DN25 ~ 40（图 4 - 45）。

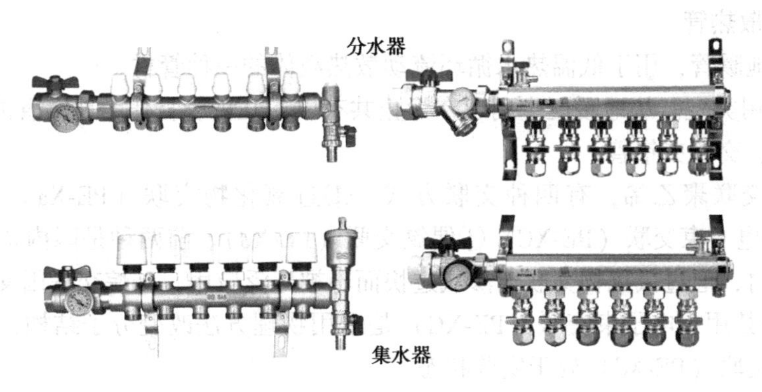

图 4 - 45 分水器和集水器

分水器在地暖系统中主要负责地暖环路中水流量的开启和关闭，当锅炉中的水经过主管道流入分水器中，经过滤器将杂质隔离，之后将水均衡分配到环路中，经过热交换后返回到集水器，再由回水口流入到供热系统中，从而完成供暖系统的水循环。

分、集水器执行标准：GA 868—2010《分水器和集水器》。

（三）散热设备

1. 暖气片

暖气片为室内热量发散设备，比地水暖升温更快，但也存在较占地方和热不够均匀的问题。暖气片材质应符合 GB—13237 的规定，水道管厚度为 1.5mm，承压能力不小于 1.6MPa，暖气片进出水管均设置在暖气片下方，侧面不设置进出水管，进出水管管中心间距为 120mm。

（1）暖气片分类。

老式暖气片：①铸铁片；②钢串片。

新型暖气片：①钢制管式（就是钢管型，有圆管、扁管等）；②钢制板式（主要是从欧洲进口的，散热效果好，投入较大，无内防腐不适合集中供暖）；③铝合金型；④铜铝复合（还有钢铝复合、不锈钢铝复合）；⑤铸铝；⑥钢制内搪瓷（以内搪瓷为防腐，寿命较长）；⑦铜管对流散热器等。

（2）不同材质特点。

铸铁片：耐腐蚀，价格低廉；样式难看，笨重，占地；主要运用在北方的大型城市供暖中。

铜铝复合片：耐腐蚀、样式新颖美观、轻便，散热较快；价格较高，硬度低。

低碳钢片：美观大方，价格实惠，贮水量大、保温性能好、耐压；易被氧化腐蚀。

铝合金片：铝制暖气片主要有高压和拉伸铝合金焊接两种，其共同特点是，价格便宜，导热性好，散热快；但其怕碱性水腐蚀、怕氧化，寿命较短。

钢铝复合片：样式美观，散热好，耐腐蚀；热损失较大。

纯铜暖气片：导热性能优越、耐腐蚀能力强；造价极高，款式较少，生产厂家很少。

考虑到猪舍环境，采用铸铁、钢制或钢铝复合片比较好。

2. 地暖散热管

简称为地暖管，用于低温热水循环流动散热载体的一种管材。

（1）常用类型。从地暖诞生到现在为止共有以下几种管材作为地暖管的使用。

XPAPR：交联夹铝管；

PE-X：交联聚乙烯，有四种交联方式：①过氧化物交联（PE-Xa）②硅烷交联（PE-Xb）③电子束交联（PE-XC）④偶氮交联（PE-Xd）。前两种是国内常用的两种交联聚乙烯管材，但过氧化物交联因渗氧过快而不被广泛应用，硅烷交联因交联剂硅烷有毒2004欧洲禁用；电子束交联（PE-XC）是采用物理方法改变分子结构，健康环保的管材，偶氮交联（PE-Xd）处于实验状态。

PAP：铝塑复合管，市场上出现铝塑复合管有3种：PE/AL/PE、PE/AL/XPE、XPE/AL/XPE。第一种是内外层为聚乙烯，第二种是内层为交联聚乙烯，外层为聚乙烯，第三种是内外层均为交联聚乙烯，中部层均为铝层。第一种一般用于冷水管道系统，后两种一般用于热水管，可作为地暖管；

PP-B：耐冲击共聚聚丙烯（韩国曾经称之为PP-C）

PP-R：无规共聚聚丙烯

PB：聚丁烯（超耐高温管材）

PE-RT：耐高温聚乙烯

（2）常用类型的性能比较。

PE-X：国内生产一般采用中密度聚乙烯或高密度聚乙烯与硅烷交联或过氧化物交联的方法。就是在聚乙烯的线性长分子链之间进行化学键连接，形成立体网状分子链结构。相对一般的聚乙烯而言，提高了拉伸强度、耐热性、抗老化性、耐应力开裂性和尺寸稳定性等性能。但是，PE-X管材没有热塑性能，不能用热熔焊接的方法连接和修复。

PB：被誉为塑料中的软黄金，耐蠕变性能和力学性能优越，几种地暖管材中最柔软，相同的设计压力下壁厚最薄。在同样的使用条件下，相同的壁厚系列的管材，该品种的使用安全性最高。但原料价格最高，是其他品种的一倍以上，当前在国内应用面积较少。未来市场会慢慢的普及。

PE-RT：该地暖原料是一种力学性能十分稳定的中密度聚乙烯，由乙烯和辛烯的单体经茂金属催化共聚而成。它所特有的乙烯主链和辛烯短支链结构，使之同时具有乙烯优越的韧性、耐应力开裂性能、耐低温冲击、杰出的长期耐水压性能和辛烯的耐热蠕变性能，而且可以用热熔连接方法连接，遭到意外损坏也可以用管件热熔连接修复，与PP-R相似加工简便，也可以回收利用，不污染环境。因此，PE-RT是一种性价比较高的地暖管材，使用较为广泛。PE-RT分Ⅰ型与Ⅱ型，后者比前者耐应力开裂性能更佳。

PP-R：性能与PE-RT相似，热发散性能约为其一半，但价格相对便宜，因此主要用于给水管，已较少用于地暖。

PE-XB：耐温耐压，长期使用温度可达95℃；抗紫外线，耐老化，使用寿命长达

50 年；易弯曲，安装简单、快捷，管件少，经济实用，使用专用管件，可方便快捷地安装；不需攻丝、套扣、焊接；更好的耐环境应力开裂性。因交联剂硅烷有毒，2004 欧洲禁用。

阻氧管：在应用塑料管道的热水循环系统中，当管材加热后，氧分子更容易透过塑料层，而深入到管内的水中，导致设备中金属部件的快速腐蚀，由此而研发出了阻氧管。在欧美，采暖系统中阻氧管道的使用率达到 70%，阻氧管道系统中的金属部件寿命可延长 10 ~ 20 年。阻氧管主要使用了 EVOH（乙烯/乙烯醇共聚物，Ethylene vinyl alcohol copolymer），即在上述基质管材中加入一层 EVOH 膜，使其对气体、气味、香料、溶剂等呈现出优异的阻断作用。常根据阻氧管基质管材来命名，如 PE-RT 阻氧管、PB 阻氧管等。阻氧管结构可参看图 4 – 46。

（3）常用规格。一般有 DN16、20、25、32、40 五种规格。16 管和 20 管用于地面盘管，25 管、32 管和 40 管用于支管连接。

（四）分散供暖设备

1. 移动式工业暖风机

移动式工业暖风机（图 4 – 47）用于没有配套集中供暖设施的栏舍，可以较迅速地加热舍内空气。比较适合冬天寒冷时间较短的南方地区，布置灵活，其他温暖季节移出也方便。但其供暖范围有限，舒适性也比不上地暖。其参数可参看表 4 – 21。

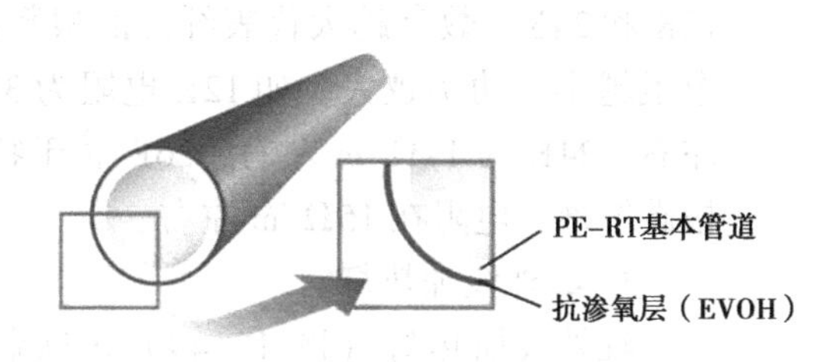

图 4 – 46 PE-RT 阻氧管结构

图 4 – 47 工业暖风机

表 4 – 21 山东德州生产的 TVC 系列暖风机主要参数

型号	功率（kW）	电流（v）	输出热量（kcal/h）	风量（m^3/h）	圆筒直径（cm）	包装尺寸（cm）	配线
TVC-15	15/7.5	3 × 22	6.5 ~ 13	1 550	35	61 × 44.5 × 55.5	4 × 4 平方电线
TVC-18	18/9	3 × 27	6.8 ~ 15.6	1 550	35	61 × 44.5 × 55.5	4 × 6 平方电线
TVC-24	24/12	3 × 36	8 ~ 16	1 800	40	61 × 49.5 × 60.5	4 × 10 平方电线连接
TVC-30	30/15	3 × 45	8.7 ~ 17.4	1 800	40	61 × 49.5 × 60.5	

使用注意：

① 暖风机一般使用动力电，并且需要可靠接地，因此，接入线路为 3 根相线 + 1 根地线。

② 必须提供与其功率配套的线径和空开。如使用 4 × 16 平方毫米的电源线、80A 的空气开关。

③ 暖风机应配置熄火保护装置，最高温度不要超过 60℃。

④ 放置位置应避开水源。

2. 碳纤维地暖

碳纤维是由有机纤维经碳化及石墨化处理而得到的微晶石墨材料，具有质轻、强度高、热转化效率高、安全、耐高温、耐腐蚀、使用寿命超长等优点，是一种新型的发热材料，碳纤维材料的地暖已经基本代替以前的铜合金材料，其结构及地暖安装位置可参看图 4－48。

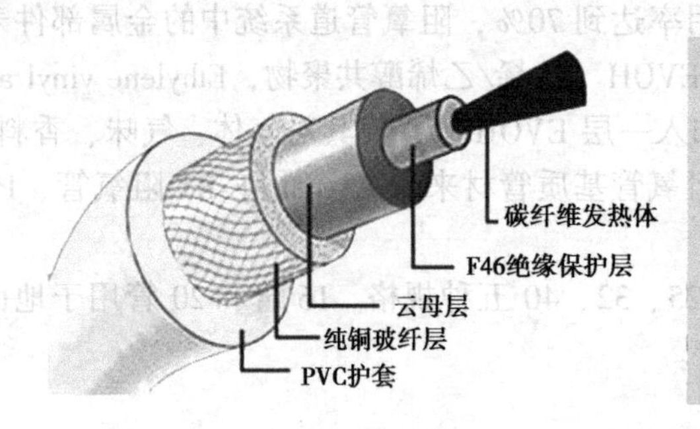

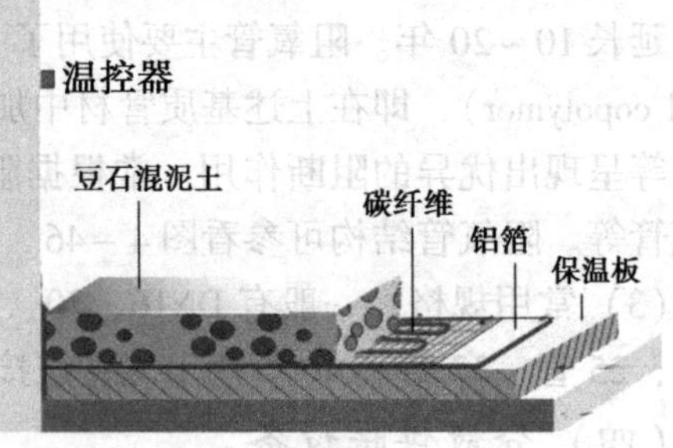

图 4－48　碳纤维发热电缆构造及碳纤维地暖安装位置

碳纤维发热电缆的命名是以 K 数（K 代表千）为规格标准的，有 1K、3K、6K、12K、24K、36K、48K 等规格，地暖多使用 12K 和 24K，数字越大代表纤维的根数越多，电阻越小，功率越大。如 12K 电阻为 33Ω/m 左右、24K 为 17Ω/m 左右，26K 属于特殊规格碳纤维，电阻在 15Ω/m 左右。

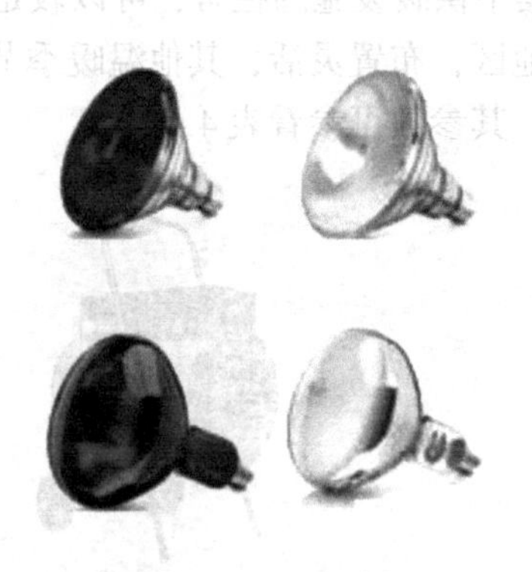

图 4－49　红外灯

3. 红外线加热灯

红外线加热灯（图 4－49）由吹制的泡壳或者压制的玻璃制成，是一种反射灯，可以提供能精确控制的能量辐射。使用简单，安全，还兼有照明作用。配置硬质玻璃的红外灯机械和热学强度高，能抵抗突然的冷却和水的溅射，涂敷红色玻璃可以减少 75% 的可见光（眩光）。一般用功率标称其规格，常见有 150W \ 175W \ 200W \ 250W \ 275W 几种。主要用于产房初生仔猪供暖。

二、通风降温设备

（一）风机

风机根据其作用原理的不同，分叶片式风机与容积式风机两种类型，养殖场所用风机主要是指通风风机，为叶片式风机。

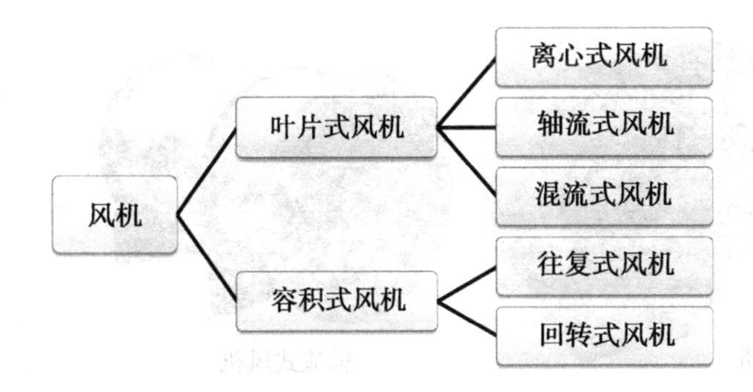

1. 通风机分类

通风机通常也按工作压力进行分类。

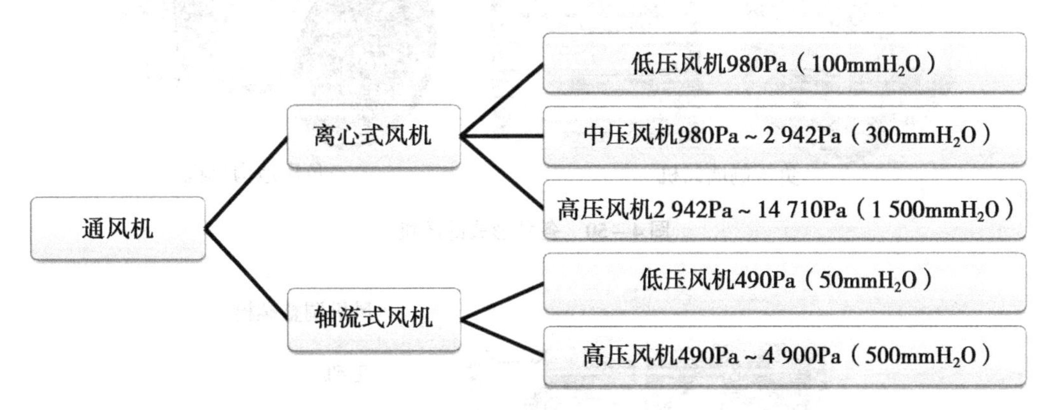

养殖场的动物特别是幼小动物受风能力很弱，一般采用负压通风，常常按安装位置来进行分类，如侧墙风机、地沟风机、吊顶风机等，从工作原理来看应属于低压轴流风机范畴。负压风机从结构材质上主要分为镀锌板方形负压风机和玻璃钢喇叭形负压风机。负压风机具有体积庞大、超大风道、超大风叶直径、超大排风量、较低能耗、低转速、低噪声等特点（图 4 – 50）。

2. 风机构造

风机与水泵结构基本相同。总体上分五大部分：机壳、叶轮、轴和轴承、支架和动力电机等主要部件（图 4 – 51）。负压风机结构相对简单，没有离心式风机或传统轴流风机的集流器、导叶、动叶调节装置、进气箱和扩压器等必需部件，但在进风端（或出风端）常增加百叶，出风端增加拢风筒等结构，地沟风机由于进风与出风有 90°转向，还要在进风口配置呈弧形的进风转向罩。

3. 风机参数

外壳尺寸：宽 × 高 × 厚（mm）；

风机叶轮直径：一般用 mm 表示，在型号中为了避免数字过大，将这个数除以 100，即实际上以分米数来标示的。

动力：电源（两相或三相）；功率 kW；

传动方式：A：直联，电机轴就为风机轴；B：间接连接，如三角皮带，皮带轮在

图4－50　各种形式的风机

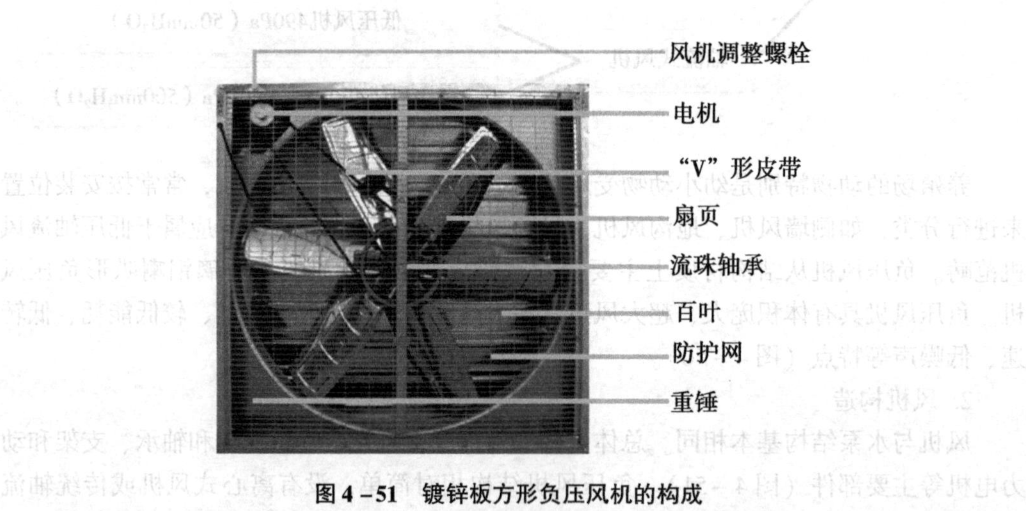

图4－51　镀锌板方形负压风机的构成

两个轴承之间；C：也是间接连接，采用三角皮带，皮带轮为悬臂状；D：弹性联轴器连接，风机处于悬臂状；E：皮带轮连接，但风机处在两个轴承之间，比较稳定；F：联轴器连接，风机在两轴承之间，用于大号风机。

转速：r/min，风机的转速，不完全等同于电动机的转速。

风量（流量）：m^3/h，即通风量。

压力：MPa，一般指全压，即动压与静压之和。风机的全压是指风机出口截面上气体的全压与风机入口截面上气体的全压之差，即单位体积的气体流过风机后所获得的能量。风压越大，表示风阻越大，风量越小。

表4－22为某厂家风机的技术参数，可以参考。

表4－22　风机技术参数

产品型号	转速（r/min）	流量（m³/h）	压力（MPa）	电动机功率（kW）
DWT-IIINo5.6A	720	4 860	150	0.75
		3 800	200	
	960	9 040	100	1.1
		8 460	150	
		7 800	200	
	1 440	14 040	150	3
		12 960	300	
		11 160	500	
DWT-IIINo7.1A	720	13 800	100	1.1
		12 600	150	
		11 400	200	
	960	17 600	150	3
		16 170	200	
		14 700	300	
	1 440	27 000	200	7.5
		25 400	300	
		24 000	500	

注：式中DWT－表示玻璃钢屋顶离心轴流式通风机、Ⅲ－表示设计序号、No5.6A－表示机号（即风机叶轮直径为560mm，直联）

4. 负压风机型号

镀锌板方形负压风机主要型号有1 380mm×1 380mm×400mm 1.1kW、1 220mm×1 220mm×400mm 0.75kW、1 060mm×1 060mm×400mm 0.55kW、900mm×900mm×400mm 0.37kW 4种，转速均为450转/min，所配电机为4极1 400转/min，电机防护等级IP44，B级绝缘；

玻璃钢喇叭形负压风机从传动结构不同分为皮带式和直接式两种。皮带式转速在370～450转/min，采用六极或四极铝壳马达，防护等级IP55F级绝缘，转速低的产品噪声相对要低。直接式马达主要有12极440转/min、10极560转/min、8极720转/min 3种，12极马达使用最多，转速高的风机噪声大。皮带式产品最省电节能、经济耐用，直结式产品适合在皮带式不能工作的如有油污、对皮带有腐蚀的场所使用。喇叭形拢风筒材质多数为玻璃钢，也有用镀锌板制作的，带拢风筒风机同时工作时，能有效避免空气回流干扰，提高运行效率。

负压风机风叶主要有6叶、7叶、3叶、5叶，风叶材质主要有压铸铝合金、工程塑料（尼龙加纤维）、玻璃钢、不锈钢等几种。风叶片数、角度、弧度需要与转速、功率等合理匹配，单一的数据不能说明风机的抽风性能。一般以正规实验室的检测数据为准，如图4-52所示。

5. 注意事项

（1）环控型猪舍风机会成组安装，建议采用带拢风筒风机。

（2）风机的配置要根据空间大小、猪只的最小通风量、猪只能承受的最大风速、风机的风量等综合考虑、合理配置，最好由专业设计公司经精确计算后配置。

（3）风机的外形尺寸在设计方案阶段就必须确定，以方便土建施工时预留孔洞。

（4）多栋栏舍相邻时，风机布局采用“对吹”和“对吸”方式，即选择同一个空隙出风或进风，且相邻栋的距离最好15m以上。

（5）保持供电设施容量充足，电压稳定，严禁缺相运行，供电线路必须为专用线路，不应长期用临时线路供电。

（6）风机在运行过程中发现风机有异常声、电机严重发热、外壳带电、开关跳闸、不能启动等现象，应立即停机检查。不允许在风机运行中进行维修。检修后应进行试运转5min左右，确认无异常现象再开机运转。

（7）定时检修注油（电机封闭轴承在使用寿命期内不必更换润滑油）。

（二）湿帘

湿帘较之冷风机或空调具有面积大，冷风分布均匀，造价低等优点，在养殖场降温工艺中被广泛采用。

1. 湿帘系统构成

湿帘系统由湿纸、外框、循环水系统（上下水管、上下框架、水箱、泵）构成（图4-53）。为了冬天防风湿帘外还应配备PE防风布帘。

2. 湿帘规格

湿帘呈蜂窝结构，是由原纸加工生产而成，在国内，通常有波高5mm、7mm和9mm 3种，波纹为60°×30°或45°×45°交错对置（图4-54）。新一代优质湿帘采用高分子材料与空间交联技术而成，具有高吸水、高耐水、抗霉变、使用寿命长等优点。

按湿帘国家标准JB/T 10294—2001规定，湿帘的型号由“产品名称-高×宽×厚”表示，高宽厚均用mm表示，厚度系列参数为80，100，120，150，200；高度系列参数为500，700，900，1 100，1 400，1 700，1 900，2 100（对应湿帘箱体需加10mm）；宽度系列参数为300，600，1 000，1 500，2 000，长度宽度也可以用非标准规格，由用户与生产厂家商议定做。湿帘厚度越大，要求的风速越高，猪舍以150mm厚度较合适。

3. 注意事项

（1）自动排水。随着水的不断蒸发而新的水不断的补充，在水循环过程中，盐分和矿物质被残留下来。为减少形成沉淀和水垢，需要一个自动排水装置，因为排水率为蒸发率的5%～10%，而蒸发率主要取决于水的硬度和空气污染水平，在一般运转情况下的排水率，应该为较差条件下的最大蒸发率的20%。

（2）保持干燥。每天在关机前，切断水源后让风扇继续转30min甚至更长时间，

中国农业大学

农业部设施农业工程重点实验室

地址：北京市海淀区清华东路 17 号 中国农业大学水院实验大厅

送检风机性能检测实验报告

风机

生产厂家：青岛高烽电机有限公司

型号：　24"

叶轮转速：926mm

叶轮直径：620mm

风机尺寸：750mm × 750mm

配套电机

型号：GFVF-0.37kW-6S　　额定电流：1.3　Amp

额定功率：0.37kW　　电机转速：920　rpm

额定电压：380V（50Hz）　　电机与风机连接方式：直联

叶片

材料：玻璃钢　　叶片数：6片

其他附件

风机安装百叶，安装扩散器

检测结果：

静压（Static Pressure）		风量（Air Flow）		转数	功率 Power（N）	能效比（Efficiency）
mm.H_2O	Pa	CFM	m^3/h	rpm	kW	$m^3/h/W$
0.0	0.00	6 700	11 500	928	0.58	19.7
1.0	9.80	6 300	10 600	927	0.60	17.9
1.5	14.70	6 000	10 200	926	0.60	17.1
2.0	19.61	5 800	9 800	926	0.60	16.3
2.5	24.51	5 200	8 900	925	0.59	15.1
3.0	29.41	4 400	7 500	925	0.56	13.5
3.5	34.31	3 600	6 000	924	0.54	11.1
4.0	39.21	3 000	5 100	924	0.57	9.0

图 4－52　风机检测报告（青岛高烽电机公司供图）

使湿帘完全干燥后才停机，这样有利于防止藻类的成长。

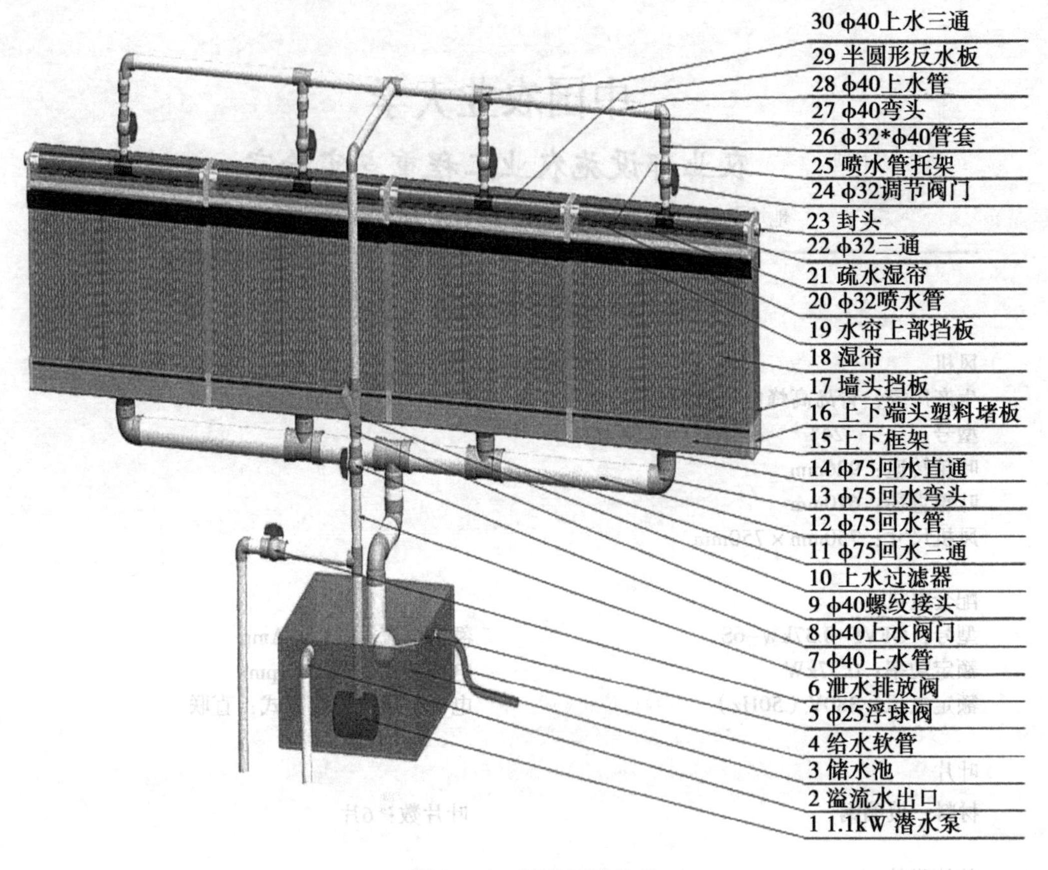

图 4－53　湿帘系统构成

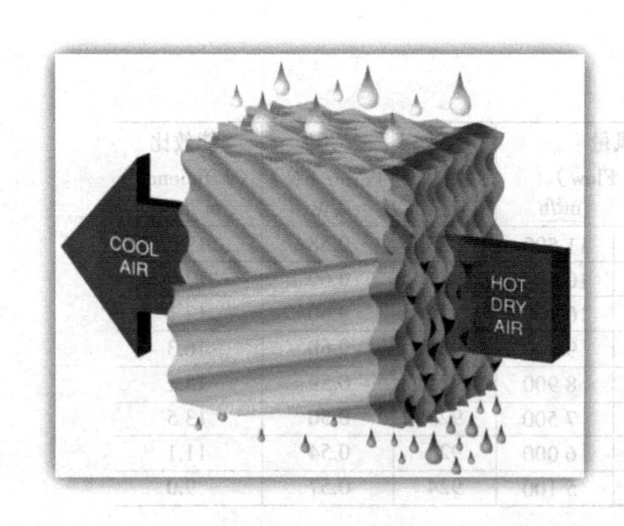

图 4－54　湿帘纸

（3）恰当的水位。不要将系统内的水溢出来。如果水位太高，湿帘的底部将一直被泡在水中变得过分充水，这将影响介质的自给水系统，缩短其使用寿命。

（4）喷水管清理。打开两端的螺塞，用一外径约为 25mm 的橡皮软管插入，另一端接自来水，冲洗即可。

（5）定期清理。排干所有水泵、水槽、储水室、湿帘中的水并进行清洁，湿帘表面的水垢和藻类物在彻底晾干湿帘后，用软毛刷上下轻刷，避免横刷。

（三）通风窗

一般为侧墙通风窗和吊顶通风窗两种，能够使两侧的风压差自动调节通风口大小，无压差不通风时处于关闭状态，有利于冬天保温，材质为不锈钢、PVC 或玻璃钢（图 4－55）。有的侧墙通风窗无窗叶，用卷帘或滑动挡板控制其通风口大小（图 4－56）。

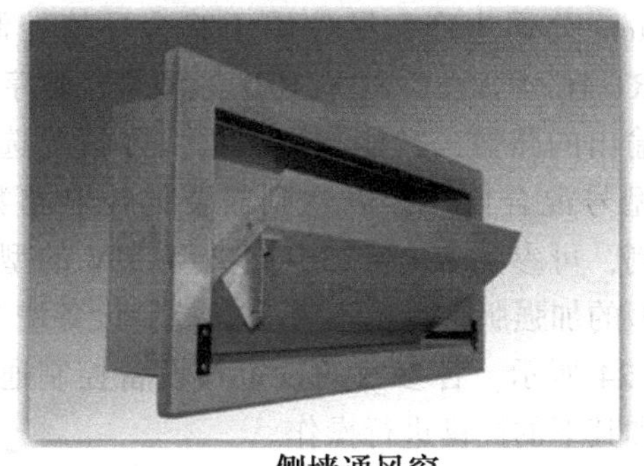

侧墙通风窗

吊顶通风窗

图 4－55　通风窗（负压内开或下开）

图 4－56　卷帘控制通风窗

通风窗的没有固定的尺寸，常用如侧墙通风窗 615 × 575（mm），吊顶为 790 × 790 × 210（mm）。执行标准可参照 GB/T 8478—2008 铝合金门窗、GB/T 8484—2008 建筑外窗保温性能分级及检测方法。

三、自动控制设备

养殖场的自动控制包括温湿度的控制、通风的大小和方式控制、喂料控制、清粪控制、灯光控制、停电报警控制、防雷和过流过压保护和远程监控等方面。控制系统大致由 3 部分组成：传感器（如温度、压力等）、中央处理单元（一般为 PLC，可以进一步连接计算机实现智能控制）、动作单元（各种继电器等）。

（一）中央控制器

中央控制器是环境控制系统的核心部分，它可以控制风机、通风小窗、卷帘、湿

图 4－57　SMART8C 控制器

帘、灯光、加热、供料等设备。通过感应室内外温度来实现各风机的开启和关闭，通过感应压力调节通风小窗系统的开启和关闭，可实现春、夏、秋、冬不同季节通风模式的自动控制。

1. SMART C

SMART C 系列环境控制器（图 4－57）由以色列 Rotem 公司生产，早先用于鸡舍环境控制，有 SMART 4C/4CV/8C/8CV/10D 等型号，数字表示控制输出的路数，智能猪舍根据实际情况选用或多种型号混合使用，以达到需要的控制路数。各路控制，可参见表 4－23，同类型带 V 的型号是此类型的加强版本，比不带 V 的控制设备增多，如表 4－24 所示。各参数的设定与设备控制通过液晶屏和其下的按键进行操作。

表 4－23　SMART8C 各控制门意义

继电器编号	1	2	3	4
控制接入	·空 ·地面加热器 ·最小通风风机 1	·空 ·加热器（普通） ·最小通风风机 2 ·定时器 1	·空 ·制冷 ·开/关风机 5	·空 ·卷帘 1 开 ·开/关风机 6
继电器编号	5	6	7	8
控制接入	·空 ·卷帘 1 关 ·开/关风机 7	·空 ·卷帘 2 开 ·开/关风机 3 ·定时器 2	·空 ·卷帘 2 关 ·开/关风机 4 ·定时器 3	·空 ·报警

表 4－24　SMART8C 与 8CV 输出控制区别

输出	8C	8CV
TRIAC	×	·变频风机 1
模拟输出 1	·空 ·变频风机	·空 ·风门 ·变频风机 2
模拟输出 2	·空 ·变频加热器	·空 ·变频加热器

2. AC-2000Plus

AC-2000Plus 系列环境控制器（图 4－58）由以色列 Rotem 公司生产，与 SMART C

相似，但较之更复杂，控制门更多，早先也用于鸡舍环境控制，有 AC-2000、AC-2000SE、AC-2000Plus 等型号，AC-2000Plus 的主要配置参数如下：

6 个温度传感器；

2 个湿度传感器；

1 个静压传感器和 1 个常规压力传感器；

3 个数字量输入通道，可分别接饲料计量、水表以及喂料超时或风向传感器；

2 个模拟输出通道（0-10VDC），可分别接变速风机（或可变加热器）和调光器；

2 个电子秤；

1 个 RS-232 串行通信口；

1 个继电器扩展箱（REB8/REB16）；

20 个输出继电器 + 8/16 个扩展继电器（注：AC-2000SE 只有 12 个输出继电器）。

图 4－58　AC－2000Plus 控制器

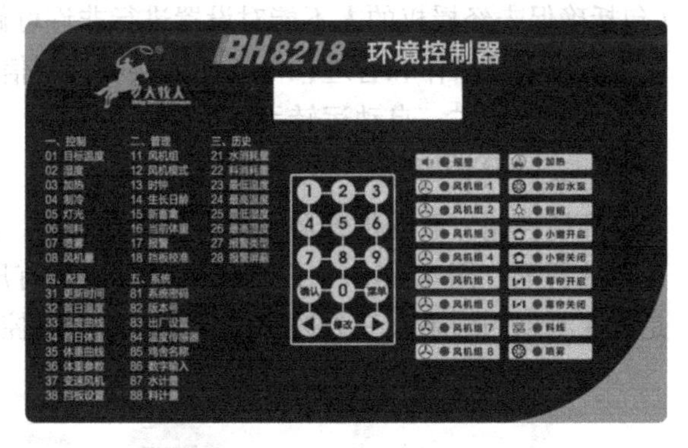

图 4－59　BH8218 控制器

3. 大牧人 BH 系统环境控制器

BH 系列畜禽环控器（图 4－59）是专门用于标准化肉鸡舍、种鸡舍的全自动环境控制器控制器。从饲养一日龄开始至出鸡全过程，一次性设定全程自动控制整个栏舍的通风、换气、加热、报警、照明等设备。该控制器操作简单，结合了我国养殖业的具体情况，更加适应我国的国情，可视为 AC-2000Plus 的本地化产品，更改参数设定也可用于养猪。

主要型号有 BH6211 和 BH8218，其中，BH8218 的主要参数：

4 只温度（包含 1 只室外温度）、1 只湿度、8 组风机、1 组冷却；

1 组报警、1 组加热、1 组照明、1 组小窗、1 组幕帘、1 组料线；

1 组喷雾。包含温度自动下降曲线和体重自动增加曲线；

1 组 0～10V 输出（外配调光器、控制灯光的时间和亮度）；

1 组 0～10V 输出（外配调速器、控制调速风机）。

4. 欧德·西电智能环境控制器

欧德·西电智能环境控制器（图 4－60）由上海昊玄实业有限公司生产，有欧德·西电 621A/622A/623A/624A/625A 等几种型号，型号数字越大控制路数越多，如其中 622A 型可以控制 12 组风机、2 台水泵、4 个温度、2 个湿度、1 个空气质量、1 个停电

图 4－60　欧德・西电环境控制器

报警、1 个避雷装置。该控制器采用触摸屏 IP65 级防水设计，具有避雷保护，参数实时指示，警报管理，GPRS 无线传输等功能，支持中文显示，动画模拟显示风机、水泵运行状态，操作简便人性化，集成网络接口，可连接到计算机，实现信息化管理。

（二）电控柜

一般由控制柜和电气柜两部分组成，控制柜用来提供控制单元的容器，用来收集各种探测信号线及控制线缆，安装环控器及其附属零件等，提供人机操控界面和安全保护（包括确保未经授权的人不能对设置进行非许可修改），一般放置在控制室，为壁挂式，便于值班人员操作和管理；电气柜为接收控制信号的执行单元，一般放置被控制设备附近，也为壁挂式，自动运转无人值守。

（三）传感器

环境控制方面的传感器主要有温度传感器、湿度传感器、空气质量传感器、风向风速传感器等（图 4－61），供水或供暖方面还有压力流速方面的传感器。其主要作用就是将探测到的结果转变为数字信号输送给中央控制器进行处理。

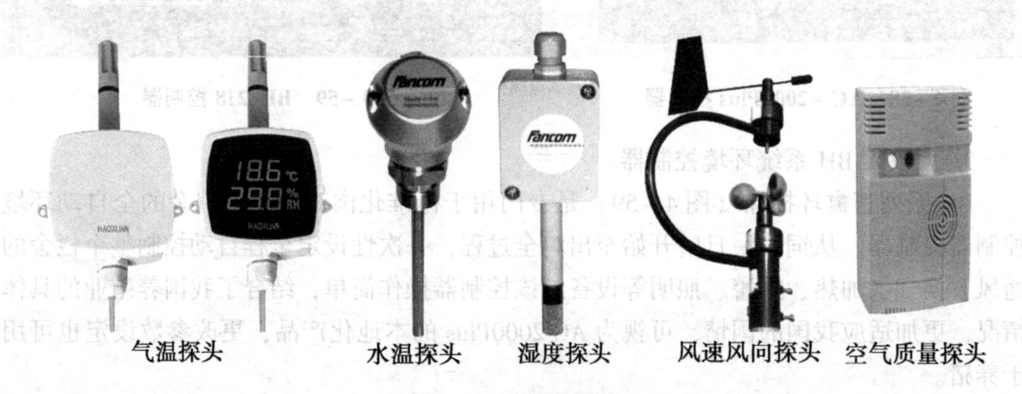

图 4－61　各种传感器

第三节　粪污处理设备

一、刮板清粪设备

（一）刮板车

由钢索拉动在粪坑中往复行走刮扫粪污的机械装置，猪粪的机械清理一般做了粪尿自动分离处理，刮板车在导向板下的导尿管中还包括一个盘状刮板，以清扫管中残渣。其结构如图 4－62 所示。

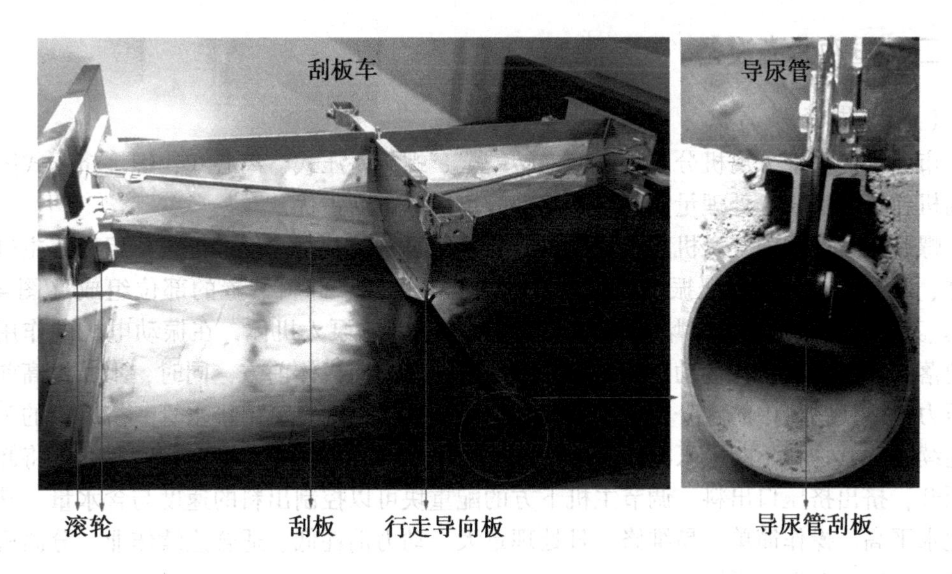

图 4－62　刮板车构造

由于坡度等限制，刮板车只能往一个方向清扫，回程时刮板应适当倾斜往上抬升，以免刮到粪便。刮板车以镀锌或不锈钢材料制作，刮板刮粪部位安装有可拆卸橡胶条，以便增加其耐磨耐腐蚀能力，也可使刮粪更加干净。

（二）驱动绞车

由减速电机带动绞车轮转动从而拉动钢索运动，因为需要往复运动，电机配置有回程开关，通过触碰来控制正转与反转。一般 1 台绞车至少拉动 2 台刮板车，因此，绞车多数作双绞盘设计，如图 4－63 所示。

图 4－63　驱动绞车

二、固液分离设备

（一）固液分离机

市面上的固液分离机分3种类型，转鼓式、螺旋挤压式、离心式，螺旋挤压式固液分离机在资金投入、处理量、能耗等综合分离效率方面占优。

螺旋挤压式固液分离机主要由主机、无堵塞泵、控制柜、管道等设备组成。主机有机体、网筛、挤压绞龙、振动电机、减速电机、配重、卸料装置的部位组成（图4－64）。其工作过程如下：无堵塞泵将未经发酵的猪粪水泵入机体，在振动电机的作用下加速落料，此时经动力传动，挤压绞龙将粪水逐渐推向机体前方，同时，不断提高前檐的压力，迫使物料中的水分在边压带滤的作用下挤出网筛，流出排水管。挤压机的工作是连续的，其物料不断泵入机体，前檐的压力不断增大，当大到一定程度时，就将卸料口顶开，挤出挤压口出料，调节主机下方的配重块可以控制出料的速度与含水量。其自动化水平高、操作简单、易维修、日处理量大、动力消耗低、适合连续作业。分离机关键部件材质一般选用不锈钢。

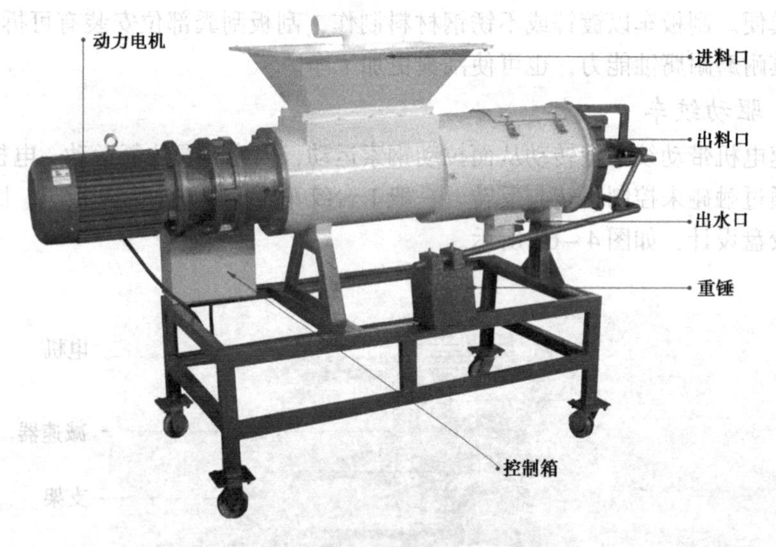

图4－64　螺旋挤压式固液分离机

其使用要求主要是物料应是未经发酵的粪水，且固化物含量不低于3%。从工艺要求上要修建一个贮存粪水的贮粪池。如果发现待分离的粪水浓度太稀，会大大地降低出料效率。因此，为了提高效率，就要求在贮料池前修一个30～40m^{3}的沉积池，此池略高于贮料池，其池上方留有溢流口，让较稀的粪水从高位上溢流出去，其池底会相应沉积得到较浓的物料，此后，再进行固液分离就可大大提高出料速度了。整机占地面积要求不大，安装在一个15m^{2}左右的房间里就可以正常使用。

（二）潜水切割泵

切割泵能够将集污池中较大的固形物切碎抽出，为固液分离机提供状态稳定的粪水，可以处理固形物含量达12%以上的粪水。与普通泥浆泵不同的是其内部带有切割叶片。

（三）搅拌机

对粪水进行混合、搅拌和环流，防止粪水沉积造成管道阻塞，为潜水切割泵提供更好的工作环境。搅拌机装有行星齿轮，可以转向对不同方位搅拌，同时有专用的起吊系统，能够根据液面调整高度，一般壳体为铸铁，刀片为不锈钢（图4－65）。

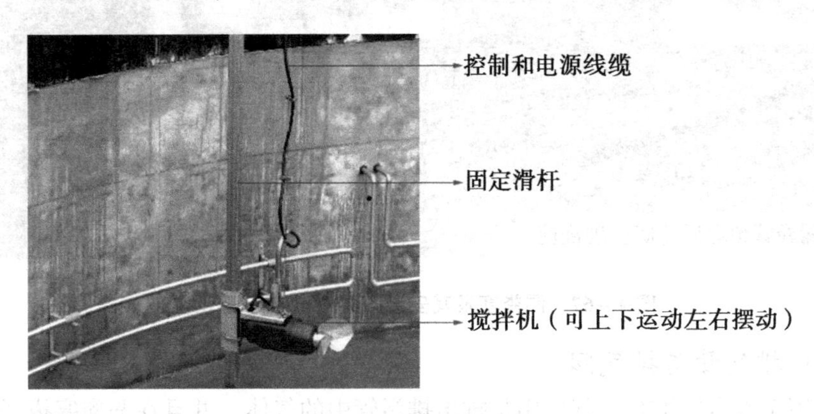

图4－65 污水搅拌机

三、排污管道

主要包括排气阀、排气管、排污管、漏粪塞等，其布置如图4－66所示。

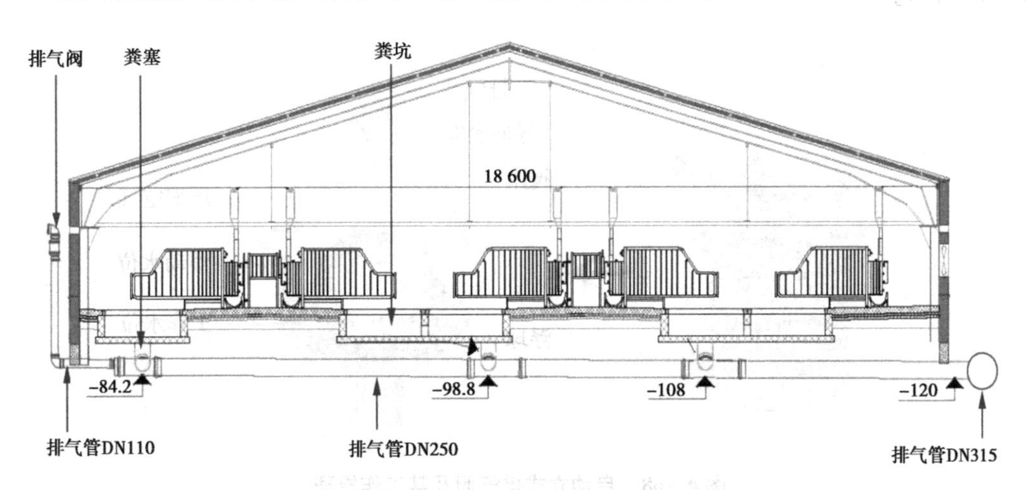

图4－66 排污管道布置（北京京鹏供图）

（一）漏粪塞

主要用于水泡粪工艺，其规格用与其配套的排污管的规格来表示，一般有两种规格，200mm和250mm，即分别适用于200和250的排水管，后一种规格较多用。漏粪塞实际上分两部分，塞子与外部套管，材质一般均为PVC。外部套管分两种形式，一种为马鞍形，安装时直接在下面的排污管上开口，再用黏胶将其粘接在排污管上；另一种为直通形，安装时还需要配套一个三通，将外套管直接套接在三通管上（图4－67）。实际安装中以前者更为灵活。

图4－67　漏粪塞及其安装效果（北京京鹏供图）

（二）排气管与排气阀

主要用于水泡粪工艺，其作用是排出排污管中的气体，并且在漏粪塞拔开漏粪时排气阀会因为负压而阻挡空气的进入。排气管一般使用110的UPVC管，从地下排污管起点端延伸通过弯头折转向上出地面后再接排气阀。实际上排气阀在给排水、暖通工程中均有广泛应用，水泡粪用到的一般为简易的自动立式排气阀，其构造及工作原理，如图4－68所示。

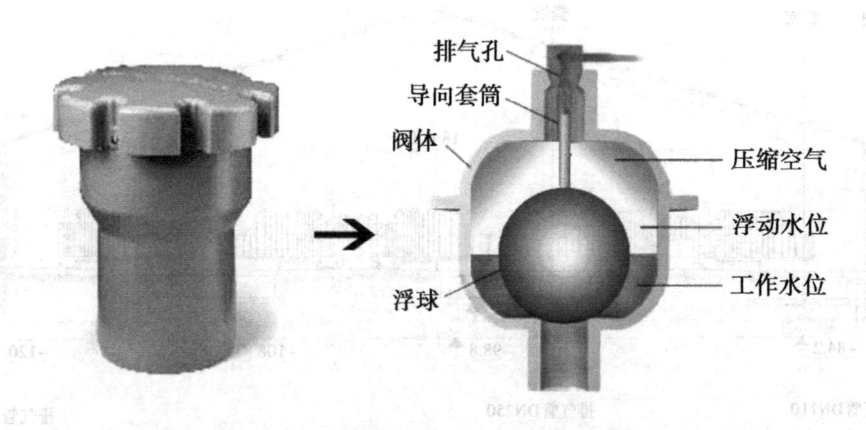

图4－68　自动立式排气阀及其工作原理

（三）排污管

一般使用UPVC，可按GB 50015—2009《建筑给水排水设计规范》分为三级：干管、支管、接户管，常用的管径为干管315～500mm、支管250～315mm、接户管200～250mm，其坡度可参看表4－25。

表 4－25 建筑排水塑料管排水横管的坡度和充满度

外径（mm）	通用坡度	最小坡度	最大设计充满度
50	0.025	0.0120	0.5
75	0.015	0.0070	
110	0.012	0.0040	
125	0.010	0.0035	
160	0.007	0.0030	0.6
200	0.005	0.0030	
250	0.005	0.0030	
315	0.005	0.0030	

注：化粪池与其连接的第一个检查井的污水管最小设计坡度取值：管径 150mm 宜为 0.010～0.012；管径 200mm 宜为 0.010

（注：摘自 GB 50015—2009）

四、沼气利用设备

（一）沼气发电机组

沼气发电主要原理是将“空气沼气”的混合物在气缸内压缩，用火花塞使其燃烧，通过活塞的往复运动得到动力，然后连接发电机发电（图 4－69）。在我国，有全部使用沼气的单燃料沼气发电机组及部分使用沼气的双燃料沼气-柴油发电机组，前者不需要辅助燃料油及其供给设备，在控制方面比可烧两种燃料的发电机组简单。沼气在进入发电机组前应经过脱水脱硫处理，否则，影响机组寿命。沼气热值一般在 26MJ/m^3，每标准立方米沼气可发电 2.3 度电以上，耗气率为 0.43Nm^3/kWh（表 4－26）。

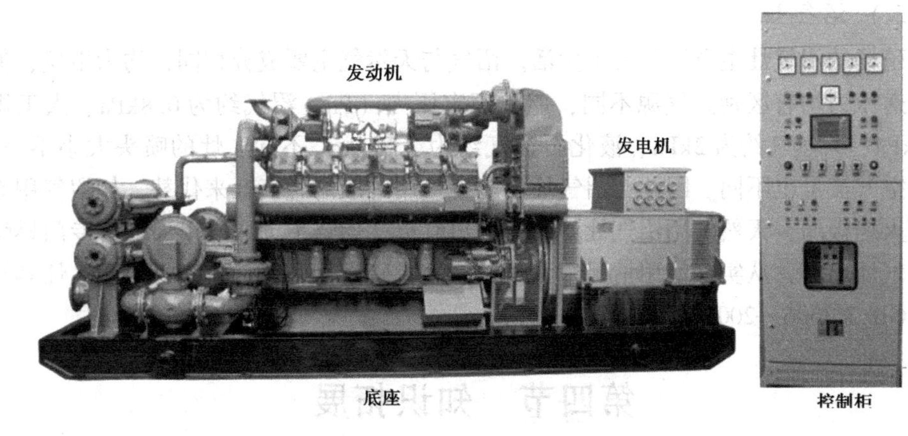

图 4－69 沼气发电机组

表 4-26　500GF 型燃气发电机组主要技术参数（参考）

参数项	值	参数项	值
发动机型号：	Z12V190ZLD	励磁方式：	无刷
发电机型号：	1FC6	调速器型号：	2301A 控制器
控制屏型号：	PCK1-RB500	启动方式：	24V 直流电启动
额定转速：	1 000r/min	冷却方式：	强制水冷、换热器换热
额定功率：	500kW	气缸直径：	190mm
额定电流：	902A	活塞行程：	210mm
额定电压：	400V	热耗率：	11.5MJ/kWh
额定因数：（COSΦ）	0.8（滞后）	外形尺寸：	5 506mm×1 970mm×2 698mm
额定频率：	50Hz	净质量：	12 500kg
相数与接法：	三相四线制	活塞平均速度：	7m/s
调压方式：	自动	机油消耗率：	1.5g/kWh

（二）沼气灯

图 4-70　沼气灯

沼气灯由玻璃灯罩、弹片、纱罩、灯头、灯体、锁紧螺母、引射管、喷嘴接头和吊钩构成（图 4-70），主要用于照明。其工作原理：沼气由输气管送至喷嘴，在一定的压力下，沼气由喷嘴喷入引射器，借助喷入时的能量，吸入所需的一次空气（从进气孔进入），沼气和空气充分混合后，从泥头喷火孔喷出燃烧，在燃烧过程中得到二次空气补充，纱罩在高温下收缩成白色珠状的二氧化钍，其在高温下发出白光，可用来照明。一盏沼气灯的照明度相当于 60～100W 白炽电灯，其耗气量只相当于炊事灶具的 1/6～1/5。因其不能碰撞易碎，可能还有火灾隐患，环控型猪场使用意义不大。

（三）沼气灶

养殖场的沼气灶主要用于员工生活。沼气与天然气主要成分相同，均为甲烷，但含量与输送压力均有区别。气源不同，燃具额定压力（Pn，沼气约为 0.8kPa、人工煤气约为 1kPa、天然气约为 2kPa、液化石油气约为 2.8kPa）不同，灶的喷头大小不一样，配比的空气流量也不同。因此，沼气灶不能直接用一般的燃气灶来代替，如沼气用天然气灶则火焰极弱，天然气用沼气灶就会冒烟出红火，燃烧不彻底。市面上有专门燃烧沼气的沼气灶出售，从实际使用情况来看，如沼气脱硫不彻底，灶具容易损坏。灶具执行标准：GB/T 3606—2001 家用沼气灶。

第四节　知识拓展

饲料加工工艺流程及设备方案

本方案由江西正华科技有限公司提供，每小时加工全价配合饲料（粉料，不包含制粒等）量约为 3T，可满足 2 400头之内基础母猪规模的养猪场使用。本方案包括工艺流程图（图4－71）和设备列表（表4－27）两部分。

（一）工艺流程图

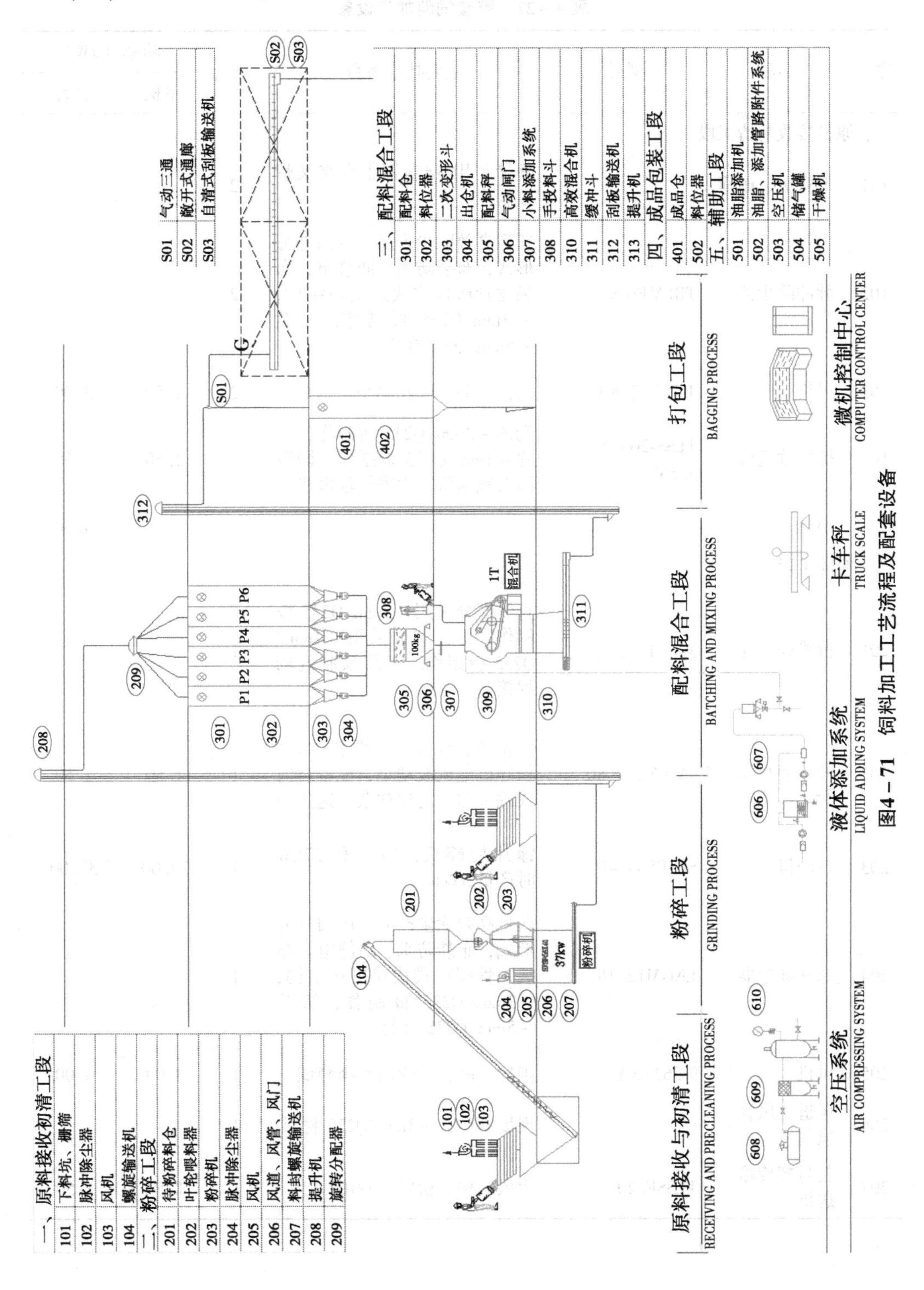
一、原料接收初清工段
101 下料坑、栅筛
102 脉冲除尘器
103 风机
104 螺旋输送机
二、粉碎工段
201 待粉碎料仓
202 叶轮喂料器
203 粉碎机
204 脉冲除尘器
205 风机
206 风道、风管、风门
207 料封螺旋输送机
208 提升机
209 旋转分配器
三、配料混合工段
301 配料仓
302 料位器
303 二次变形斗
304 出仓机
305 配料秤
306 气动闸门
307 小料添加系统
308 手投料斗
310 高效混合机
311 缓冲斗
312 刮板输送机
313 提升机
四、成品包装工段
401 成品仓
502 料位器
五、辅助工段
501 油脂添加机
502 油脂、添加管路附件系统
503 空压机
504 储气罐
505 干燥机
S01 气动三通
S02 敞开式通廊
S03 自清式刮板输送机
P1 P2 P3 P4 P5 P6
1T
混合机
100kg
37kw
粉碎机
原料接收与初清工段
RECEIVING AND PRECLEANING PROCESS
粉碎工段
GRINDING PROCESS
配料混合工段
BATCHING AND MIXING PROCESS
打包工段
BAGGING PROCESS
空压系统
AIR COMPRESSING SYSTEM
液体添加系统
LIQUID ADDING SYSTEM
卡车秤
TRUCK SCALE
微机控制中心
COMPUTER CONTROL CENTER

图4－71　饲料加工工艺流程及配套设备

（二）设备列表

表 4－27　整套饲料加工设备

序号	名称	型号	主要技术参数	数量	功率（kW）	
					单机	合计
一、原料接收初清工段						
101	下料坑、栅筛		栅筛须用5#扁钢十字交叉焊接制作	2		
102	脉冲除尘器	TBLMFb. 9	新型高效除尘产品，内圆外方形式，布袋防水、防静电，布袋龙骨阀口式快速更换结构，－3mm/Q235 板制作，法兰－5mm/Q235材料	2		
103	风机	4-72No2. 8A	国标产品，叶轮动平衡测试	2	1. 50	3. 00
104	螺旋输送机	TLSS-20（L-5. 8M）	壳体－3mm/Q235 板制作，叶片－4mm/Q235 板制作。国茂国泰减速机，六安江淮电机。	1	1. 50	1. 50
	小计					4. 50
二、粉碎工段						
201	待粉碎料仓	$3m^3$/1 只	直体部分采用－3mm/Q235 板制作，锥体部分采用－4mm/Q235 板制作。工厂预制现场焊接	1		
202	叶轮喂料器	TWLY25＊80	叶轮呈流线排布，喂料均匀，粉碎机电流波动小，配备自清式磁选器。清理铁杂快速方便	1	1. 50	1. 50
203	粉碎机	SFSP56＊40	锤片粉碎机，3mm 孔/37kW 时产量 5T/h	1	37. 00	37. 00
204	脉冲除尘器	LNGM12/18	新型高效除尘产品，内圆外方形式，布袋防水、防静电，布袋龙骨阀口式快速更换结构，－3mm/ Q235 板制作，法兰－5mm/Q235 材料	1		
205	风机	9-26No3A	国标产品，叶轮动平衡测试	1	3. 00	3. 00
206	风道、风管、风门		现场制作，－3mm/Q235 材料	1		
207	料封螺旋输送机	TLSSF. 20	闭风结构，粉碎机专用	1	1. 50	1. 50

（续表）

序号	名称	型号	主要技术参数	数量	功率（kW）	
					单机	合计
208	提升机	TDTG36/23（H=15m）	机筒 -1.8mm/冷板制作，机头 -4mm/Q235 板制作，江苏三维强力带、塑料畚斗，头轮覆胶。国茂国泰减速机，六安江淮电机	1	3.00	3.00
208	旋转分配器	TFPX.6	45 度分料管，内部分配管道之间采用活动式软连接、轨道定位系统、装有自动清理机构，有效预防物料泄漏；国茂国泰减速机，六安江淮电机	1	0.37	0.37
	小计					44.87
三、配料混合工段						
301	配料仓	$36m^3$/6 只	直体部分采用 -3mm/Q235 板制作，锥体部分采用 -4mm/Q235 板制作。工厂预制现场焊接	6		
302	料位器		上海思派，稳定性好	6		
303	二次变形斗		-3mm/Q235 材料	6		
304	出仓机	TWLL25	高精度，变螺距输送，筒体采用 -3mm/Q235 板制作，螺旋采用 -4mm/Q235 板制作	2	1.50	3.00
		TWLL20	高精度，变螺距输送，筒体采用 -3mm/Q235 板制作，螺旋采用 -4mm/Q235 板制作	4	1.10	4.40
305	配料秤	PCS-1 000kg		1		
		传感器		3		
306	气动闸门	TZMQ60*60		1		
307	小料添加系统	TBLMb.12		1	0.75	0.75
308	手投料斗		-3mm/Q235 材料	1		
310	高效混合机	SLSHJ.2	双轴桨叶混合机，独特的开门联动机构，三排链传动，混合过程柔和，周期短，均匀度高。均匀度 CV≤5%，管道含雾化喷头	1	18.50	18.50
311	缓冲斗		现场制作，-3mm/Q235 材料，带检修孔	1		

（续表）

序号	名称	型号	主要技术参数	数量	功率（kW）	
					单机	合计
312	刮板输送机	TGSU25	小节距高强度刮板链，高强度尼龙刮板，底部采用－4mm 锰钢制作，侧板采用－3mm/Q235 板制作，刮板导轨内加高分子耐磨材料，机尾配有泻爆口，控制上采用防堵报警，国茂国泰减速机，六安江淮电机	1	3.00	3.00
313	提升机	TDTG36/23（H＝15m）	机筒－1.8mm/冷板制作，机头－4mm/Q235 板制作，江苏三维强力带、塑料畚斗，头轮覆胶。国茂国泰减速机，六安江淮电机	1	3.00	3.00
	小计					32.65
四、成品包装工段						
401	成品仓	6m³/1 只	直体部分采用－3mm/Q235 板制作，锥体部分采用－4mm/Q235 板制作。工厂预制现场焊接	1		
502	料位器		上海思派，稳定性好	1		
	小计					0.00
五、辅助工段						
501	油脂添加机	SYTZ-100	称重式结构，添加准确	1	10.00	10.00
502	油脂、添加管路附件系统			1		
503	空压机			1	7.50	7.50
504	储气罐	1m³		1		0.00
505	干燥机			1		0.00
	小计					17.50
	总计					99.520

第五章　智能化猪场设计

知识目标

（1）了解一个完整设计的过程及其应该交付的文件。

（2）了解猪群结构和工艺对栏舍内部布局的影响。

（3）了解猪场功能分区及布局规律。

（4）了解猪场设备的配置方法。

技能目标

（1）能够根据生产规模和工艺流程计算猪群结构。

（2）能够根据猪群结构合理进行栏舍内部布局。

（3）能够根据猪群结构配置各栏舍的设备。

（4）能够基本识读设计图。

生产标准或法规引用

标准名称	参考单元
GB/T 17824. 1—2008《规模猪场建设》	全部
GB-T 17824. 2—2008《规模猪场生产技术规程》	4、5、6、7
GB/T 17824. 3—2008《规模猪场环境参数及环境管理》	4
GB 18596—2001《畜禽养殖业污染物排放标准》	1、2、3、4
青岛大牧人《各阶段猪要求的通风量标准》	全部
国务院令第643号《畜禽规模养殖污染防治条例》	全部

第一节　养殖工艺设计

一、养殖工艺的选择

（一）确定清粪与粪污处理方式

（1）环境敏感性很高，消纳污水能力较弱，或用水紧张的地区，宜采用干清粪。劳动力成本不高时采用人工干清，否则，用机械干清；粪污处理可以用生物堆肥，或直接上有机肥生产设备。少量污水可以多级沉淀或上小型沼气解决。

（2）环境敏感性一般，且水源充足，建议水泡粪，一般不再主张水冲粪；粪污处理如果有配套种植面积，可上生态型沼气工程；没有消纳面积，前端沼气工程不变，但沼气工程后的污水必须上有氧处理工艺，如 SBR 曝气处理。

（二）确定生产流程

由于目前群养方式和限位方式的流程都比较统一，只需要确立如下参数即可。

（1）母猪是否群养：群养方便与水泡粪配合，限位饲养方便与干清粪方式配合。

（2）仔猪哺乳期（即离奶日）：3 周或 4 周，智能化猪场栏舍条件好，管理水平也较高，建议 3 周。

（3）仔猪离奶后是否留栏饲养：智能化猪场保育条件好，不建议留栏继续饲养。

（三）确定供暖降温方式

（1）供暖。我国除华南地区外均建议采用热水锅炉集中供暖，华南地区或华中靠南地区冬季仔猪、保育猪用电地暖、红外灯暖或热风机，大猪依赖自身产热和栏舍保温即可。

（2）降温。一般采用湿帘降温，但湿帘降温要求封闭式猪舍，因此，华南地区可采用卷帘封闭的半开放式猪舍。其他地区建议全封闭式。

二、猪群结构计算

（一）确定生产方向

（1）生产类型。原种场、扩繁场、商品场。

（2）饲养品种。地方品种、外来品种或者它们相互杂交品种，纯种猪、二元杂、三元或四元杂等。

（二）确定生产指标

（1）生产规模。基础母猪数量。

（2）成活率。(期末存栏数 + 转出数) / (期初存栏数 + 转入数)。

中期成活率：成活率是一个统计数，总是指向某一时段，而存栏数是一个实时数，指向某一时刻。因不能确定死亡集中发生在那一时段，显然将死亡的个体平均分配到整个时期而将存栏的计算时刻确定在某一饲养期的中期比较准确，因此，存在一个中期成活率的概念，中期成活率 = (1 + 成活率)/2。譬如保育猪的成活率如果为 95%，则保育猪中期成活率就为 97.5%。

（3）年产胎数。

理论值：如按 21 日断奶计算，应该为 365/母猪生产周期（空怀 7 + 怀孕 114 + 哺乳 21）= 365/142 = 2.57。

实际值：2.2 ~ 2.3，主要受以下异常状况影响。

①不发情或延迟发情。

②不怀孕（空怀）。

③流产。

如果按年产 2.3 胎计算，则异常状况约占 1 − 2.3/2.57 = 10.5%。

（4）胎产（健）仔数。主要受品种、饲养水平、健康状况、配种技术影响，如长大二元母猪约为10～12头。

（5）年死淘率。一般算年淘汰率，死亡毕竟极少，母猪为25%～30%，公猪为35%～50%。

（6）公母比。即基础公猪与基础母猪之比，人工授精约为1∶（100～150）。

（7）后备猪培育合格率及培育期（或育成期）。前者约为70%；后者＝适配年龄－哺乳期－保育期，地方品种适配年龄约为6个月，引进品种约为8个月，按哺乳21d，保育49d计算，地方品种培育期约为16周（112d），引进品种约为25周（175d）。

（三）计算猪群结构

（1）各阶段基础母猪存栏数。产仔母猪数＝（提前转入天＋哺乳期）/生产周期×基础母猪数；配怀母猪数＝基础母猪－产仔母猪数。考虑到约有10%异常不能进产房，则产房实际存栏数为理论数×90%。如1 000头基础母猪产房理论存栏为（7＋21）/（7＋21＋114）×1 000＝197.2头，实际应为197.2×90%＝177.5头，配怀母猪数＝1 000－177.5＝822.5头，如前期限位35d，则限位母猪数为822.5×35/114＝252.5头。

（2）存栏仔猪数。先算一头母猪年提供仔猪数，再算一头母猪天提供仔猪数，最后考虑规模、成活率和哺乳期，计算公式如下：

存栏仔猪数＝年产胎数×胎产仔数/365×哺乳期×中期仔猪成活率×基础母猪数。

每天出栏仔猪数＝年产胎数×胎产仔数/365×仔猪成活率×基础母猪数。

（3）存栏保育猪数。先算每天入栏保育猪数（即每天出栏仔猪数），再考虑成活率和保育饲养天数，计算公式如下：

存栏保育猪数＝每天出栏仔猪总数×保育期天数×保育中期成活率。

每天出栏保育猪数＝每天出栏仔猪总数×保育成活率。

（4）存栏育肥猪数。先算每天入栏育肥猪数（即每天出栏保育猪数），再考虑成活率和育肥饲养天数，计算公式如下：

存栏育肥猪数＝每天出栏保育数×育肥期天数×育肥猪中期成活率。

每天出栏育肥猪＝每天出栏保育数×育肥猪成活率。

（5）后备母猪。后备母猪＝基础母猪×年死淘率/后备猪培育合格率/365×后备猪培育天数。

（6）后备母猪自繁自养，还需要计算原种猪（即猪场核心群）的存栏数。

核心群母猪＝年补充母猪数/后备合格率/保育成活率/仔猪成活率×2/胎产健仔数/年产胎数。

猪群结构计算，可参看表5－1。

表 5－1　1 000 头基础母猪猪群结构计算

生产指标	年产胎数	胎产健仔数	公母比	母猪限位期(d)	仔猪成活率	保育成活率	育肥成活率	哺乳期(d)	保育期(d)	育肥期(d)	母猪年死淘率	公猪年死淘率	后备合格率	后备猪培育期(d)
	2.3	10	1%	35	90%	95%	98%	21	49	126	30%	35%	70%	173

中间值	母猪理论生产周期	母猪实际生产周期	正常产仔比率	限位期占配怀期	仔猪中期成活率	保育中期成活率	育肥中期成活率	仔猪年出栏	保育年出栏	肥猪年出栏	年补充母猪数	年补充公猪数
	142	158.7	89.5%	30.7%	95%	98%	99%	20 700	19 665	19 272	300	3.5

猪群结构	基础母猪	产房母猪	配怀母猪	其中限位期母猪	仔猪存栏	保育存栏	肥猪存栏	基础公猪	后备母猪存栏	后备公猪存栏	核心群母猪	核心群公猪
	1 000	176	824	253	1 257	2 709	6 721	10.0	142.5	1.4	43.6	0.4

注：①设定母猪 8 个月达性成熟可进入基础母猪群，后备母猪培育从出保育开始，则培育期 = 8 个月 − 保育 − 哺乳

②假定核心群产仔的公母比为 1 : 1

③后备猪培育合格率应为选定数/期初入栏总数，即已经考虑培育期死亡的情况

三、栏舍分区及内部布局

遵循按周生产全进全出模式，可以对各栏舍进行分区，如果生产规模较大一个分区可以独立成一栋。以下按上表参数设定进行计算。

（一）栏舍分区

（1）分娩舍。母猪提前 1 周进栏 + 哺乳 3 周 + 空栏消毒 1 周 = 5 周，即可分为 5 个区。

（2）保育舍。保育期 7 周 + 空栏消毒 1 周 = 8 周，即保育舍应分 8 个区。

（3）肥育舍。育肥期 18 周 + 空栏消毒 1 周 = 19 周，即育肥舍应分 19 个区。

（4）配怀舍。如完全限位饲养，则为 114/7 + 1 = 18 周，即分 18 个区；如前期限位后期群养，则限位分 35/7 = 5 区，群养分 18 − 5 = 13 区。

（二）栏舍内部布局及面积计算

（1）分娩舍。双列或四列。通道宽一般为 1m，双列通道数为 2 + 1 条，四列通道为 4 + 1 条，如靠墙不设通道则为 2-1 和 4-1，即 1 条和 3 条。分娩舍面积为：长（每列产床数 × 产床宽 + 2 条通道宽）× 宽（列数 × 产床长 +（列数 ± 1）× 通道宽）。

（2）保育舍。多数为双列式，每列两端不设通道，只两列之间一条通道，算法与分娩舍类似，面积为：长（每列保育栏数 × 保育栏宽）× 宽（列数 × 保育栏长 + 1 × 通道宽）。

(3) 肥育舍。多数为双列式，算法与保育相似，面积为：长（每列育肥栏数×育肥栏宽）×宽（列数×育肥栏长+1×通道宽）。

(4) 配怀舍。限位栏一般双列或四列，群养大栏一般双列，有的将配怀舍分成配种舍和怀孕舍，不影响面积的估算。限位栏面积：长（每列限位栏数×限位栏宽）×宽（列数×限位栏长+(列数±1)×通道宽）；群养大栏的面积：群养阶段存栏数×每头母猪应分配面积+通道面积，母猪面积需求一般为2.2～2.5m^2。

其他如后备栏和公猪舍，根据其存栏数和面积需求计算。在布局上每多一列，要增加一条通道，所以一般的栏舍内部布局不会超过4列。以上计算，可参看表5－2。

表5－2　1 000头基础母猪栏舍需求计算

分娩舍								配怀舍					
产房分区	每区产床数	双列式产床每列	四列式产床每列	双列式产床数	四列式产床数	过道宽（m）	四列式每区面积（产床规格1.8m×2.4m）	限位栏双列式每列个数	过道宽（m）	双列限位区面积（限位栏规格2.2m×0.63m）	配怀群养应分区个数	群养每头面积	每区面积
5	45	23	12	230	240	1	344.56（23.6×14.6）	127	1	607	13	2.2	99
保育舍								育肥舍					
保育分区	每区保育头	每头面积	双列式每列	3.6m×2.4m保育栏饲养头数	双列式每列栏数	过道宽（m）	双列式每区面积（保育栏规格3.6m×2.4m）	育肥猪分区	每区肥猪头	双列式每列	每头面积	6m×3m育肥栏饲养头数	每列栏数
8	387	0.5	194	17.28	12	1	236.16（28.8×8.2）	19	354	177	1	18	10

注：配怀群养应分区个数＝（配怀母猪总数－限位母猪数）/产房每区母猪数

第二节　建筑布局设计

一、猪场的功能分区与布局

猪场按功能大致可分为生产区、生产辅助区、污染处理区、管理与生活区。

(一) 生产区

包括各种猪舍、消毒室（更衣、洗澡、消毒）、消毒池、药房、兽医室、值班室、过磅房、出猪台、维修及仓库、隔离舍等。各猪舍是猪场的主要建筑，应处于生产区中心位置，按流水线方式布置，即按配怀舍→分娩舍→保育舍→育肥舍顺序摆放，最后通向过磅房和出猪台，各舍间距应在舍高的4～5倍以上；消毒室、消毒池处于生产区入口位置；隔离舍分两种，一种是引进猪的隔离观察舍，应位于入口处相对独立的区域；另一种为病猪隔离舍，应与化尸窖处于较近位置；生产区值班室多数情况下指分娩舍值班室，应与分娩舍连接在一起；其他舍根据生产方便进行布置。

（二）生产辅助区

包括饲料厂及仓库、水塔、水井房、锅炉房、变配电室、车库、电工房等。生产辅助区按有利防疫和便于与生产区配合进行布置。

（三）污染处理区

包括病死猪处理和粪污处理，应处于地势较低位置。前者主要是化尸窖等设施，后者包含沼气工程设施、固液分离车间、有机肥厂、曝气池等。

（四）管理与生活区

包括办公、食堂、职工宿舍等。管理与生活区地势应比生产区高，且处于上风处。

以上各区的地势分布，可参看图5－1，猪场的整体布局，可参看图5－2。

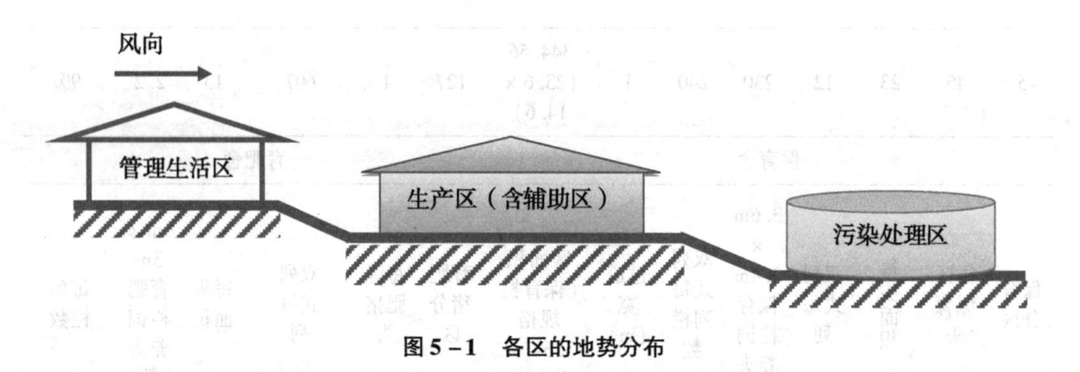

图5－1　各区的地势分布

二、路管网设计

（一）道路

主要供人与车通行，整场可以分三级布局，一级为主干道，贯通各个功能分区，二级为支线，贯通某功能区各栋，三级为细线，到各舍入口。干道要保证双车通行，支线至少单车道，细线为单车道或行人道。因饲料仓库进料道路一般都会有中大型车辆通行，应特别注意其设计宽度。道路宽度，可参看表5－3。

猪场道路有3种物料进出，可归纳为“一进两出”，一进主要是饲料和其他生产资料进场，两出指猪出栏和粪污处理后产品转运出场。有条件最好三者的道路都分开，且都不进入生产区。如饲料由场外配送（这是一个趋势），料塔靠围墙，料罐车不进入场区，在围墙外打料；有机肥厂出料口靠近围墙，车辆直接在场外装料；贩运活猪的车辆带病的可能性最大，上猪时又很难保证饲养人员不与车辆接触，因此，必须保证这种车辆先要进行消毒，考虑到出售猪只时行政管理人员也要参与，比较好的办法是将上猪台

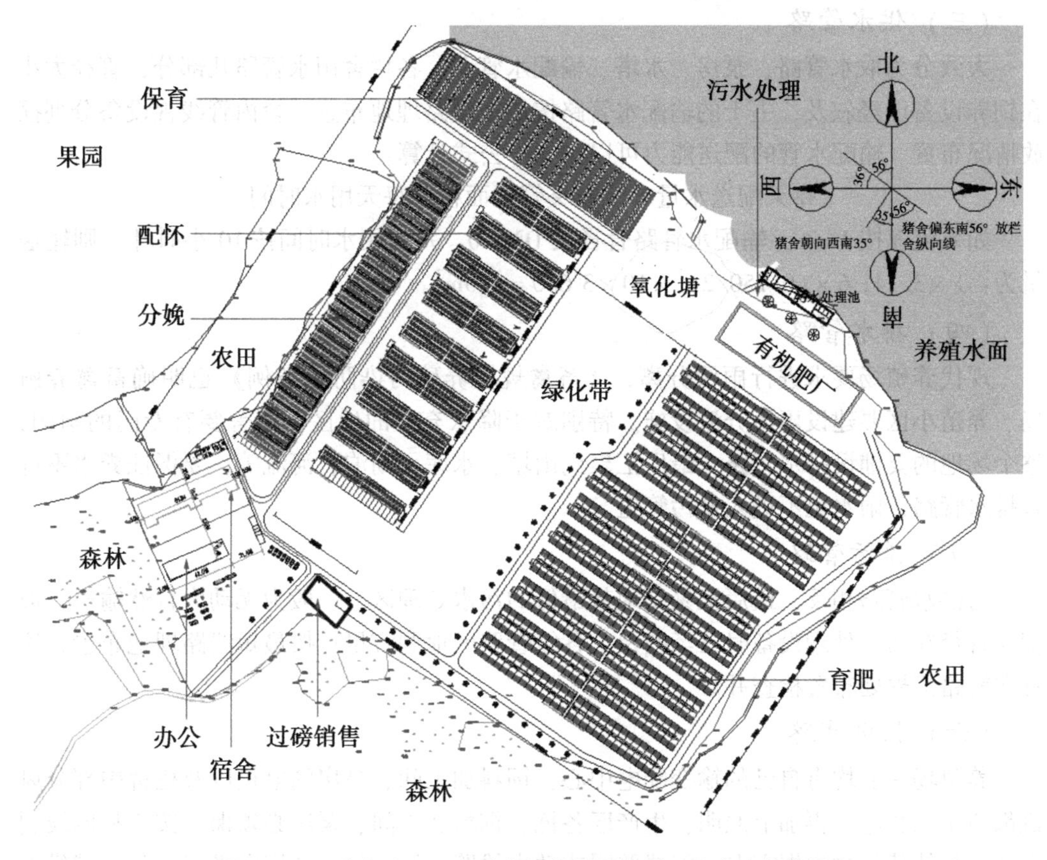

图5－2　一个年产7.5万头猪场的平面布置（粤湘农牧供图）

的出口设置在生活管理区，贩运车辆进入管理区大门时即进行消毒。

表5－3　道路宽度设计标准

坡道形式	计算宽度（m）	最小宽度（m）	
		微型、小型车	中型、大型、铰接车
直线单行	单车宽＋0.8	3.0	3.5
直线双行	双车宽＋2.0	5.5	7.0
曲线单行	单车宽＋1.0	3.8	5.0
曲线双行	双车宽＋2.2	7.0	10.0

（二）赶猪通道

流水线上各栋栏舍应设置通道，如配怀到分娩、分娩到保育、保育到育肥，按最短路程原则，最好布置在两栋栏舍间隔的中间位置。再就是育肥舍到出猪台之间要设置通道，生长育肥猪存栏量最大，占面积最宽，可以先规划出一条主干赶猪通道，各栋再通过分支通道连接到主干道。

（三）供水管路

大致分为取水管路、泵房、水塔、输配水管路、各栏舍用水管路几部分，管径大小在饲养设备已经叙及，主干的输配水管路按最短线路埋地布置，舍内管线视设备分列摆放情况布置。输配水管的配送能力可以按如下公式计算：

每天配送水量 = 流速 × 管径面积 × 每天用水时间

如果流速按1m/s，输配水管路管径按DN150，每天用水时间按10小时计，则输送量为：$1 \times 3.1416 \times (0.150/2)^2 \times 10 \times 3600 = 636m^3$。

（四）排水管路

现代养殖场要求进行雨污分离，《畜禽规模养殖污染防治条例》也明确畜禽养殖场、养殖小区要建设雨污分流设施。特别对于降水充沛的地区，栏舍要有专门的雨沟，整个场地的要铺设排水管路，最后汇聚到山塘、水库、湖泊、河流等，要保证粪水不进入排水管路，雨水也不进入排污管道。

（五）排污管路

与供水管路相反，最后汇聚到地势最低的污水处理区，一般为无动力自然输送，坡度与管径在污水处理设备时已经叙及，各级管路因地制宜尽量按最短线路埋地布置，注意在管路汇聚处布置检查井。

（六）供电线路

养殖场一般均有自己的输变配电中心，饲料加工间、泵房的电机以及栏舍中部分风机都使用三相电，再加上照明，生产区各栋、饲料加工间、泵房必须保证按三相四线制供电，其他建筑物根据需要，配置照明或动力线路，注意三相的用电平衡。各区域供电线路线径按其负荷估算或由电力部门进行专业设计。

（七）供暖线路

一般分娩舍与保育舍需要集中供暖，因此，锅炉房最好处于两栋之间的中心位置，通过埋地的保温热水管输送到各栋，流经地暖管或暖气片后通过回水管输送回来，因此是一种循环管路。地暖管盘管、支管等口径已经在第四章环境控制设备中叙及，保温管口径可以由锅炉生产厂家根据供暖面积和锅炉出水口径进行专业设计。

第三节　设备配置

一、饲养设备配置

（一）料塔容量估算

供料天（一般为3d）× 每头平均日采食量 × 存栏头/饲料比重（一般为0.55），每头平均日采食量按表5－4估算。

依照表5－1的数据，1 000头母猪规模的保育舍料塔容量为3 × 1.5 × 2 709/0.55 = 22 165kg，即约为22t，如果使用8t料塔，可能需要每天打料。

表 5－4　各阶段猪平均日采食量　（单位：kg）

类型	配怀母猪	哺乳母猪	保育猪	育肥猪
日采食量	2.5	5.5	1.5	2～3

注：按引进杜长大三元猪估算

（二）智能饲喂站数量估算

由于每头猪需要固定的采食时间，所以，一台饲喂站只能饲喂约 50 头母猪；一台测定站一般只能测定约 15 头肥猪。

二、环境控制设备配置

（一）风机的配置

1. 地沟风机的配置

地沟风机主要用于排氨并满足冬季通风换气的需要，在 GB-T 17824.3—2008 中有对猪舍通风量要求的规定，可参看第一章第二节表 1－4。根据此表和各阶段猪的体重，可以得出大致的通风量要求，如表 5－5 所示。

表 5－5　各阶段猪要求的通风量　（单位：m^3/h）

阶段	寒冷	温和	炎热
5～13kg 阶段	2.5～3.4	17	43
13～30kg 阶段	3.4～5.1	25	68
30～68kg 阶段	10	41	128
68～113kg 阶段	17	60	204
136kg 后备猪	24	68	255
136kg 妊娠母猪	34	68	255
181kg 妊娠母猪	34	85	510
250kg 妊娠母猪	34	110	850
分娩母猪	34	135	850（无水帘） 600（有水帘）

注：①通过温度自动控制最好
　　②通风量已经考虑湿度和氨气的因素
　　③环控器控制时适当地增加 0.5% 的补偿
（注：摘自大牧人公司猪舍通风量标准）

假设满足寒冷季节通风量时也可满足排氨的需要，这样地沟风机的配置就有了依据，即通风量＝每头猪的寒冷季节通风量×存栏头数。依照表 5－1 的数据，1 000头母猪规模的配怀舍通风量应为：$34\times824=28\ 016m^3/h$。假设 24 英寸（1 英寸＝2.54cm）地沟风机的通风量为$11\ 000m^3/h$，则至少需要 3 台，考虑到风机 24h 不间断工作会影响其寿命，最好再增加一台，即最好配置 4 台 24 英寸地沟风机。

2. 侧墙风机的配置

侧墙风机主要用来降温，假设满足上表炎热季节通风量也可满足拉动湿帘的需要（实际上肯定是满足的，因湿帘的配置面积就由之计算出来的），则侧墙风机的通风量 = 炎热季节通风量 × 存栏头数。依照表 5 - 1 的数据，1 000头母猪（中等体重）规模的配怀舍通风量应为：$510 \times 824 = 420\ 240m^3/h$。则至少需要通风量为 49 000$m^3/h$的 54 英寸风机约 9 台，考虑 20% 富余，则需要 11 台。

（二）湿帘的配置

1. 湿帘面积的估算

应根据通风量和过帘风速来进行推算，一般 10cm 厚的湿帘要求过帘风速达到 1.0 ~ 1.5 m/s，15cm 厚的湿帘要达到 1.5 ~ 2.0 m/s 的风速。按上述配怀舍 824 头母猪的通风量 420 240m^3/h可以计算出配怀舍的湿帘面积为：$420\ 240/3\ 600/1.5 = 78m^2$。

2. 湿帘水泵流量估算

理论上为：$Q = q \times L \times W + B$

Q——水泵所需流量（m^3/h）；

q——湿帘顶部单位面积必要供水量，取值范围为 0.36 ~ 0.48m^3/hm^2，视湿帘厚度确定，厚度大取较大值；

L——湿帘总长度（m）；

W——湿帘总厚度（m）；

B——湿帘排水量（m^3/h），为蒸发水量的 0.25 ~ 5 倍，水中 pH 值与矿物浓度越高取值越大，蒸发水量一般为 0.003 ~ 0.004m^3/h；

3. 湿帘水池大小的估算

V = 最小设计容量 × 湿帘面积

V——水池容量（m^3）；

最小设计容量——为经验值，100mm 厚湿帘取 0.03m^3/m^2，120mm 取 0.035，150mm 取 0.04；

（三）进风窗的配置

设置进风窗的目的主要是为了通风和保暖，配置的主要原则是在满足通风量的前提下尽量减少风阻并均匀分布。通风窗个数 = 通风量/过窗风速/单个通风窗通风面积。

1. 吊顶通风窗的配置

吊顶通风窗主要用于冬季通风，可以用表 5 - 5 寒冷季节通风量和表 1 - 4 的设计风速来计算，下面以 48 个床位的分娩小区需要的吊顶进风窗最大数量计算为例：

吊顶四面通风窗规格为：790 × 790 × 210mm，其全开时通风面积为 0.66m^2。

哺乳猪舍冬季最大风速：0.15m/s；

分娩母猪寒冷季节通风量：34m^3/h · 头；

进风窗个数应为：$48 \times 34/3\ 600/0.15/0.66 = 4.6$ 个，考虑到分布均匀的需要，如果产床为 4 列，如每列 1 个则不足，因此，应调整为每列分布 2 个，即需要 8 个。严格来说不能以哺乳猪舍冬季最大风速作为过窗风速，因为小猪靠近地板，风从吊顶进口到地板会有发散，假如发散率为 3，则过窗风速实际应该为 $3 \times 0.15 = 0.45m/s$。

根据产床的规格可大致算出垂直通风时穿过漏缝地板的实际风速：如产床为1.8m×2.4m，假设母猪躺卧区不通风，漏缝地板孔与筋各占50%，前后两端搭接各10cm，则实际通风面积为（1.8－0.6）m×（2.4－0.2）m×50%＝1.32m^2，满足最小通风量时的风速为34/3 600/1.32＝0.007 m/s，可见是远小于哺乳仔猪的冬季最大风速0.15m/s，哺乳仔猪应该不会感觉到不适的。

2. 走廊进风窗的配置

走廊进风窗主要用于夏季湿帘进风，过窗风速设计可达3～4m/s。还是以上述分娩小区为例：

走廊进风窗规格为：575mm×615mm，其全开时通风面积为0.35m^2；

过窗风速：3m/s；

分娩母猪炎热季节通风量：600m^3/h·头；

进风窗个数应为：48×600/3 600/3/0.35＝7.6个，即8个可以够用。

（四）探头的配置

探头主要指温度、湿度和空气质量探头，每个独立控制的小区一套，并安装在该区的中心位置。

三、污染处理设备配置

（一）沼气产气量的计算

还是以1 000头基础母猪规模，水泡粪工艺为例计算。

年出栏肥猪：查表5－1《1 000头基础母猪猪群结构计算》，为20 700头，即约2万头；

日产污水量：查表2－2《养猪场不同清粪工艺污水水量和水质》，年出栏万头为120～150，2万头则为240～300m^3，取中间值约250m^3；

CSTR模式HRT：8d；

CSTR沼气设计容量：8×250＝2 000m^3；

容积产气率：0.4m^3/m^3·d；

则日产气量为：2 000×0.4＝800m^3。

（二）固液分离机配置

按日处理污水量进行配置，通过上述计算过程可知，1 000头基础母猪规模，日产污水300m^3，如固液分离机的处理能力为20m^3/h，每天工作6h，则需要300/20/6＝2.5台，即需要约3台分离机。

（三）沼气发电机组配置

假定发电机组每天工作6h，则1 000头基础母猪规模应配备沼气发电机组的每小时耗气量为800/6＝133m^3/h。以沼气耗气率为0.43Nm^3/kWh计算，则发电机组的装机容量（功率）为133/0.43＝310kW。

第四节　设计过程及其交付文件

一、准备阶段

主要由建设单位提出设计要求，如规模、投入、工艺等，多数为一些宏观或概念上的要求，也可以有一些细节上的要求，具体表现为《设计任务书》或《可行性研究报告》，可行性研究报告一般会包含设计任务书的内容。

猪场建设进入设计程序之前，一般均初步选定了建设地址，因此必须进行初步设计工程地质勘察，对场地内建筑地段的稳定性作出评价，形成岩土工程地质勘察报告，以方便设计单位进行建筑布局和基础设计。

二、设计阶段

主要由设计单位完成。智能化猪场建设属技术较复杂的项目，采用三阶段设计，即初步设计、技术设计和施工图设计。

（一）*初步设计阶段*

初步设计的内容一般包括设计说明书、设计图纸、主要设备材料表和工程概算等四部分，智能化猪场工艺流程、栏舍的整体布局等均要在这一步完成，也可以称之为方案设计。初步设计文件应当满足编制施工招标文件、主要设备材料订货（或招标）和编制施工图设计文件的需要。具体的图纸和文件如下。

（1）设计总说明。设计指导思想及主要依据，设计意图及方案特点，建筑结构方案及构造特点，建筑材料及装修标准，主要技术经济指标以及结构、设备等系统的说明。

（2）建筑总平面图。比例 1∶500、1∶1 000，应表示用地范围，建筑物位置、大小、层数及设计标高，道路及绿化布置，技术经济指标。

（3）各层平面图、剖面图及建筑物的主要立面图。比例 1∶100、1∶200，应表示建筑物各主要控制尺寸，如总尺寸、开间、进深、层高等，同时，应表示标高，门窗位置，室内固定设备及有特殊要求的厅、室的具体布置，立面处理，结构方案及材料选用等。

（4）设备方案书。智能化猪场设备占比较多，设计方应提供主要设备配置方案，包括设备名称、规格、数量等。

（5）土方调配图。表示路基土方纵向调运数量及位置的图表，确定填、挖方区土方的调配方向和数量。

（6）工程概算书。建筑物投资估算，主要材料用量及单位消耗量。

（7）必要时可绘制透视图、鸟瞰图或制作模型。

（二）*技术设计阶段*

主要任务是在初步设计的基础上进一步解决各种技术问题。技术设计的图纸和文件与初步设计大致相同，但更详细些。具体内容包括整个建筑物和各个局部的具体做法，各部分确切的尺寸关系，内外装修的设计，结构方案的计算和具体内容、各种构造和用料的确定，各种设备系统的设计和计算，各技术工种之间各种矛盾的合理解决等。如智能化猪场的设备具体配置和安装方法等要在这个阶段解决。

（三）施工图设计阶段

施工图设计是建筑设计的最后阶段，是提交施工单位进行施工的设计文件。

施工图设计的主要任务是满足施工要求，解决施工中的技术措施、用料及具体做法。

施工图设计的内容包括建筑、结构、水电、采暖、通风等工种的设计图纸、工程说明书，结构及设备计算书和预算书。具体图纸和文件如下。

（1）建筑总平面图。与初步设计基本相同。

（2）建筑物各层平面图、剖面图、立面图。比例1∶50、1∶100、1∶200。除表达初步设计或技术设计内容以外，还应详细标出门窗洞口、墙段尺寸及必要的细部尺寸、详图索引。

（3）建筑构造详图。应详细表示各部分构件关系、材料尺寸及做法、必要的文字说明。根据节点需要，比例可分别选用1∶20、1∶10、1∶5、1∶2、1∶1等。

（4）各工种相应配套的施工图纸。如基础平面图、结构布置图、钢筋混凝土构件详图、水电平面图及系统图、建筑防雷接地平面图等。

（5）设计说明书。包括施工图设计依据、设计规模、面积、标高定位、用料说明等。

（6）结构和设备计算书。

（7）工程预算书。

以上3个阶段中，许多细节问题设计方必须在第一、第二阶段与建设方充分沟通好，第三阶段才会少做无用功。图审通过并完善后再编制工程预算书。

第五节　知识拓展

冬天温度低时，可以用烧沼气保温的办法来避免沼气池产气下降吗？

沼气工程面临的最尴尬的问题就是：冬天比夏天更需要沼气时，反而比夏天产气少。其主要原因是进入发酵池的污水的温度过低。于是有人提出：燃烧一部分沼气池自产的沼气，用燃烧产生的热量提升发酵池的水温，从而保持较高的产气量。这种方式需要增置沼气锅炉，并在发酵池中铺设热水管道。如果燃烧的气体与加温后产生的气体量差不多，或者产生的气体更少，就毫无意义。因此，很有必要计算一下投入与产出的气体量。表5－6以日产250m^3 的污水量来计算。

由表5－6可知，常温段发酵，投入相当于1 300 m^{3}的气的热量获得的气为800 m^3，投入产出比约为1.62∶1；中温段发酵，投入相当于1 948 m^{3}的气的热量获得的气为1 000 m^3，沼气的投入产出比约为1.95∶1，都是入不敷出的。以上是按较理想的产气率和较好的沼气产热量来计算的。

表 5-6 沼气产气量及升温需气量的计算

指标	常温发酵	中温发酵	备注
日产污水量（m^3）	250		即进料量
冬天污水的温度（℃）	5		
水的比热（kcal/kg℃）	1		即1kg 水每升高 1℃需要 1kcal 热量
沼气产热量（kcal/m^3）	5 500		
沼气燃烧的热转化效率	70%		
发酵温度（℃）	25	35	
CSTR 模式的 HRT（d）	8	4	HRT 水力停留时间，温度越高时间越短
CSTR 沼气设计容量（m^3）	2 000	1 000	
容积产气率（$m^3/m^3 \cdot d$）	0.4	1	
日产气量（m^3）	800	1 000	
将污水升高到发酵温度的需气量（m^3）	1 298.70	1 948.05	
投入产出比	1.62	1.95	

注：假设冬天发酵池发酵产生的热可以抵消发酵池丢失的热量，即只要在进料时将 250m^3 的污水从 5℃提升到发酵温度，发酵池就可维持这个温度

结论：如果不考虑污水处理的需要，纯粹以投入和获取的能量计，这个方法是不可取的。其根本原因是冬天的污水温度太低了，而外界环境温度较低时，几乎没办法让污水保持较高温度，加之水的比热也是最大的。因此，以下措施可能更有用。

（1）尽量缩短排污管的长度，减少污水在外界低温环境流动过程中的热量损失。栏舍由于取暖加温，会有较高温度，栏舍的污水的温度比外界环境要高。

（2）如果使用地下水，水温会较高，因此，也应尽量减少供水线路的长度。

（3）供水管、排污管尽量地埋，发酵池等地埋或半地埋均有利于减少热量损失。

（4）冬天日照充足的地区可以用太阳能直接替代沼气供暖或者加热沼气池，提高产气量，再通过沼气供暖。虽然热效率比前者低，但可以保持沼气池的污染处理能力，从污染治理的角度来看是合算的。

（5）冬天温度不太低，沼气产气量虽有下降，但还能够支持发电机发电的情况时，可以考虑利用发电机的冷却水的余热给沼气池加热，可能适当提高产气量。

（6）温度下降后，HRT 的时间会延长，需要更大容量的沼气池，因此，提高沼气池的容量是提高冬天产气量的最实际的办法。可以用 HDPE 膜做更多更大的发酵池。

第六章　猪场建设程序

知识目标

（1）了解一个工程项目的报建、审批和施工程序。

技能目标

（1）能够配合专业部门制作可行性研究报告或设计任务书；

（2）能够进行施工图阅图自审并组织会审。

生产标准或法规引用，见表6－1。

表6－1　生产标准或法规引用

标准名称	参考单元
《中华人民共和国建筑法》中华人民共和国主席令第46号	全部
《建设工程质量管理条例》中华人民共和国国务院令第279号	全部
《工程建设标准强制性条文》	工业建筑部分
建设部“建标〔2001〕40号”文； GB 50352—2005《民用建筑设计通则》	全部
GB/T 50319—2013《建设工程监理规范》	4、5、6、7

智能化猪场建设有如下一些特点。

（1）生产规模大。设计规模低于600头基础母猪，栏舍利用率将下降且不利于按周安排生产。因此，在实际工作中，猪场建设项目的设计规模均以1 000～1 200头基础母猪为最小基数，按基数的倍数定规模。

（2）资金投入大。每头基础母猪约需要投入1.2万～1.5万元。因此，项目一旦启动，需要的资金投入达千万以上级别。

（3）环境污染大。1头基础母猪每天产生污水约0.3t，每升污水COD含量达8 000～24 000mg，还有一些噪声与有害气体污染。

（4）占用资源多。1头基础母猪约需要0.8亩土地，如果实行种养平衡的生产方式，则需再配套4倍于养殖面积的生态种植面积，每头母猪约需要4亩土地，每天约消耗地下水0.5t。

（5）技术范围广。需要建筑、材料、给排水、暖通、污染处理、机电、自动控制、通信、养殖与种植等多行业的专业技术。

（6）安装设备多。料线、水线、栏、饲喂站、环控、污水处理等设备繁多，约占总投入50%以上。

基于以上特点，项目一旦出现问题，损失巨大，影响深远。因此，必须按中型以上工程建设项目标准进行运作，严格按照国家规定的建设程序进行报建、审批和施工。了解项目的报建、审批和施工程序，可以少走弯路，避免产生不必要的程序上或技术上的损失，有利于项目的顺利推进。

猪场建设项目的建设程序与其他工程项目相同，其基本流程如图6－1所示。

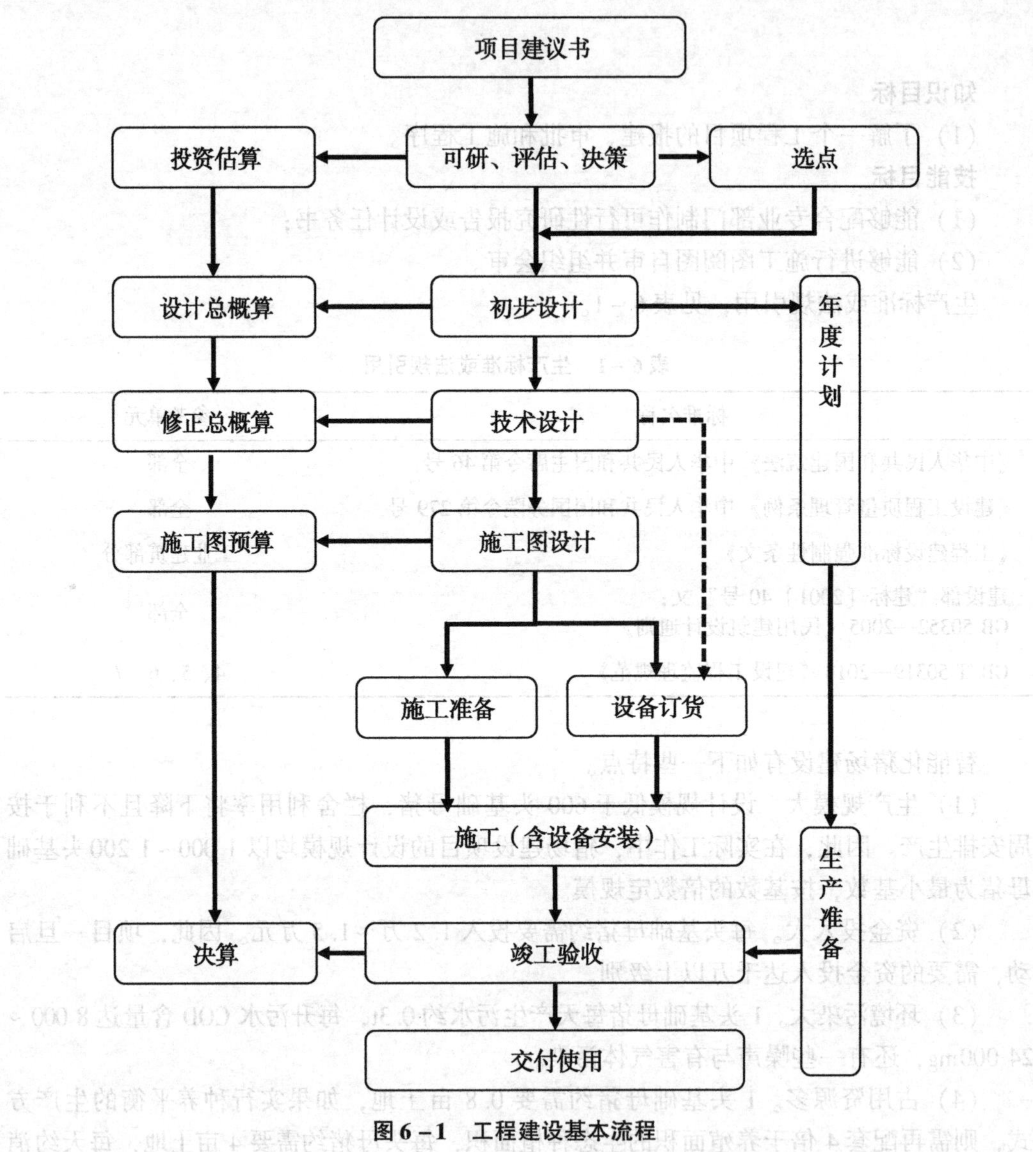

图6－1　工程建设基本流程

第一节　建设前期阶段

主要指的是在建设的初期，建设单位形成投资意向，通过对投资机会等的研究和决定，形成书面文件上报主管部门和发改委进行审批，进而立项的过程。主要包括编制项目建议书和可行性研究报告，并通过立项审批。

一、项目建议书

实施单位：发改委

项目建议书的主要内容：对于政府投资工程项目，编报项目建议书是项目建设最初阶段的工作。其主要作用是为了推荐建设项目，论述它建设的必要性、条件的可行性和获得的可能性，供基本建设管理部门选择并确定是否进行下一步工作。项目建议书经批准后，可进行可行性研究工作，但并不表明项目非上不可，项目建议书不是项目的最终决策。

建议书报送材料：符合编制要求的项目建议书、审批请示及有特殊规定必备的附件材料。

注：若建设单位具有编制项目建议书可自行编制。

二、办理《建设工程选址意见书》

实施单位：规划局实施

到规划局（牵头部门）窗口办理《建设项目选址意见书》的审批：

(1) 提交办理《建设项目选址意见书》所需材料，并领取签收《审批跟踪监督卡》(以下简称《监督卡》)。

(2) 凭《监督卡》分别到发改委、环保局、消防局、国土局等联办部门窗口提交相关审批材料，并在《监督卡》上签名确认。

(3) 将全部联办部门窗口已签收确认的《监督卡》送回规划局窗口。

(4) 到规划局窗口领取和签收《建设项目选址意见书》以及《监督卡》等有关材料，办理承诺时限为7个工作日。

三、建设用地预审报批

实施单位：国土资源局，限需新征集体土地的建设项目

报送材料：

(1)《建设项目用地预审申请表》(原件1份)。

(2) 建设项目用地预审申请报告（原件1份，内容包括建设项目基本情况、选址情况、拟用地总规模和拟用地类型，项目需使用土地利用总体规划确定的城市建设用地范围外的农用地的，还应包括补充耕地初步方案）。

(3) 属政府投资项目的，需提供项目建议书批复文件和项目可行性研究报告（1份，项目建议书与项目可行性研究报告合并审批的，只提供项目可行性研究报告文本）。

(4) 区县（自治县、市）国土资源管理部门对建设项目用地的初审意见（1份，项目跨区的，应提供项目所涉及的各区县［自治县、市］国土资源管理部门的初审意见）。

(5) 1：500 现状地形图（2 份）。

四、环境影响评价文件报审

实施单位：环保局

报送材料：

(1)《××市建设项目环境影响评价文件审批申请表》(原件 2 份)。

(2) 环境影响登记表或由有资质的单位编制的环境影响报告表或环境影响报告书 (原件 2 份，附电子文档)。

(3) 评估机构关于环境影响报告书或环境影响报告表的技术评估报告（原件 1 份，建设项目填报环境影响登记表的，申请人不提供技术评估报告)。

五、建设场地地震安全性评价

实施单位：地震局

必须进行建设场地地震安全性评价的建设项目：

(1) 抗震设防要求高于《中国地震烈度区划图》标定设防标准的重点工程、特殊工程和可能产生严重次生灾害的工程。

(2) 位于地震烈度分界线两侧各 8km 区域内的新建、改建、扩建工程。

(3) 局部地质条件较复杂或者地震研究程度和资料详细程度较低的地区。

(4) 占地面积较大或者跨越不同地质条件区域的新建城镇、大型厂矿、港湾、企业以及经济技术开发区。

建设单位对场地地震安全性评价的管理程序：

(1) 建设单位持立项批准书和建设地址，征询地震主管部门意见，审定是否重做场地地震安全性评价工作和评价区域范围，并征询评价单位的资质。

(2) 选择评价单位和签订评价合同。

(3) 建设单位协助评价单位的工作。

(4) 上报审批。

建设单位按合同收到《建设项目场地地震安全性评价报告》，须立即上报当地地震安全性评价委员会评审，经过评审通过的地震安全性评价报告送市地震局审核批准，确定抗震设防标准。建设单位最后收评价报告副本和审批副本转交设计单位，进行抗震设计。

六、可行性研究报告

实施单位：发改委

根据《国务院关于投资体制改革的决定》（国发〔2004〕20 号），对于政府投资项目须审批项目建议书和可行性研究报告。《国务院关于投资体制改革的决定》指出，对于企业不使用政府资金投资建设的项目，一律不再实行审批制，区别不同情况实行核准制和登记备案制。对于《政府核准的投资项目目录》以外的企业投资项目，实行备案制。项目建议书一经批准，即可着手进行可行性研究。

报送材料时除提交由有资质的单位编制的可行性研究报告及审批请示外，还需提交以下附件材料作为审批前置要件。

（1）规划行政主管部门出具的规划选址意见书。

（2）建设用地预审报审材料（或国土房管部门已出具的建设项目用地预审意见或国有土地使用权出让合同）。

（3）环境影响评价文件报审材料。

（4）涉及国有资产或土地使用权出资的，须由有关部门出具确认文件。

（5）涉及特许经营的项目，需提供有权部门出具的批准意见。

（6）涉及拆迁安置的，需附拆迁安置方案审查意见。

（7）属联合建设的，需出具项目联合建设（或合资、合作）合同书。

（8）除市级和中央财政性资金外的建设资金已落实来源的有效证明文件，企业最新财务报表（包括资产负债表、损益表和现金流量表），对信贷资金需有商业银行分行以上机构出具的承贷意向书。

（9）其他特殊规定必备的材料（但主办部门不得以此为由要求申请人办理其他部门的许可、审批、备案手续）。

七、项目申请报告核准

实施单位：发改委

报送材料：除提交由有资质的单位编制的项目申请报告外，还需提交以下附件材料作为核准前置要件：

（1）城市规划行政主管部门出具的规划选址意见书。

（2）建设用地预审报审材料（或国土房管部门已出具的建设项目用地预审意见或国有土地使用权出让合同）。

（3）环境影响评价文件报审材料。

（4）涉及国有资产或土地使用权出资的，须由有关部门出具确认文件。

（5）涉及特许经营的项目，需提供有关部门出具的批准意见。

（6）其他特殊规定必备的材料（但主办部门不得以此为由要求申请人办理其他部门的许可、审批、备案手续）。

属外商投资项目的，还需增加提交以下附件：

（1）中外投资各方的企业注册证（营业执照）、商务登记证、最新企业财务报表（包括资产负债表、损益表和现金流量表）、开户银行出具的资金信用证明。

（2）合资协议书、增资、购并项目的公司董事会决议。

（3）涉及银行贷款的，由有关银行出具融资意向书。

八、立项

实施单位：发改委

报送材料：

（1）政府投资项目可行性研究报告及其审批请示或企业投资项目核准申请报告

（可行性研究报告和项目申请报告须由合格的咨询机构编制）一式5份，并附相应的附件资料。

（2）用地预审需提交的申请材料。

（3）环境影响评价文件审查需提交的申请材料。

项目申请单位提交申请应为书面形式，可采取当面送达或挂号邮寄送达的方式。

第二节　建设准备阶段

该阶段的内容包括为勘察、设计、施工创造条件所做的建设现场、建设队伍、建设设备等方面的准备工作。具体包括报建，委托规划、设计，获取土地使用权，拆迁、安置，工程发包与承包等。

一、办理报建备案手续

实施单位：发改委

建筑工程立项后，建设单位应向建筑行政主管部门申请办理报建备案手续。建设单位可持已下达的立项批文，到市建委领取《工程项目报建申请表》、《工程项目管理资质申报表》和《基建手续鉴证表》，按要求填写后，连同工程技术管理人员职称证件（复印件）到市建委办理建设单位资质审查及报建登记手续。

报建申报材料：

（1）《报建表》。

（2）立项文件。

（3）建设用地批准文件。

（4）资信证明。

（5）投资许可证。

建设单位必须在报建后开工前向受理报建的建设行政主管部门申请办理工程项目建设管理单位资格审批手续，领取工程项目建设管理单位资格审查批准通知书。建设单位在办理完毕工程报建备案后即可在招标办通过招投标确定监理队伍。

二、办理《建设用地规划许可证》

实施单位：规划局

建设单位应按照规划局提出的规划设计条件，委托规划设计院编制规划设计总图，然后报市规划局审核规划设计总图。规划局可据此核定用地面积，确定用地红线范围，发给建设单位《建设用地规划许可证》。

建设单位在办理了《建设用地规划许可证》后，下一步可向市国土房管局申请土地开发使用权，办理拆迁安置工作。到招标办通过招投标确定勘察、设计单位。

三、申请土地开发使用权

实施单位：国土资源局

建设单位申请用地环节行政审批，应到建设项目所在地的区、县国土房管部门递交申请。依法属市国土房管局或其上级行政机关审批权限的，由区、县国土房管部门受理后在规定的时间内将初步审查意见连同全部申请材料逐级上报。单独选址建设项目确需使用土地利用总体规划确定的城市建设用地范围外的土地，涉及农用地的，应申请办理单独选址项目新增建设用地审批。

（一）单独选址项目新增建设用地审批按以下程序及要求办理

（1）建设单位持建设项目有关材料，向区、县土地行政主管部门提出建设用地申请。

（2）区、县土地行政主管部门按照国家和该市有关规定进行审查，符合条件的，拟定农用地转用方案、补充耕地方案、征收土地方案和供地方案，经区、县人民政府审核同意后，逐级上报有批准权的人民政府批准。

（3）农用地转用方案、补充耕地方案、征收土地方案和供地方案批准后，由所在地区、县人民政府按照批准的征收（转用）土地方案依法组织实施征地。征地补偿安置完成后，由市或区、县土地行政主管部门按照批准的供地方案向建设单位供地。其中，有偿使用国有土地的，建设单位应与土地行政主管部门签订国有土地有偿使用合同；划拨使用国有土地的，由土地行政主管部门向建设单位核发国有土地划拨决定书。

（二）单独选址项目新增建设用地的审批由耕地保护处主办，需提交材料

（1）新增建设用地申请表（原件1份）。

（2）建设项目用地预审意见、地质灾害危险性评估审查意见（原件1份）。

（3）征地预办文件（原件1份）。

（4）项目审批、核准或备案文件，其中市以上重点工程和主城区用地5hm^2、其他区县（市）用地7hm^{2}以上项目附项目可研（申请）报告批复（原件1份）。

（5）涉及征（转）收林地的林业行政主管部门批准文件（原件1份）。

（6）建设用地规划许可证及附件附图（复印件1份）。

（7）土地勘测定界图和技术报告（原件1份）。

（8）预缴的征地补偿安置资金划入土地行政主管部门征地专用账户的银行进账单（复印件1份）。

（9）土地利用规划图（完整图）、土地利用现状分幅图（1∶10 000蓝图）、地形图（高速公路、铁路等线型工程及大中型工程1∶2 000蓝图；其他项目报1∶500蓝图）、拟征地红线图（原件1份）。

（三）招标拍卖挂牌出让用地的审批由土地利用处、土地交易中心主办，需提交材料

（1）《国有土地使用权竞买申请书》（原件3份）。

（2）身份证明或工商营业执照副本（复印件3份）。

（3）房地产开发资质（属房地产开发项目用地且事前约定须具备房地产开发资质的）（复印件3份）。

（4）银行资信证明（开户行出具并盖章，证实有无违法、违规的存贷款行为）（复印件3份）。

（5）按公告要求提交的其他材料。

（四）国有土地划拨或协议出让用地的审批

由土地利用处主办。申报材料包括：

（1）身份证明或工商营业执照（复印件3份）。

（2）建设单位用地申请（原件3份）。

（3）项目审批、核准或备案文件（原件/复印件3份）。

（4）建设用地规划许可证及其附件、附图［含规划红线图和经城市规划行政主管部门批复的总平面布置蓝图或数字化图（1∶500）~（1∶1 000）］（原件1份/复印件3份）。

（5）地籍图（原件1份）。

（6）实测地形蓝图或数字化图［（1∶500）~（1∶1 000）］（原件3份）。

（五）建设项目压覆矿产资源的审批由矿产资源勘查储量处主办，需提交材料

（1）建设项目压覆矿产资源审查表（原件3份）。

（2）建设项目审批、核准或备案文件（复印件3份）。

（3）建设项目范围1∶500地形图（宗地面积10hm^{2}以上或线型工程可提供1∶2 000或1∶10 000地形图，2份）。

（4）建设项目压覆矿产储量申请登记表（原件3份）。

（5）建设项目压覆矿产资源储量评估报告或压覆矿床证明材料。

四、拆迁、安置

建设单位在取得用地使用权后，向当地拆迁主管部门提出书面申请。拆迁主管部门对拆迁申请进行审查，批准拆迁的，房屋拆迁主管部门发给拆迁申请人《房屋拆迁许可证》，建设单位可据此组织实施拆迁。

申请领取房屋拆迁许可证需提交下列资料：

（1）建设项目批准文件。

（2）建设用地规划许可证。

（3）国有土地使用权批准文件。

（4）拆迁计划和拆迁方案。

（5）办理存款业务的金融机构出具的拆迁补偿安置资金证明。

五、初步设计审批

实施单位：发改委

办理建设工程初步设计审批，申请人应先将初步设计图纸提交主办部门预审，主办部门收件后，应向申请人出具申请材料接收凭证，并自收件之日起10日内出具合格或

需要修改的预审意见；出具需要修改的预审意见的，主办部门应一次告知当事人需要修改的全部内容。申请人应按照主办部门的修改意见对初步设计图说进行完善，直至预审合格。预审合格后，再向主办部门提交初步设计审批申请材料。

报送材料：

（一）主办部门所需申请材料

（1）初步设计审查申请表。

（2）初步设计图纸（经主办部门预审合格，下同）。

（3）规划设计条件通知书及红线图。

（4）建设工程规划用地许可证及其附件。

（5）工程勘察报告（初步勘察深度以上）及其质量审查合格意见。

（6）依法应当招标的勘察设计项目，应提供招标情况备案书。

（7）投资行政主管部门的审批、核准或备案文件。

（8）勘察设计合同。

（二）公安消防部门所需申请材料

（1）建筑消防设计防火审核申报表。

（2）初步设计图纸（结构专业图说除外）。

（三）园林部门所需申请材料

初步设计总平面图、绿化布置图，有建筑屋顶或平台绿化的还需提供建筑专业图纸。

（四）气象部门所需申请材料

初步设计总平面图、建筑及电气专业图纸。

（五）人防部门所需申请材料

防空地下室初步设计图纸。

（六）市政部门（××市市政管理委员会）要求的申请材料

初步设计图纸。

（七）交通部门所需申请材料

初步设计总平面图，涉及交通设施部分的工程的初步设计平面图、立面图、剖面图及说明。

申请人提交上述材料时，应按部门分类成套提供。主办部门不得要求申请人自行到协办部门提交申请材料，协办部门不得在主办部门之外另行单独接收申请材料。

六、项目初步设计概算审批

实施单位：建委

附报送由有资质的单位编制的项目总投资概算报告及审批请示外，还需提交以下附件：

（1）具有相应资质的设计单位所完成的项目初步设计全套图纸及设计说明书。

（2）设计单位或具有相应概预算编制资质单位的项目投资概算表。

(3) 其他特殊规定必备的材料（但不得以此为由要求申请人办理其他部门的许可、审批、备案手续）。

七、施工图设计审批

实施单位：建委

初步设计审查通过后，建设单位委托设计院进行施工图设计，并将施工图报市建委审批，然后由市规划局发建筑核位红线。施工图设计的主要内容是根据批准的初步设计，绘制出正确、完整和尽可能详细的建筑、安装图纸。施工图设计完成后，必须委托由施工图设计审查单位审查并加盖审查专用章后使用。审查单位必须是取得审查资格，且具有审查权限要求的设计咨询单位。经审查的施工图设计还必须经有权审批的部门进行审批，施工图设计审批通过后，建设单位同时办理公安消防、园林、气象、人防、市政、交通等部门的手续，可到招标办组织办理材料、设备供应商的招投标手续，并向财政交纳相关建设费用。

申请人提交下列申请材料后，由规划部门单独审批：

(1) 书面申请（原件 1 份）。

(2) 施工图（2 份，附电子文档，建筑工程限于建施图）。

(3) 土地权属证件（复印件 1 份）。

(4) 建设工程初步设计批准文件（原件 1 份，限政府投资项目以及非政府投资项目中的大、中型建设项目）。

(5) 年度计划文件（原件 1 份，国家或市政府规定需要年度计划的建设项目）。

(6) 高切坡、深开挖的论证意见（原件 1 份，涉及高切坡、深开挖的建设项目）。

八、施工图预算

实施单位：工程造价咨询单位、市财政投资评审中心

此步主要为项目的招投标提供依据。其编制依据：

(1) 施工图设计审批通过后的全套图纸及设计说明书。

(2) 工程预算定额标准（由各省建设部门统一制定）《××省建设工程计价办法》《××省建筑工程消耗量标准》《××省装饰工程消耗量标准》《××省安装工程消耗量标准》。

(3) 工程材料价及市场价（本地建设工程造价管理站提供）。

先由工程造价咨询单位编制预算，如果是财政资金的项目，必须将该预算提交市财政投资评审中心，最后以财政投资评审中心出具的评审报告为准。

九、建设单位招投标

实施单位：工程招投标办

施工发包前，建设单位应当持立项批准文件等有关材料申请办理建设工程发包方式备案手续。

提交资料目录：

（1）建设工程发包方式备案表（原件1份）。

（2）建设工程立项批复或备案手续（复印件1份）。

（3）建设工程规划许可证（复印件3份）。

（4）满足施工要求的建设资金证明材料（复印件1份）。

（5）施工图设计文件审查备案书（复印件2份）。

注：①邀请招标或直接发包还应提供邀请招标备案表或直接发包备案表；②提交复印件时还应提供原件。

采用公开招标方式的，招标公告应当在“中国工程建设信息网”的分网站“××市建设工程信息网”上发布，也可以同时在依法指定的报刊、信息网络或者其他媒介上发布，在不同媒介上发布的招标公告的内容应当一致，发布时限应不少于3个工作日。

十、设备采购招标

实施单位：市资源交易中心

智能化猪场建设项目设备与土建工程的投入约五五开，工程招投标办组织招标时，一般不接受工程与设备的联合体招标，因此，设备应该单独组织招标。以下以政府采购招标为例，其他形式的招标可以参照执行。

按政府采购法规定，各级国家机关、事业单位和团体组织，使用财政性资金采购依法制定的集中采购目录以内的或者采购限额标准以上的货物、工程和服务时，必须进行政府采购。采购限额标准由当地政府制定。

采购人采购集中采购目录以内或者采购限额标准以上的项目，凡达到公开招标数额标准的，应当采用公开招标方式（法律规定的特殊情形除外）。具体数额标准为：50万元以上的单项或者批量货物和服务项目；100万元以上的工程项目。

显然，一般都会超过限额，必须通过政府采购，而且必须采用公开招标方式。财政拨款的事业单位自筹资金的也属于此范畴，私营企业且不使用政府财政性资金的不在此列。由市资源交易中心组织实施的招标项目，采购人一般不需要支付任何费用。

十一、办理质量监督及安全监督

实施单位：质监站和安监站

（一）办理质量监督登记注册所需材料

（1）施工、监理单位中标通知书。

（2）施工图审查报告和批准书。

（3）施工合同。

（4）监理合同。

（5）建设工程质量监督登记表（质监1~2）。

（二）办理建筑工程安全报监材料：

（1）建筑施工安全监督书。

（2）工程中标通知书。

(3) 工程施工合同。

(4) 建筑业企业安全资格证书。

(5) 施工人员意外伤害保险手续。

(6) 管理人员及特种作业人员安全上岗证。

(7) 安全生产、文明施工计划书。

十二、办理建筑工程施工许可证

市重点建筑项目、国家和市批准立项的建设项目以及跨区、县（市）的大中型建设项目，由建设单位向市人民政府建设行政主管部门申请；其他建设项目由建设单位向项目所在地的区、县（市）人民政府建设行政主管部门申请。

十三、报送开工报告暨年投资计划申请文件

项目具备开工条件后，建设单位应按照项目建议书的申报程序向市发改委报送开工报告，暨年度投资计划申请文件。

第三节　建设施工阶段

建设单位为了保证项目施工顺利进行需从事相关的管理工作，可分为施工准备阶段的管理和施工阶段的管理，其中，在施工阶段的管理主要职责是做好工程建设项目的进度控制、投资控制和质量控制。

一、施工准备阶段

（一）技术准备工作

1. 熟悉、审查施工图纸和有关的设计文件

(1) 阅图自审，写出图纸自审记录，为图纸会审做准备。

(2) 参加组织图纸会审（一般由建设单位组织）：图纸会审，由建设单位主持，监理单位参加，设计单位向施工单位进行设计技术交底以达到明确要求，彻底弄清设计意图，达到发现问题，消灭差错的目的。然后再由建设、监理单位、设计单位、施工单位共同对施工图进行会审，作出会审（审核）记录，最后共同签章生效。会审的要点如下。

① 设计是否符合国家现行政策和本地区的实际情况；

② 工程的结构是否符合安全、消防的可靠性，经济合理的原则，有哪些合理的改进意见；

③ 根据本单位的特长和机械装备能力，现场施工条件是否满足安全施工的要求；

④ 工程的建筑、结构、设备安装、管线等专业施工图纸之间是否存在矛盾；钢筋细部节点与水电和其他预埋节点是否符合施工要求；

⑤ 图纸各部位尺寸、标高是否统一；图纸说明是否一致；设计的深度是否符合施工要求；

⑥ 各种管道的走向是否合理；是否与地上（下）建筑物、构筑物相交叉；

⑦ 大型构件和设备的吊装方案是否可行等。

(3) 设计图纸的现场签证工作。分建设单位、设计单位提出的设计修改变更；施工单位提出的设计修改变更需由施工单位先向监理单位上报技术核定单，监理单位审查完毕后经建设单位转设计单位核定。

2. 原始资料的调查分析（自然条件和技术经济条件的调查分析）

3. 编制施工图预算和施工预算

施工图预算是施工单位编制的确定建筑安装工程造价的经济文件，是施工企业签订承包合同、工程结成本核算等方面主要依据；施工预算直接受施工图预算的控制，是施工成本、考核用工、两算对比、签发施工任务单、进行经济核算的依据。

4. 编制施工组织设计

施工组织设计是用来指导施工全过程中各项活动的技术、经济的指导性文件，施工组织设计通常由项目部技术负责人负责编制《施工组织设计及各专项方案》；

(二) 物质准备工作

(1) 根据施工预算进行分析，编制材料需求量计划。

(2) 构（配）件、制品的加工准备。

(3) 建筑安装机具的准备。

(4) 生产工艺设备的准备。

(三) 劳动组织准备工作

(1) 建立拟建项目的领导机构。

(2) 建立精干的施工班组。

(3) 集结施工力量、组织劳动力进场。

(4) 向施工班组进行安全技术交底。

(5) 建立健全各项管理制度。

(四) 施工现场准备

(1) 施工现场的补充勘探及测量放线，做好施工现场的控制网测量，根据甲方给定的经纬坐标控制网及水准控制标高，设置场地测量控制网和水准基桩。

(2) 现场清障、平整，做好“三通一平”。

(3) 施工道路及管线。

(4) 施工临时设施的建设（生产、办公、生活、居住等设施）。

(5) 落实施工安全与环保措施。

(6) 安装调试施工机具。

(7) 做好构配件、制品和材料储存及堆放场地。

(8) 确定材料检测单位，并将实验室相关资料向监理单位报审。

(9) 向质监站、安全站等技术主管部门备案、申请监管。

(10) 做好冬雨季施工工作，制订方案或措施。

(11) 各项工作完成后，向相关单位提交开工报告，申请开工。

开工应具备的条件：①施工图齐备，并已经过图审和图纸会审；②征地已办妥。并已完成拆迁和场地平整工作；③施工组织设计已编制并经过审批；④施工力量、材料、设备已落实并进场；⑤规划许可证、施工许可证已办妥；⑥“三通一平”工作已完成（五通一平指：通水、通电、道路通、通讯通、煤气通、场地平整）；⑦施工合同已签署，管理资料已向监理单位报审批准；

二、工程建设项目组织施工的管理

（一）工程建设项目的进度控制

主要包括以下内容：

（1）所动用的人力和施工设备是否能满足完成计划工程量的需要。

（2）基本工作程序是否合理、实用。

（3）施工设备是否配套，规模和技术状态是否良好。

（4）如何规划大型机具、设备、材料运输通道。

（5）工人的工作能力如何。

（6）工作空间、风险分析。

（7）预留的清理现场时间，材料、劳动力的供应计划是否符合进度计划的要求。

（8）分包商选择与工程控制计划。

（9）临时工程施工计划。

（10）合同管理、技术资料管理、竣工、验收计划。

（11）可能影响进度的施工环境和技术问题。

（二）工程建设项目的投资控制

投资控制指的是在工程建设的全过程中，根据项目的投资目标，对项目实行经常性的监控，针对影响项目投资的各种因素而采取一系列技术、经济、组织等措施，随时纠正投资发生的偏差，把项目投资的发生额控制在合同规定的限额内。

作为建设单位，应着重把握以下几方面的内容：

（1）项目投资失控的原因。

（2）工程建设投资控制的方法与步骤。

（3）工程价款的结算。

（4）工程变更的控制。

（5）索赔。

（三）工程建设项目的质量控制

（1）事前质量控制即施工前准备阶段进行的质量控制。它是指在各工程对象正式施工开始前，对各项准备工作及影响质量的各因素和有关方面进行的质量控制。也就是对投入工程项目的资源和条件的质量控制。

（2）事中质量控制就是在施工过程中进行的质量控制。事中质量控制的策略是：全面控制施工过程，重点控制工序质量。

（3）事后控制。它是指对于通过施工过程所完成的具有独立的功能和使用价值的最终产品（单位工程或工程项目）及其有关方面的质量进行控制。也就是对已完工程项目的质量检验、验收控制。

三、工程建设项目组织施工的相关服务

项目建设单位根据自身实力可以寻求工程建设项目施工管理咨询、项目施工管理代理、工程招标代理、工程造价咨询及工程造价纠纷鉴定等相关服务。

第四节　竣工验收备案与保修阶段

一、竣工验收及备案

工程竣工验收备案是验收环节的主办事项，由市建设行政主管部门（以下简称主办部门）负责实施。

申请人申请办理主办事项，应向主办部门提出申请，并同时提交下列申请材料：

（一）主办部门所需申请材料

（1）《建设工程竣工验收备案申请书》（必须注明联系人和电子邮件地址）。

（2）《建设工程竣工验收意见书》。

（3）《建设工程施工许可证》。

（4）《施工图设计文件审查报告》。

（5）《建设工程档案验收意见书》。

（6）《××市民用建筑节能工程竣工验收备案表》。

（7）施工单位出具的《工程竣工报告书》。

（8）监理单位出具的《工程质量评价报告》。

（9）勘察单位出具的《勘察文件质量检查报告》。

（10）设计单位出具的《设计文件质量检查报告》。

（11）施工单位出具的《工程质量保修书》。

（12）施工单位提供的建设单位已按合同支付工程款的证明。

（13）经房地产开发行政主管部门核定的《××市房地产开发建设项目手册》。

（14）商品房工程应提供《新建商品房使用说明书和质量保证书》。

（15）市政基础设施工程应提供有关质量检测和功能性试验资料。

（16）必须提供的其他材料（但主办部门不得以此为由要求申请人办理其他部门的许可、审批、备案手续）。

（二）城市规划部门所需申请材料

（1）建设工程竣工图（其中，建筑工程只提交建施图）。

（2）具有相应资质的测绘单位测量绘制的1：500建设工程竣工实测地形图；属市政管线工程的，提交经××市测绘产品质量监督站验收合格的管线竣工图和测量资料。

（3）具有相应资质的测绘单位编制的房屋竣工测量报告。

（三）公安消防部门所需申请材料：

（1）各阶段审核意见书。

①初步设计消防审核意见书；

②施工图设计消防审核意见书（限2006年1月1日前消防部门已颁发施工图设计消防审核意见书的建设项目）。

（2）市建设行政主管部门认定的施工图审查机构出具的施工图审查合格报告。

（3）建筑工程消防安全质量验收报告表（附建设单位出具的《建设工程竣工验收消防质量合格承诺书》、设计单位出具的《建设工程施工图消防设计质量合格承诺书》、施工单位出具的《建设工程消防施工质量合格承诺书》、监理单位出具的《建设工程消防质量监理合格承诺书》）。

（4）填写《建筑工程消防验收申请表》，表上须加盖建设单位公章。

（5）消防工程施工企业资质等级证书，应注明“此件与原件核对无误”，并加盖施工单位公章。

（6）填写《消防产品选用清单》表格，并提供产品合格证明。

（7）市建设行政主管部门认定的施工图审查机构审查合格的施工图

（8）经消防部门审核同意的施工图

从2006年1月1日起，消防部门不再审查建设项目施工图，也不再颁发施工图设计消防审核意见书。

（四）环保部门所需申请材料（根据建设项目的具体情况分为环保验收或环保预验收）

1. 环保验收

（1）建设项目竣工环境保护验收申请表（根据建设项目的具体情况分为4种形式）。

①建设项目竣工环境保护验收和污染物排放申请表（适用于以污染物排放为主的建设项）；

②建设项目竣工环境保护验收申请登记卡（适用于以生态影响为主、填写环境影响登记表的建设项目）；

③建设项目竣工环境保护验收申请表（适用于以生态影响为主、编制环境影响报告表的建设项目）；

④建设项目竣工环境保护验收申请报告（适用于以生态影响为主、编制环境影响报告书的建设项目）。

（2）有资质的监测机构或环评机构编制的建设项目竣工环境保护验收监测报告或验收调查报告（填写竣工环境保护验收申请登记卡的建设项目，申请人不提供此项申请材料）。

2. 环保预验收（试生产）

××市建设项目环保预验收（试生产）申请表。

申请人提交上述材料时，应按部门分类成套提供。申请人不再单独向协办部门申请规划、消防、环保验收。主办部门不得要求申请人自行到协办部门办理审批手续，协办部门不得在主办部门之外另行单独接件。

二、工程保修

工程保修期从工程竣工验收合格之日起计算。

工程在保修期限内出现质量缺陷，建设单位应当向施工单位发出保修通知。施工单位接到保修通知后，应当到现场核查情况，在保修书约定的时间内予以保修。发生涉及结构安全或者严重影响使用功能的紧急抢修事故，施工单位接到保修通知后，应当立即到达现场抢修。

发生涉及结构安全的质量缺陷，建设单位或者房屋建筑所有人应当立即向当地建设行政主管部门报告，采取安全防范措施；由原设计单位或者具有相应资质等级的设计单位提出保修方案，施工单位实施保修，原工程质量监督机构负责监督。

保修完成后，由建设单位或者房屋建筑所有人组织验收。涉及结构安全的，应当报当地建设行政主管部门备案。

施工单位不按工程质量保修书约定保修的，建设单位可以另行委托其他单位不按工程质量保修书约定保修的，建设单位可以另行委托其他单位保修，由原施工单位承担相应责任。保修费用由质量缺陷的责任方承担。

第五节 知识拓展

建设工程报建手续详表

在实践过程中，猪场建设用地往往是流转租赁土地，且一般不属于城区规划范围，按照国土资源部2007年220号文的精神，其建设工程报建手续一般可简化，如表6－2所示。

表6－2 建设工程报建手续

序号	所办手续	办事期限（工作日）	所需材料	备注
1	项目立项审批		1. 项目可行性报告（或与可行性报告） 2. 填写项目立项申请表 3. 工程方案设计	立项批复分为投资批复和建筑面积批复两部分
2	环保登记	3	环评报告或环境评价	
3	办理建设用地选址意见书	5	1. 建设用地选址申请表 2. 授权委托书 3. 可研或项目建议书 4. 计划任务书（仅限政府投资项目） 5. 环保部门审批意见	
4	办理用地红线图	3	委托开发区测量队办理	
5	办理《建设用地规划许可证》	5	1. 建设用地规划许可证申请表 2. 营业执照副本及复印件 3. 政府批文或立项批复 4. 土地使用合同 5. 用地阶段能源可供证明	

（续表）

序号	所办手续	办事期限（工作日）	所需材料	备注
6	建设项目扩容设计审查	15	1. 建设项目扩容设计审查申请表 2. 地质勘察报告 3. 扩大初步设计文件（含总平面图、综合管网）十套 4. 设计阶段能源可供 5. 标注相关尺寸、距离的总平面图开口位置图（A4 规格）3 张 6. 建设用地规划许可证 7. 方案设计批复 注明：报审文件和图纸装订成 A4 规格	
7	办理电力扩容手续		企业设计阶段能源申请一份	
8	环境保护	7	环境报告批复	
9	办理建设工程规划许可证	7	1. 建设工程规划许可证申请表 2.《环境保护措施审批表》 3.《消防审核意见书》 4. 环境影响评价报告批复 5. 方案设计审查批复 6. 扩容设计审查批复 7. 施工图设计备案 8. 用地规划许可证复印件	
10	施工图纸审查		1. 施工图设计文件审查送审表（一式三份） 2. 投资项目核准或备案通知书 3. 初步设计批复文件 4. 建设工程规划许可证及附件 5. 规划部门批准的 1∶500 施工图总平面图 6. 建设工程消防设计审核意见书 7. ××市勘察设计临时进市证明 8. 岩土工程勘察成果报告 9. 地基处理及桩基检测报告 10. 全套施工图设计图纸（2 套） 11. 各专业设计计算书（注明电算程序名称、版本）	
11	节能备案	3	1. ××市建筑节能技术资料备案表一式四份；（按建筑性质，分别填写） 2. 公共建筑节能设计登记表原件及复印件 3. 施工图审查合格证、备案证原件及复印件 4. 墙改专项资金缴费发票复印件 5. 散装水泥专项资金缴费发票复印件 6. 施工图设计文件审查意见书（节能部分） 7. 工程规划许可证复印件	

（续表）

序号	所办手续	办事期限（工作日）	所需材料	备注
12	办理建设工程承包商确认书	3	1.《建设工程承包商确认书》申请表 2. 评标报告和中标通知书（采用招标方式提交） 3. 业主对承包商确认文件（采用直接发包方式提交） 4. 境外企业承包提交境外承包商营业执照及资格证书	
13	办理质量监督申报登记书	3	1. 质量监督申报申请表 2. 建设工程规划许可证 3. 建设工程承包商确认书 4. 抽样人员、见证人员授权书 5. 地质勘探报告 6. 建设单位、设计、施工、监理单位的项目管理机构人员名单 7. 监理大纲及施工组织设计 8. 监理合同、施工合同副本 9. 施工图纸 10. 岩土勘察备案	
14	临时用电申请		临时电合同一式两份、临时用电申请表、TEDA 用户送电申请及验收单	
15	临时建筑消防审核意见书		1. 施工单位申请书（包括土建工程概况。临建面积、层数，选用材质及大约土建工期） 2. 申报表 3. 材质检测报告 4. 临建位置图（总平面图），房屋之间防火间距不小于 8m，在图上标注 5. 临建的平、立、剖面图 6. 防火安全制度 7. 消防安全备案书 注：图纸及文字资料需加盖公章	
16	临时建筑审批表		1. 临时建筑申报表 2. 临建消防审批件 3. 临建总平面图	
17	办理临时排污申请		1. 临时排污协议书（一式 2 份） 2. 排水管网平面图（甲方盖公章）	
18	办理临时占道、掘地		申请表一式 3 份	
19	办理建设工程安全监督备案	5	1. 安全员备案 2. 安全措施备案	

（续表）

序号	所办手续	办事期限（工作日）	所需材料	备注
20	办理建设工程施工许可证	7	1. 施工许可证申请表 2. 建设工程规划许可证复印件（B4纸） 3. 建设工程承包商确认书复印件（B4纸） 4. 建设工程质量监督申报登记书复印件（B4纸） 5. 临时建设工程规划许可证复印件（B4纸） 6. 开工规划验线合格证复印件（B4纸） 7. 建设工程安全施工措施备案表（并办理安全主管备案） 8. 建筑工程施工图纸及技术资料报告书 9. 建设单位按规定缴纳（散装水泥专项资金）、（新型墙体材料专项基金）【发票复印】 10. 施工单位按规定缴纳：a. 施工人员意外伤害保险中标价 * 1.2（超过3 000万元按1计算）；b. 承分包服务费（外地施工单位在市建交中心交纳）；c. 定额测定费中标价 * 0.5【发票复印】 11. 缴存建筑劳务工资保障金证明（建设单位）；代发工资协议书（施工单位）	
21	工程正式供水合同（含中水）		1. 能源可供证明批件 2. 供水申请表（盖章）	
22	工程正式供电合同		1. 能源可供证明批件 2. 供电申请表（盖章）	
23	办理通讯合同、网络合同		弱电工程施工图等	
24	建筑工程消防验收申报	15	1. 申请表 2. 消防审核意见复印件 3. 防火专篇 4. 室外消防给水管网竣工图 5. 电气检测报告 6. 建筑消防设施质量监理报告 7. 主要建筑防火材料材质证明资料 8. 119并网证明 9. 避雷检测报告 10. 建设单位关于工程概况的汇报材料	
25	环保验收意见	10	1. 建设项目环境影响报告表 2. 环保验收申请表	
26	卫生防疫验收意见	5	委托具有相应资质单位检测	

（续表）

序号	所办手续	办事期限（工作日）	所需材料	备注
27	安全评价验收	5	委托具有相应资质单位检测	
28	工程竣工测量报告	5	1. 测量登记 2. 总平面图	
29	建设工程竣工规划验收合格证	7	1. 建设工程竣工规划验收申请表 2.《消防验收合格证》复印件 3.《建设用地规划许可证》复印件 4.《建设工程规划许可证》复印件 5.《建设工程施工许可证》复印件 6. 档案馆资料预验收证明 7. 竣工测量报告	
30	竣工资料移交（公司、业主、档案馆）	30	1. 公司存档（前期报建批复文件、项目管理文件、竣工验收备案文件） 2. 移交业主（全套竣工资料、项目管理文件或业主有特殊要求的文件、电子目录） 3. 移交档案馆（建设工程档案验收表、建设工程档案移交清册、全套竣工资料、电子目录）	
31	竣工验收备案通知书	15	1. 竣工验收备案表（建备表 1） 2. 勘察单位工程质量检查报告（合格证明书）（建设表 3） 3. 设计单位工程质量检查报告（合格证明书）（建设表 4） 4. 建设工程质量施工单位（竣工）报告（建设表 5） 5. 建设工程竣工验收监理评估报告（建设表 6） 7. 建设单位工程竣工验收报告（建设表 7） 8. 建设工程规划许可证（复印件） 9. 施工图审查备案书（新建工程扩容设计的批复） 10. 建筑工程施工许可证 11. 建设工程竣工规划验收合格证 12. 建设项目环境状况监测报告（或环保部门出具的批复） 13. 室内环境污染物检测报告 14. 施工单位签署的工程质量保修书 15. 民用建筑节能设计审查备案登记表 16. 档案合格证明文件 17. 有防雷工程的，提供防雷装置合格证 18. 标志牌镶嵌申报表	
32	办理门牌号登记申请及通邮	5	1.《门牌号登记申请表》 2. 规划总平面图	

（续表）

序号	所办手续	办事期限（工作日）	所需材料	备注
33	房屋所有权证		1. 《房屋所有权申请登记表》（××房地产交易所提供） 2. 《房屋所有权固定资产证明》（同上） 3. 《国有土地使用证》原件及复印件 4. 通邮地址 5. 《建设用地规划许可证》（原件） 6. 《建设工程规划许可证》（原件） 7. 《建设工程竣工规划验收合格证》原件 8. 质监站签认的《质量证书》或《工程竣工验收备案通知书》原件及复印件 9. 房屋竣工图纸（原件） 10. 法人营业执照（工商局出具专用复印件） 11. 授权委托书（经公证机关公证） 12. 经正规测量队核定的建筑面积核算书及附图	依法办理了农用地转用审批手续的部分用地，其管理和生活用房、疫病防控设施、饲料储藏用房等附属设施办理房屋所有权证

参考文献

[1] 冯霞，王思珍，曹颖霞，等．饮水温度对断奶仔猪生产性能和养分表观消化率的影响［J］．家畜生态学报，2011（5）：3－32.

[2] 安立龙．家畜环境卫生学［M］．北京：高等教育出版社，2004.

[3] 李雪等．环境温度对猪的生理及生产性能的影响［J］．黑龙江畜牧兽医，1995（2）：10－12.

[4] 杨朝飞，国家环境保护总局自然生态保护司．全国规模化畜禽养殖业污染情况调查及防治对策．北京：中国环境科学出版社，2002.

[5] 郑翠芝，李义．畜禽场设计及畜禽舍环境调控［M］．北京：中国农业出版社，2012.

[6] 郭春华，王康宁．环境温度对生长猪生产性能的影响［J］．动物营养学报，2006（4）：287－293.